外星人的惊天秘密

打开《山海经》说外星人

胡刃 著

中国青年出版社

前言

人类是从哪里来的？是地球上固有的吗？不是。是从猴子变来的吗？不是。是从天上掉下来的吗？是！是！！是！！！

地球人起源于300万年前。考古学家在研究猿人的头骨中发现，300万年前的非洲露西人，170万年前的云南元谋人，20万年前的北京人，10万年前的尼安德特人，无一不是"尖嘴猴腮"。可是，到了1.8万年的山顶洞人，"喀嚓"一个三级跳，猿人的"尖嘴猴腮"没了，容貌跟现代人没什么两样。

难道是猿人做了整容手术？当然不是，那就只有一种解释——基因突变。

是什么能使动物的基因发生突变？是科学实验。哪来的科学实验？是外星人，是外星人对地球上的猿人动了手脚。

我不否认进化论，不否认地球上的猴子是能进化成人，但那要经过几千万年，甚至上亿年的修炼。然而，外星人来了，他们给地球人的进化链条上注入了催化剂，地球人的进化出现了跨越式前进。

距今1.8万年，高度发达的外星人来到地球，他们把自己的基因与猿人的基因组合在一起，打乱了地球上的进化进程，制造出了地球人。不过，那时外星人造出的人只是头部像人，身体和大脑还处于残疾状态。外星人想放开手脚，让地球人自行进化，可又过了13000多年，地球人的进化没有实质性进展，于是，外星人的大部队来到地球，他们历经九九八十一难，直到4000年前，造人运动才大功告成。《山海经》如实地记录了这件事。本书就是站在科学最前沿，逐句破译《山海经》，把书中所有关于外星人的秘密全部告诉你。下面列举一些事实。

外星人的造人运动是从造植物开始，类似于我们现在的转基因粮食，不同的是外星人的转基因食品不但无害，还能治病——

《西山经》："有草焉，其名曰黄藿（guàn），其状如樗（chū），其叶如麻，白华而赤实，其状如赭（zhě），浴之已疥，又可以已胕（fū）。"有一种草，名叫黄藿，形状像樗树，但叶子像麻，开白花，结红果，果实有点像赭石，用它洗浴既治疥疮，又治浮肿。

《东山经》："有木焉，其状如杨，赤华，其实如枣而无核，其味酸甘，食之不疟。"有一种树，形状像杨，开红花，果实像枣但没核，味道酸甜，食用它可以预防疟疾。

《中山经》："有草焉，其状如葌（jiān），而方茎黄华赤实，其本如藁（gǎo）本，名曰荀草，服之美人色。"有一种草，形状像兰草，方形的茎，黄色的花，红色的果，根须像藁本，名叫荀草，服用它能使人的肤色洁白细嫩。

外星人的造人运动造出了各种稀奇古怪的动物，如果这些动物站在我们面前，不知要吓倒多少人——

《北山经》："有兽焉，其状如禺而有髦，牛尾，文臂，马蹄，见人则呼，名曰足訾（zǐ）。"有一种动物，外形像猿猴，生有鬣毛，牛一样的尾巴，马一样的蹄子，双臂有斑纹，一看见人就叫，其名为足訾。我们想象一下，用现在科技手段，把猴子和牛、马的基因组合在一起，产生的动物会是什么样？

《东山经》："有兽焉，其状如狐而九尾，九首，虎爪，名曰蠪（lóng）侄。"有一种动物，外形像狐狸，九条尾巴，九个脑袋，虎一样的爪子，名叫蠪侄。把狐狸和老虎的基因组合在一起，蠪侄就会出现在我们面前。

《中山经》："有兽焉，其状如犬，虎爪有甲，其名曰獜（lìn）。"有一种动物，外形如狗，长着老虎一样尖利的爪子，身上有鳞，名叫獜。如果科学家把狗、老虎和穿山甲三种动物的基因组合在一起，不就是獜吗？

外星人在造人运动中产生了大量次品，有肢体残疾的，有智力残疾的，有生理残疾的……

《海外西经》:"一臂国……一臂,一目,一鼻孔。"一臂国人,一条胳膊,一只眼睛,一个鼻孔。一条胳膊怎么狩猎?一只眼睛怎么判断物件的远近?这种"残次品"只能成为猛兽的美味。

《海内南经》:"枭阳国……人面长唇,黑身有毛,反踵,见人笑亦笑。"枭阳国人嘴唇很长,皮肤呈黑色,有毛,脚跟在前,脚尖在后,看见别人笑他就笑。流着长长的口水,浑身脏兮兮,看见别人笑他就笑……这不是智障就是神经有问题。

《大荒南经》:"有卵民之国,其民皆生卵。"有个卵民国,那里的人不生孩子,却像禽类一样下蛋。

类似的记载太多了,《山海经》俯首皆是。

如果这样的怪物,《山海经》中仅记一种两种,我们可以说是作者的误记;三种五种,我们可以说是水怪山妖。然而,书中竟有怪兽145种,怪鸟85种,怪鱼51种,怪蛇9种,怪虫7种,总计297种怪物!此外还有怪国93个。怪国里的公民要么一只眼,要么一只脚,要么一条胳膊,有的甚至连肠子也没有……难道《山海经》是在"逗你玩"?

《山海经》成书于4000年前,当时没有纸和笔,最先进的书写方式是用刀把字刻在竹简或木片上。那时的华夏尚处于石器和青铜的过渡阶段,就算我们的祖先能够制造铜刀,以铜刀刻字,刻几笔就会钝的,要刻成一本31000多字的《山海经》何其难也!而且那时是象形文字,当代人用笔书写都很吃力,何况用简陋的刀!

上古时期,我们的祖先不打猎就没衣穿,没饭吃,就会饥寒交迫。原始人连"米袋子"问题都难以解决,却用大量精力刻书,这说明他们有极其重要的事要告诉后人。

他们要告诉我们的就是外星人!可当时没有"外星人"这个词,《山海经》的作者更不知道UFO,只知道神、鬼、怪。所以《山海经》谁也看不懂,成了一部关于外星人的绝密档案,以致几千年来,都没有人破译。我研究外星人快30年了,终于发现了这个惊天秘密。

"外星人"这个词诞生不到百年,而且还是进口货。目前,地球人发现的UFO主要有两种:一种是碟形,即飞碟;一种是棍形,即飞棍。我们常常把一列火车比为巨龙,可十几公里之外看火车,那不就是一根"棍"吗?如果这根"棍"飞起来,那不就是飞棍牌UFO吗?

中华民族一直称自己是龙的传人,龙的外形是狮首、蛇身、鹰爪、鱼尾。如果把"狮首"看作是驾驶室,把"蛇身"看作是机舱,把"鹰爪"看作是起落架,把"鱼尾"看作是的尾翼,龙不就是一条巨型的宇宙飞船吗?以地球人当时的语言,让他们描述宇宙飞船,无异于盲人摸象。原始人除了借助动物来说"龙"的外形,他们还能想出什么办法呢?所以,UFO版的龙,被我们的祖先演绎成了动物。

地球人是外星人实验出的灵性动物,是外星人的杰作,他们通过我们进行生物遗传工程实验。地球人被外星人当成了实验室里的小白鼠。由于地球人生理机能稳定,繁殖能力旺盛,抵御自然灾害能力强,绝大多数地球人生存下来。所以,外星人一直在研究我们,这就是UFO经常光顾地球的原因。

我们再来看看《山海经》中的UFO——

《海外北经》:"钟山之神,名曰烛阴,视为昼,瞑为夜,吹为冬,呼为夏。不饮,不食,不息,息为风,身长千里。"钟山的山神名叫烛阴,它睁开眼睛是白天,闭上眼睛是黑夜;吹气是寒冬,呼气是盛夏。它不喝水,不进食,也没有气息,可它一吐气,就刮大风,烛阴的身子长达千里。

一架飞机停在地上,机舱里没有开灯,里面漆黑一片。打开舱门,光线照进来,这不就是白天吗?关上舱门,里面伸手不见五指,这不就是黑天吗?飞机试车,产生的风把地球人吹得直打哆嗦,犹如严冬一般残酷无情;飞机即将升空,随着发动机的高速运转,尾气使附近的空气温度骤然升高,犹如夏天一般火热……这只是说飞机,如果是大型飞船,其效果不言而喻。

"不饮,不食,不息",是说飞船停车熄火。虽然飞船熄火了,可飞船在散发自身余热时形成了空气对流,"息为风"就出现了。"钟山之神"不是说钟山上的山神,而是说钟山有个神奇的"家伙"。"身长千里"是说此物非常庞大。这不就是巨无霸形的UFO吗?

《西山经》:"有神焉,其状如黄囊,赤如丹火,六足四翼,浑敦无面目。"有位大仙,形状像个黄布口袋,赤红如火,六只脚,两对翅膀,没有头和五官。

世间万物,除了蚯蚓那类的低级动物无不有头,然而,这位神仙却没有。其实,电视里已经播过N次了,这尊神就是六个喷管,四个尾翼,喷着烈焰的火箭。

《西山经》："黄帝乃取峚（mì）山之玉荣，而投之钟山之阳。瑾瑜之玉为良，坚栗精密，浊泽而有光。"按字面翻译是这样：黄帝采撷峚山玉石的精华，种在钟山的南面，便长出了瑾和瑜之类的美玉，这两种美玉坚硬精密，温润而有光泽。

读《山海经》，必须跳出固定的思维模式，否则肯定是越读越糊涂。现在我们就打破几千年来学者们的固定思维模式，把"玉荣"想象为矿石，把"投"理解为"搬运"，把"钟山之阳"看作是工厂。这段文字就清晰了——黄帝挖出峚山的矿石，运到工厂冶炼，生产出的部件有很好的硬度、柔韧度和光洁度。

其实，《山海经》的记载并不神奇，象形文字中描绘得很清楚。我们看看一组象形文字——

"天"在甲骨文中写作 ，上面是个"O"，"O"下是"—"，两个"人"从"—"中间坠落。如果把"O"理解为飞碟，"—"理解为踏板，"天"不就是从飞船中走下来的人吗？如果你认为牵强，再看金文。金文的"天"写作 ，这就是一个从上降落的、半蹲式的人！由此可见，"天"就是人，就是从空中降落的人。原始的地球人当然不会从空中降落，那就只有一种可能——地外生命，外星人。

"地"是形声字，形声字产生于形意字之后。"地"最早写作"帝"，"帝"在甲骨文中写作 。这是什么？这不就是三根柱子支起来的天线吗？再看金文，金文的"帝"写作 。这就更形象了，上面两短一长的"—"不就是发出的信号波吗？当今世界，谁控制话语权，谁就控制天下，"帝"引申为用无线信号发出命令的指挥者。

"鬼"甲骨文写作 ，上面像个大脑袋，下面是人跪坐的姿势。在人们的脑海中，鬼是似人非人的怪物，是人死后的灵魂。上个世纪，汽车发生故障一般都是司机师傅钻到车下，或躺或坐修理自己的车。当他们坐着的时候，行人看不到他们的头，因为他们的头被车体挡住了，或者说，他们的头和车体在人们的视线中重叠在一起了。如果把"⿓"字上面的大脑袋看作是大汗淋漓的头与机械的重叠，那"⿓"不就是在飞行器下维修设备的外星人吗？

"神"在甲骨文中写作"⿓"，假如我们把上下两个旋转的圈视为飞行中的飞碟，把"反S"看成是飞行轨迹，那么，"神"可不可以理解为往来于两个星球之间的飞行器呢？"神仙下凡"这句话我们都知道，"凡"就是我们赖以生存的地球，"下凡"就是来到地球。"神"既然能"下凡"，当然是天外来客，也就是说，"神"的家在天上。天上能住人吗？当然不能，但太空站能，在那遥远的类地星球上能。所以，"神"就是原始人对外星人及其飞船的统称。神还有一种写法"⿓"，右上方很像地面上插的旗子，左下方上部是个方框，下部是个箭头。如果把方框看作飞行器，"⿓"不就是按地面标志降落的飞船吗？

这就是"天地鬼神"！

不用多说了，请你平下心来，静下气来，宁下神来，看正文吧。不过，我必须提醒：如果你有高血压，请把降压药准备好；如果你有心脏病，请把速效救心丸准备好。不然，看这部书，你可能有生命危险。这不是危言耸听，真的！

目 录

第一卷 南山经
/1

UFO主要有两种，一种呈碟形，人们称之为飞碟；一种呈棍形，也称雪茄形，人们称之为飞棍。可怜的地球人，当时尚处于蒙昧时期，他们认识蛇，却不知飞船为何物。要描述棍形UFO，只能说它是怪蛇。

外星人在修防空洞，防核武器。请不要惊讶，地球上的外星人可能来自不同星球，也可能来自同一星球的不同国家，为了争夺地球的主导权，他们之间发生了极为惨烈的战争……

第一节 南山经 /3

外星人长长的飞船停在山上，远远望去，如同长长的蛇。这些"蛇""爬"到怪木上，继而烈焰喷出，腾空而起。说到这你应该明白了，"怪木"就是飞船发射架！

第二节 南次二经 /15

地球人让虎和狮交配，生出来的新物种叫狮虎兽。以地球人现在的科技水平"造"狮虎兽不成问题，那么，光临地球上的外星人就不能把猪、虎、牛的基因组合在一起，"造"出一个"虎牛猪"吗？

第三节 南次三经 /27

十几个光秃秃的火箭立在山上,远远望去,那不就是木桩子嘛!古代学者不知火箭为何物,近代人也不晓得,只有当代人才知道。所以,以往的学者翻译时,都按照古人的思维模式,把"木"译成树木。

第二卷 西山经
/37

画蛇添足这个成语我们都知道,蛇是没有足的,有了足就不是蛇,而肥𧋞这种蛇居然有六个足,还有四个尾翼,这是蛇吗?不是,绝对不是!肥𧋞是一种"金属蛇",它是外星人的核弹,平时放在架子上,因为架下有六条腿,肥𧋞尾部有四个翼——这不就是导弹吗?

外星人造出地球人之后,他们一定会对地球人的身体机能进行各种实验,就像我们用小白鼠做实验一样,今天给小白鼠喂点什么致癌药,明天给小白鼠喂点避孕药,后天给小白鼠喂点流感药,说得再残酷些,甚至还要进行活体解剖,看看这种小动物服药后内脏有什么变化……我们就是外星人的实验品,外星人不但要了解地球人的身体机能变化,还要了解地球抵御自然灾害的能力——没有水灾,他们就要制造水灾;没有旱灾,他们就要制造旱灾;没有震灾,他们就要制造地震,等等……

第一节 西山经 /39

对原始人记载的动物我们一定要睁开慧眼,此处牸牛、羬羊难以分辨,在下认为,牸牛是机械牛,是牵引车之类的机械,而羬羊却是真正的动物。

第二节 西次二经 /59

朱厌是一种武器,武器的首端呈白色,尾端呈红色。大战爆发前,地球人远远望去,见一个个朱厌并立在前方,就像猿猴似的蹲在那里,只要外星人一声令下,朱厌就会飞到敌方阵地,把敌人炸得血肉横飞。

第三节 西次三经 /67

此处的比翼鸟是"机械鸟"——信号弹之类的东西,就像古代的兵符,左右两半,国君和将领各持一半,如果国君想要调兵,必须命人拿着他的一半兵符到将领那里,将领把自己的一半兵符和国君那一半合二为一、严丝合缝才能发兵。

第四节 西次四经 /99

当扈是鸟吗?不是。是什么?是火箭。君不见火箭发射时,尾翼喷射的火焰就像画上的胡须吗？地球人以为当扈是用胡须飞翔的鸟，他们目不转睛地看热闹。

第三卷　北山经
/113

天下间没有用尾巴飞的动物，但用"尾巴"飞的炮弹比比皆是。耳鼠是一种反制化学武器的武器。当一群外星人以化学武器进攻另一群外星人时，丹熏山上的外星人就发射"耳鼠"弹来中和化学武器的毒素。野韭菜和野薤菜起到辅助作用，野韭菜宜肾、通便、祛热；野薤菜主治干呕、痢疾、疮疖。

我们想象一下，如果把人、虎、狗、牛、羊的基因组合在一起，造出的会是个什么怪物？会不会是人首、虎齿、牛角呢？生物学家认为，这样的实验不难，但谁也不敢进行这样的实验，都怕实验出的动物真如**饕餮**一般，那天下人就离倒霉不远了……

第一节　北山经　/115

外星人进行各种实验，如此摧残地球人，地球人难免神经失常，变疯、变傻。开始他们还试图用鲐鱼医治，可是疯子、傻子越来越多，外星人就无暇顾及了，干脆喂诸怀算了。

第二节　北次二经　/141

骒马根本就不吃草，更不吃肉，而是吃石头。对了，骒马根本就不是什么马，而是采矿机之类的机械。

第三节　北次三经　/151

獂之所以能在没草、没树、没水的乾山上生存，因为它既不食草，也不食肉，甚至也不喝水。聪明的你已经明白了，它是一种用于运送矿石的车，就像诸葛亮牌木牛流马。

第四卷　东山经
/175

一些原始地球人充当外星人的服务生，这些服务生在给外星人服务的同时，也与地球人接触。可是那些地球人茹毛饮血，卫生条件很差，得瘟疫在所难免。服务生们得了瘟疫，又把瘟疫传染给外星人。箴鱼是治疗瘟疫的特效药，为夺取箴鱼，两支外星人之间剑拔弩张，以致发生了战争。

战争对外星人来说是灭顶之灾，以前他们住在飞行器中，可是飞行器在战争大量损毁，飞行器不能住了，外星人就召集地球人为他们建一些简单的房子，地球人在给外星人盖房子时学会了给自己建造屋室……

第一节　东山经　/177

六只脚的狗是没有的,可是六只脚的导弹发射装置是有的;长着老鼠尾巴的鸡是没有的,可是射出的信号弹拖着老鼠一样的尾巴是有的。

第二节　东次二经　/183

山上的草木在战争被烧毁,几乎成了焦土。不过,外星人在此探出了优质的金属矿和玉石矿。大蛇就是外星人的飞行器,他们勘探、冶炼,用以制造武器和修复被损毁飞行器。

第三节　东次三经　/195

不管外星人来地球的目的是什么,他们的意念中还要回自己的"祖星"。可是,因为战争,外星人的通讯设备和飞行器大量损毁,他们与"祖星"失去了联系。怎么办?

第四节　东次四经　/203

外星人之间是一场鱼死网破的战争,双方的飞行器几乎都被对方炸毁,玉也碎了,瓦也没有保全,外星人无法回他们的"天国"了。一支外星人沦为另一支外星人的奴隶,就是我们前面说的"鬼"。

第五卷　中山经
/213

在地球上,外星人除了工作之外,百无聊赖,他们思念"天国"的妻儿老小,眷恋那里的繁荣。然而,他们飞行器毁了,能否修复不得而知,长夜漫漫,归路无期,他们只能用养宠物来打发时间,胐胐就是他们的宠物。

敖岸山是外星人非常重要的矿山,这里炼治出了飞行器需要的部件。核战争之后,取得胜利的那支外星人的内部产生了分歧,有人想一边自救,一边与"天国"联系,同时进行他们没有完成的实验,对于回"天国"他们充满信心。也有人心灰意冷,在这洪荒的星球上,他们只想回到"天国",再也不想进行什么科研实验了。他们试图夺取这座山炼成的部件,起动飞船,飞回"天国"……

第一节　中山经　/215

要维修飞行器必然采矿、炼矿,各种颜色的垩土是不是含有稀土不得而知,但我们知道,稀土是工业味精,无论是兵器工业还是航天,离开稀土寸步难行。

第二节　中次二经　/221

吃人的马腹是蔓渠山的守护者,山中有外星人的重要设施,为防止地球人扰乱外星人的生产实验，马腹作为外星人的服务生，为外星人看家护院。

第三节　中次三经　/227

这里的飞鱼不是鱼，而是"飞鱼牌"防弹服，外星人穿上防弹服，体态十分臃肿，但可以避免被炮弹震聋，又可免受核辐射的危害。

第四节　中次四经　/233

两种牛的基因组合在一起就成了犀渠，穿山甲、狗和猪的基因组合一起就成了獜犬。

第五节　中次五经　/237

外星人开始教地球人挖井了，不过，这眼井很特别，枯水期有水，丰水期没水，为什么呢？

第六节　中次六经　/245

在外星人的战争中，双方的飞船均遭损毁，活着的外星人把他们的战友葬在这片林中。原来这里是外星人"烈士墓"。

第七节　中次七经　/251

回"天国"遥遥无期，外星人的生活陷入极端困境，为了生存，也为了完成他们的科研和实验，外星人逼迫他们的"服务生"和地球人进行耕种、养殖。

第八节　中次八经　/265

闷游三山，闲逛五岳，悠哉游哉。这不是神仙吗？不错，外星人就是神仙，其实他们没有我们想象的那样"潇洒"，他们每天都要工作，这是"天国"人民赋予他们的神圣使命。

第九节　中次九经　/275

战败的外星人十分清楚，能修好的飞船少之又少，胜者不可能把他们带回"天国"，他们必定要被胜者扔在这个荒芜的地球上，与其老死在地球，不如铤而走险。

第十节　中次十次　/285

外星人进行了轰轰烈烈的大生产运动——炼矿，以修复飞行器。他们探矿、采矿，把矿石集中到一起，即运矿。科技不是问题，问题是地球上的劳动力资源太匮乏了，没有工人，就连农民工也没有，怎么运？

第十一节　中次十一经　/289

　　虽然外星人的科技高度发达,但那是在他们的"天国",要人有人,要钱有钱,高精尖设备一应俱全。在地球上,他们一穷二白,甚至找根钉子都没有,他们只能因陋就简,在井中安装设备,发射人造卫星。这就是"天井"。

第十二节　中次十二经　/307

　　有两个女外星人负责巡视各地,当她们的水上飞行器起飞或降落时,常常吹起大风,卷起雨雾。当飞行器离开水面时,地面上的人,透过飞行器的舷窗,甚至可以看到她们双手握着飞行器的操纵杆。

第六卷　海外南经
/319

　　外星人又造出一种鸟人,这种鸟人长着鸟嘴,甚至可以捕鱼。外星人的造人实验没有成功前,却弄出一大堆怪物来。

第七卷　海外西经
/335

　　"天国"终于来人了!而且来了一大批。他们所乘的是"飞船母舰",一些小型飞船从"飞船母舰"中出来,小型飞船排成两行,左手边的是红色UFO,右手边的是青色UFO。一些外星人从"飞船母舰"中出出入入。

第八卷　海外北经
/355

　　很多外星人都没有等到"天国"前来援救的那一天,他们长眠在地球上。有的虽然等到了,但由于飞船乘载能力有限,一些人走不了,颛顼选择留下来,他最终也死在了地球上。

第九卷　海外东经
/377

恭喜我们伟大的造物主——外星人,他们已经成功地造出了黑人。他们耳朵挂蛇也罢,手腕戴龟也罢,都是外星人的无线监测设备。

第十卷　海内南经
/389

战争后的外星人"一穷二白",吃饭穿衣都成了问题,他们不能总像原始地球人那样,身上整天裹着散发腥味的兽皮。于是,他们实验出一种树,这种树的皮既像丝织品,又像蛇皮,而且还能定期采揭,用这种树皮做的衣服穿上很舒适。

第十一卷　海内西经
/401

凤凰、鸾鸟是外星人实验出的灵鸟,它们带着外星人的监控设备飞往各个实验区,外星人通过灵鸟携带的设备监控各地。

第十二卷　海内北经
/415

原来宵明和烛光两位美女是飞船的导航员,两个人无论白天还是黑夜,都为外星人的事业添砖加瓦,即便是夜里,两位美女也不辞辛劳,为飞船导航。

第十三卷　海内东经
/435

雷神非神也,而是一种炮,在外星人战争中,这种炮发挥了很大作用。"龙身"是指炮管是很长,"人头"是以"人"为"头",即听人的指挥。"鼓其腹"不是鼓肚子,而是把炮弹装进炮膛。

第十四卷　大荒东经
/443

外星人战争之后，地球上的外星人无法回"天国"，他们一边向"天国"求救，一边教化地球人。

第十五卷　大荒南经
/463

外星人战俘暴动了，他们在修复飞船时偷偷地造出一种武器，类似我们的老式猎枪，火药前灌入铅砂，一打一片。他们不甘心自己的失败，经常用这种枪袭击外星人。

第十六卷　大荒西经
/479

不周山是外星人的高科技产业园，也是外星人的中心，这里有火箭发射架、卫星导航台、对空指挥塔等高科技设备，人们形象地把这些设备称之为擎起航天事业的砥柱。

第十七卷　大荒北经
/501

外星人之间不但有敌我矛盾，还有人民内部矛盾，绰人就是在人民内部矛盾中丧生的，天帝只能当个和事佬。

第十八卷　海内经
/517

留在地球上的外星人知道今生再也回不了"天国"了，为了生存，他们与地球人婚配繁衍后代，教地球人防身，教地球人唱歌，教地球人耕种，用木材制造各种工具和车辆。

第一卷 南山经

UFO主要有两种，一种呈碟形，人们称之为飞碟；一种呈棍形，也称雪茄形，人们称之为飞棍。可怜的地球人，当时尚处于蒙昧时期，他们认识蛇，却不知飞船为何物。要描述棍形UFO，只能说它是怪蛇。

外星人在修防空洞，防核武器。请不要惊讶，地球上的外星人可能来自不同星球，也可能来自同一星球的不同国家，为了争夺地球的主导权，他们之间发生了极为惨烈的战争。

又一个有水无草木的地方。奇怪的是没有草木却有猿猴，这可能吗？猿也好，猴也罢，它们的食物是植物，可山上没有草木，难道它们吃石头不成？非也，有人给它们投食，这就是外星人，外星人要观察动物在这种极端恶劣环境下的生存状况。

第一节 南山经

外星人长长的飞船停在山上，远远望去，如同长长的蛇。这些「蛇」「爬」到怪木上，继而烈焰喷出，腾空而起。说到这你应该明白了，「怪木」就是飞船发射架！

～～～～～～～～～

南山经之首曰鹊山。其首曰招瑶之山，临于西海之上。多桂多金玉。有草焉，其状如韭而青华，其名曰祝馀，食之不饥。有木焉，其状如榖（gǔ）而黑理，其华四照。其名曰迷榖，佩之不迷。有兽焉，其状如禺而白耳，伏行人走，其名曰狌狌（xīng），食之善走。丽麂（jǐ）之水出焉，而西流注于海，其中多育沛，佩之无瘕（jiā）疾。

南方的第一个山系叫鹊山。鹊山山系的第一座山是招摇山，此山位于西海附近。山上长着许多桂树，蕴藏着丰富的金属矿和玉石矿。山中有一种草，形状像韭菜却开着青色的花，这种草叫祝馀，人吃了它就不会饿。山中有一种树木，形状像构树却有黑色的纹理，并且光华照耀四方，此树称迷榖，人佩带它就不会迷失方向。山中还有一种动物，形状像猿猴，但长着白色的耳朵，既能四足爬行，又可像人一样直立行走，这种动物叫狌狌，吃了它的肉可以使人奔跑如飞。丽麂水发源于这座山，向西流入西海，水中有许多叫做育沛的矿物，人佩带它在身上就不会生蛊胀病。

首先我们明确一下，狌狌不是猩猩，因为人吃了猩猩的肉只能解馋，不能使人奔跑如飞。狌狌也罢，祝余、迷榖也罢，《山海经》中记载的动植物绝大多数在地球上是不存在的。你不禁要问，这都是些什么玩意？

请先看地球生物进化年代表——

距今35亿年，地球产生生命；

距今22亿年，生命进化到无脊椎动物；

距今1亿年，无脊椎动物进化到脊椎动物；

距今4000万年，脊椎动物进化到两栖动物；

距今1500万年，两栖动物进化到爬行动物，猿猴类诞生；

距今300万年，猿猴类进化到猿人；

距今1.8万年，猿人进化到人。

从地球有生命之初到300万年前猿人出现，这是一个极其缓慢的过程。考古学家从猿人的头骨上发现，300万年前的非洲露西人，170万年前的云南元谋人，20万年前的北京人，10万年前的尼安德特人，完全都是"尖嘴猴腮"。可是，到了1.8万年的山顶洞人，"喀嚓"一个三级跳，猿人的"尖嘴猴腮"没了，容貌基本接近现代人。

如果不是基因突变，这是绝对绝对不可能的！

自然界中最具破坏力的非陨石和火山莫属，那么，陨石能使猿人基因发生突变吗？火山能使猿人基因发生突变吗？都不能。什么能使猿人基因发生突变呢？是外星人。对了，就是外星人对地球上的猿人动了手脚——

高度发达的外星人来到地球，他们把自己的基因与猿人的基因组合在一起，打乱了地球上的进化进程，狌狌就是外星人"造人运动"中产生的残次品。类似的残次品《山海经》中还有一大批：一条腿的人，人面兽身的怪物，三个脑袋的人，等等，我们将逐一介绍。

外星人不但对地球动物的基因进行剪切、粘贴、复制，还对植物进行了实验，祝余草、迷榖树只是其中的两种，后面还有许许多多。

又东三百里，曰堂庭之山，多棪（yán）木，多白猿，多水玉，多黄金。

再往东三百里是堂庭山，山上生长着茂密的棪木，白色的猿猴也很多，这里盛产水晶石，并蕴藏着丰富的黄色金属矿。

柢木、白猿、水玉、金属矿对外星人来说是有重要用途的，此处没有记载用在哪个方面，只把堂庭山的出产记录下来，我们会逐一分析。

又东三百八十里，曰猨（yuán）翼之山，其中多怪兽，水多怪鱼，多白玉，多蝮虫①（fù huǐ），多怪蛇，多怪木，不可以上。

再往东三百八十里，是猨翼山。山上有许多奇形怪状的兽类，水中有许多奇形怪状的鱼，这里盛产白玉。其间有很多蝮虺，很多奇形怪状的蛇，很多奇形怪状的树木，人是不可上去的。

《山海经》成书于4000年前，4000年前的语言非常贫乏，文字更是如此，所以，对于外星人造出的动物，《山海经》作者无法描述，只能说"怪兽"、"怪鱼"，其中也包括外星人的飞行器。

外星人长长的飞船停在山上，远远望去，如同长长的蛇。这些"蛇""爬"到怪木上，继而烈焰喷出，腾空而起。说到这你应该明白了，"怪木"就是飞船发射架！地球人对怪木非常好奇，他们想到近前看个究竟，外星人当然不同意。就像我们今天发射卫星，发射期间，任何人都不能靠近。"不可以上"说的就是这件事。

UFO主要有两种，一种呈碟形，人们称之为飞碟；一种呈棍形，也称雪茄形，人们称之为飞棍。可怜的地球人，当时尚处于蒙昧时期，他们认识蛇，却不知飞船为何物。要描述棍形UFO，只能说它是怪蛇。

再看外星人进行的动物基因组合实验。

又东三百七十里，曰杻（niǔ）阳之山，其阳多赤金，其阴多白金。有兽焉，其状如马而白首，其文如虎而赤尾，其音如谣，其名曰鹿蜀，佩之宜子孙。怪水出焉，而东流注于宪翼之水。其中多玄龟，其状如龟而鸟首虺（huǐ）尾，其名

---

① 虫：即"虺"。蝮虺：一种毒蛇。

曰旋龟,其音如判木,佩之不聋,可以为底①。

再往东三百七十里是杻阳山,山南草蕴藏大量的红色金属矿,山北蕴藏大量的白色金属矿。山中有一种动物,形状像马,白色的脑袋,身上有老虎一样的斑纹,尾巴呈红色,这种动物叫鹿蜀,它的叫声就像唱歌一样动听,养这种动物可多子多孙。怪水河发源于此,向东流入宪翼水。水中有很多黑色的龟,形状与普通乌龟差不多,只是这种龟鸟头蛇尾,人们称之为旋龟。旋龟的叫声像劈木头发出的响声,佩带它可使人的耳朵不聋,而且还可以治疗脚底上的鸡眼。

乍看起来,鹿蜀很像斑马,实则不然,因为斑马长的是黑白相间的纹理,包括头和尾巴,叫声也并不好听。鹿蜀却是老虎一样黄黑相间的斑纹,头是白色的,尾巴是红色的。旋龟有三种动物的特点:形体如龟,头如鸟,尾如蛇。如果把龟、鸟、蛇的基因组合在一起,很可能就造出了这种旋龟。

在动植物实验中,外星人还重点研究了新生物种的药理作用,这也是《山海经》中主要记述的方面,鹿蜀有滋阴壮阳作用,吃了它能多子多孙;旋龟既能使人耳聪,又能治疗鸡眼。

又东三百里,曰柢(dǐ)山,多水,无草木。有鱼焉,其状如牛,陵居,蛇尾有翼,其羽在魼(qū)下,其音如留牛,其名曰鲑(lù),冬死而夏生,食之无肿疾。

再往东三百里是柢山,其间多水,却没有草木。这里生长一种鱼,形状如牛,栖息在山坡上,尾巴像蛇,而且长着翅膀,翅膀在肋骨上,鸣叫的声音像耕牛,此物叫鲑。鲑冬天蛰伏,夏天复苏,食用它的肉能消肿。

人所共知,有水的地方必定有草木,除非其水是被极度污染的工业废水。可是,在那个远古洪荒的年代,哪来的工业废水?只有一种解释,高智慧生物他们在生产某种物件,他们排出了工业废水。那么,他们在生产什么呢?请你不要着急,《山海经》后面都有交代。

---

① 底:即"胝",手脚生的厚皮,俗称"老茧",此处是指鸡眼。

又东四百里，曰亶爰（dǎn yuán）之山，多水，无草木，不可以上。有兽焉，其状如狸而有髦，其名曰类，自为牝（pìn）牡，食者不妒。

再往东四百里是亶爰山，其间多水，没有草木，人是不能上去的。山中有一种动物，形状像野猫却长着像人一样的长发，此物叫类。类雌雄同体，自身有公母两套生殖系统，食用它的肉会使人平心静气，与世无争。

又一个多水而不长草的地方，地球人还前往。低等动物如蚯蚓、水蛭之类的才有两套生殖系统，而作为兽的"类"却自为公母。兽一般指有四条腿的、全身长毛的大型哺乳动物，绝不是小动物，天下间还没听说有雌雄同体的兽。在此，我向科学家建议，把公野猫和母野猫的基因组合在一起，重新排列一下，看看到底能不能培育出自身带有两套生殖系统的动物。

又东三百里，曰基山，其阳多玉，其阴多怪木，有兽焉，其状如羊，九尾四耳，其目在背，其名曰猼訑（bó shī），佩之不畏。有鸟焉，其状如鸡而三首、六目、六足、三翼，其名曰𪄀𩿧（chǎng fū），食之无卧。

再往东三百里是基山，山南盛产玉石，山北有很多奇怪的树。山中有一种动物，形状像羊，九条尾巴，四只耳朵，眼睛长在背上，这种动物叫猼訑，人披上它的皮毛就无所畏惧。山中一种鸟，形状像鸡却长着三个脑袋，六只眼睛，六只脚，三个翅膀，这种鸟叫𪄀𩿧，食用它的肉就没有困倦的感觉。

"佩之不畏"，自古以来，都译为披上它的皮毛就无所畏惧。我认为，此处的"佩"应为"配"，是携带的意思。猼訑对于地球人来说，就像牧羊人带着猎犬放牧一样，狼来了也不怕。这种动物对人是忠诚的，而且凶猛。实际上，这种动物就是羊，只是外星人改变了它的基因结构，成了"九尾四耳，其目在背"的怪物，𪄀𩿧也是如此，这种鸟的肉还有提神作用。

又东三百里，曰青丘之山，其阳多玉，其阴多青䨼（huò）。有兽焉，其状如狐而九尾，其音如婴儿，能食人，食者不蛊。有鸟焉，其状如鸠，其音若呵，名

曰灌灌，佩之不惑。英水出焉，南流注于即翼之泽。其中多赤鱬（rú），其状如鱼而人面，其音如鸳鸯，食之不疥。

再往东三百里是青丘山，山南盛产玉石，山北盛产一种类似涂料的矿物叫青䔩。山中有一种兽类，形状像狐狸却长着九条尾巴。"九尾狐"的叫声像婴儿啼哭，而且这种动物吃人，不过人吃了它的肉，心性不乱，头脑清醒。山中还有一种鸟，形状像斑鸠，叫声如同长者训斥晚辈，这种鸟叫灌灌。把灌灌的羽毛插在人身上，便心清气爽。英水河发源于此，向南流入即翼泽。泽中有很多赤鱬，赤鱬形状像鱼，却长着人的面孔，它的叫声如同鸳鸯啼鸣，人吃了它的肉可以预防疥疮。

"九尾狐"是狼、虎一样凶猛的食肉动物，虽然它吃人，但有药用价值，《封神演义》中的"九尾狐"就是由此而来。赤鱬鱼也有药用价值。灌灌与无药理无关，不过，它能像老马一样"识途"。在那个原始的年代，迷路的事是经常发生的，但灌灌的方向感特别好，有它在身边就不会迷失方向。此处的"佩"也是携带。

给你留个简单的作业，请你想象一下，如果把人与鱼的基因组合在一起，会不会造出赤鱬鱼呢？

又东三百五十里，曰箕（jī）尾之山，其尾踆（cún）于东海，多沙石。汸（fāng）水出焉，而南流注于淯（yù），其中多白玉。

再往东三百五十里是箕尾山，山的末端与东海相连，山间沙石遍布。汸水河发源于此，向南流入淯水，汸淯流域盛产白玉。

也许这里外星人涉足不多，或外星人在此做了什么地球人不清楚，因此，《山海经》记录得很简单。

凡鹊山之首，自招摇之山，以至箕尾之山，凡十山，二千九百五十里。其神状皆鸟身而龙首。其祠①之礼：毛用一璋玉瘗②（yì），糈③（xǔ）用稌④（tú）米，一璧稻米，白菅为席。

鹊山山系由招摇山开始，到箕尾山，总共十座山，途经二千九百五十里。各山神仙的相貌都是鸟的身子、龙的脑袋。祭祀山神通常是把牲畜和玉器一起埋入地下，祀神的米是最好的糯米。把糯米盛入玉璧中，以白茅草编成坐垫为神的座席。

这段话有极其重要的三个字，即"其神状"。4000年来，几乎所有的专家学者都把此处的"神"理解为名词，即"各山神仙的相貌"。我们不妨换一种思维，把"神"视为形容词：神奇，神秘。那么"其神状"就是"山上那些神秘莫测物体的形状"。

"皆鸟身而龙首"怎么翻译呢？我们常常把飞机比为银鹰，把火车比为巨龙。原始的地球人不知飞机为何物，更不知道"飞棍"为何物，他们看到飞机就认为是大鸟，就认为是腾云驾雾的龙，这非常正常。龙是什么？我们都知道，传统的龙是不存在的，古代人常常把蛇视为龙，即便今天，在我们的属相中仍把蛇视为小龙。"龙首"就是"蛇首"。今天我们高铁的车头像不像"蛇首"？民航飞机前端像不像"蛇头"？飞艇前部像不像"蛇头"？那不就是放大的"蛇头"嘛！

如此一来，"其神状皆鸟身而龙首"应译为：那些神奇的飞行器像鸟一样飞翔，首部形状类似于蛇。这不是活生生的UFO吗？

《山海经》已经把UFO记录得十分清楚了，只是那时"外星人"这个词没有诞生，UFO这个外来语没有出现。于是，没有见过飞机和高铁的古代人就把外星人和UFO统统译为神仙，以讹传讹，直到今天。

"其神状……"《山海经》非常多，后面经常遇到。

在地球人看来，外星人无所不能，所以，地球人把外星人连同他们交

---

① 祠：祭祀。
② 瘗：埋入地下。
③ 糈：祭祀用的精米。
④ 稌米：稻米或糯米。

通工具UFO一起祭祀，就是表达地球人对外星人的崇拜。

4000年前的地球人处于蒙昧时期，他们对无法认识及看不懂的东西一律称之为"神"，这是很自然的事。《山海经》中的"神"有时是名词，有时是动词。对此，我们必须站在时代科学的最前沿，或以超出当代科学的思绪去仔细分析判断，去伪存真。

第二节 南次二经

地球人让虎和狮交配，生出来的新物种叫狮虎兽。以地球人现在的科技水平「造」狮虎兽不成问题，那么，光临地球上的外星人就不能把猪、虎、牛的基因组合在一起，「造」出一个「虎牛猪」吗？

～～～～～～～～～～

本节中，让我们看看外星人是怎么驯化动物的。

南次二经山之首曰柜山，西临流黄，北望诸毗（pí），东望长右。英水出焉，西南流注于赤水，其中多白玉，多丹粟。有兽焉，其状如豚，有距，其音如狗吠，其名曰狸力，见则其县多土功。有鸟焉，其状如鸱（chī）而人手，其音如痺（bēi），其名曰鴸（zhū）鸟，其名自号也，见则其县多放士。

南方第二个山系的第一座山是柜山，其西与流黄一带的酆（fēng）氏国和辛氏国毗邻，其北是毗山，其东是长右山。英水发源于此，向西南流入赤水，水中蕴藏丰富的白色玉石及粟粒般大小的丹砂。山中有一种动物，外形像猪，脚如鸡爪，声如犬吠，这种动物叫狸力。哪个地方出现狸力，哪里就大兴土木。山中一种鸟，形状如鸱鹰，它的爪子像人手，叫声如同痺鸟，此鸟叫鴸，它叫声就是自己的名字。鴸出现在哪里，哪里就有士绅被流放。

我们不禁要问，在4000年前，处于蛮荒时代的地球人在为谁修工程？

是为自己还是为外星人？那时的地球人日出而作，日落而息，凿井而饮，耕田而食，哪有什么工程？显然是外星人的工程。外星人有什么工程？我可以明确地说，外星人在修防空洞，防核武器。请不要惊讶，地球上的外星人可能来自不同星球，也可能来自同一星球的不同国家，为了争夺地球的主导权，他们之间发生了极为惨烈的战争。这不是我信口雌黄，《山海经》后面会讲到。

工程上马，士绅流放，二者有关系吗？有。这么大的工程，必定是男女老少齐上阵，士绅不干活，那就把你流放。所谓的士绅，不过是氏族里的小头头。

一兽一鸟，都用来传递信息。外星人不但在实验动物、植物及矿物的药理，还对一些动物进行驯化实验，就像我们驯养警犬和信鸽一样，来为他们服务。

东南四百五十里，曰长右之山，无草木，多水。有兽焉，其状如禺而四耳，其名长右，其音如吟，见则郡县大水。

柜山东南四百五十里是长右山，山上没有草木，但水系丰富。山中有一种兽类，形状像猿猴却长着四只耳朵，它的名字叫长右，长右的叫声如人在呻吟，这种动物出现在哪里，哪里就发大水。

长右猿也是一种被外星人驯化的动物，用来传递水文信息。核战争过后，外星人在地球上的实验重新启动，在进行新物种实验的同时，还对地球上包括人在内的生物进行抵御灾害实验，发大水就是其中一种。

又东三百四十里，曰尧光之山，其阳多玉，其阴多金。有兽焉，其状如人而彘鬣（zhì liè），穴居而冬蛰，其名曰猰裹（huái），其音如斲（zhuó）木，见则县有大繇①（yáo）。

再往东三百四十里是尧光山，山南盛产玉石，山北富有金属矿。山中有一种动物，外形像人却长着猪一样的鬃毛，这种动物穴居、冬眠，名叫猰裹。猰裹的叫声像砍木头时发出的声音，猰裹出现在哪里，哪里就会有繁重的徭役。

---

① 繇：同徭。大繇：繁重的徭役。

外星人为了挖防空洞,把骡马驴牛以及他们制造出的能劳动的人都动员起来。那时没有广播电视,外星人就派驯化过的猾裹通知各地的地球人。

形状像人却长着猪一样的鬃毛,这是什么?有人曾在我国湖北神农架地区发现了野人,俗称大脚怪。虽然至今仍没有抓到一个活体,但根据目击者的描述,野人就是这般模样。

又东三百五十里,曰羽山,其下多水,其上多雨,无草木,多蝮虫(huǐ)。

又东三百七十里,曰瞿(qú)父之山,无草木,多金玉。

又东四百里,曰句余之山,无草木,多金玉。

再往东三百五十里是羽山,山下水系遍布,山上经常下雨却没有草木,蝮虺蛇很多。

再往东三百七十里是瞿父山,山上没有草木,但有丰富的金属矿和玉石。

再往东四百里是句余山,山上没有草木,但有丰富的金属矿和玉石。

羽山、瞿父山和句余山记录得很简单,三座山有个共同的特点:都没有草木。瞿父山和句余山没有草木似乎可以理解,因为文中没有提到水,没有水就难长草木,这是很自然的事。可是羽山则不然,"其下多水,其上多雨,无草木,多蝮虫"。雨水如此充沛,为什么没有草木?没有草木也就罢了,其间却有大量的蛇在此栖息。我们都知道"打草惊蛇"这条成语,蛇喜欢在草丛或低矮的树丛中藏身,没有草木,蛇不但没有食物来源,生存条件也不具备。说到这儿,你应该明白了,此处的蛇就是UFO。

可蝮虺是毒蛇呀!难道UFO有毒吗?首先肯定,UFO无毒,但其上的毒气弹还是可能有的。其次,"毒"还有"凶猛"意思,如果说这里的UFO火力十分强劲、凶猛,这就可以理解了吧?

相传,羽山是祝融与鲧(gǔn)在发生战争的地方,祝融奉黄帝之命,将大禹的父亲鲧杀死在羽山,羽山因此闻名遐迩。祝融是传说中的火神,火神的武器当然是火。我们联想一下就明白了,祝融把山化为焦土,以致雨水那么充沛,仍寸草不生。

那么,什么火能把一座山,甚至三座山化为焦土呢?以目前的科技水

平，只有核武器具备这样的威力。

原来如此！

《南次二经》有17座山，其中10座草木皆无，可见外星人之间战争是何等残酷。

又东五百里，曰浮玉之山，北望具区，东望诸毗（pí）。有兽焉，其状如虎而牛尾，其音如吠犬，其名曰彘（zhì），是食人。苕（tiáo）水出于其阴，北流注于具区①。其中多鮆（cǐ）鱼。

再往东五百里是浮玉山，此山向北可以俯视太湖，向东可以远眺毗（pí）山诸峰。山中有一种动物，外形像老虎却长着牛一样的尾巴，声音如同狗叫，这种动物叫彘，吃人。苕水发源于这座山的北麓，向北流入太湖，湖中有很多鮆鱼。

彘本意是猪，可浮玉山上的猪却是虎身牛尾，叫声如狗，这是什么玩意？

地球人让虎和狮交配，生出来的新物种叫狮虎兽。以地球人现在的科技水平"造"狮虎兽不成问题，那么，光临地球上的外星人就不能把猪、虎、牛的基因组合在一起，"造"出一个"虎牛猪"吗？

苕就是凌霄花，也叫"紫葳"，是落叶藤本植物，可供药用。既然称"苕水"必然有"苕"花，可这里不说苕花的药性，只说苕水发源于浮玉山，水中盛产鮆鱼。看来，外星人在浮玉山并不进行药理实验，而主要是进行动物基因组合实验。

又东五百里，曰成山，四方而三坛，其上多金玉，其下多青雘②（huò）。䦠（zhuō）水出焉，而南流注于虖勺（hū shuò）。其中多黄金。

再往东五百里是成山，成山是四方形的，像个三层塔，山上金属和玉石的矿藏很丰富，山下多产青雘。䦠水发源于此，向南流入虖勺河，水中有丰富的黄色金属。

---

① 具区：有学者认为是江苏境内的太湖。
② 雘：红颜料，青雘：暗红色的颜料。

成山不但呈四方形,而且还像三层塔一般,天下间有这样的山吗?有!金字塔就是这样。远眺金字塔,那不是就是一座山嘛!显然,成山不是自然界的山,而是人工的"假山",是外星人的"楼房"。此处应该是外星人的工厂,工业排出的废水就像暗红色的染料一般。看看,外星人在地球上造成的污染是何等严重!

《山海经》中的四方山有5座,四方台有两个,外星人的建筑还不少嘛!

又东五百里,曰会稽(guì jì)之山,四方,其上多金玉,其下多砆(fū)石。勺水出焉,而南流注于湨(jué)。

又东五百里,曰夷山,无草木,多沙石。湨水出焉,而南流注于列涂。

又东五百里,曰仆勾之山,其上多金玉,其下多草木,无鸟兽,无水。

又东五百里,曰咸阴之山,无草木,无水。

再往东五百里是会稽山,此山呈四方形,山上蕴藏着丰富的金属矿和玉石矿,山下盛产晶莹剔透的砆石。勺水发源于此,向南流入湨水。

再往东五百里是夷山,山上没有草木,遍布着砂石,湨水发源于此,向南流入列涂河。

再往东五百里是仆勾山,山上有蕴藏着丰富的金属矿和玉石,山下草木繁茂,没有飞禽走兽,也没有水。

再往东五百里是咸阴山,没有草木,也没有水。

《山海经》中的前五卷,除了关注山就是关注水。切记!作者费九牛二虎之力可不是在写游记。有山才能有矿,而水是选矿必不可少的原料。外星人在地球上探矿的原因很多,就像地球人的到月球和火星上带几块矿石回来一样,有科研的需要,但更重要的是炼制他们急需的金属,以修复他们在战争中损毁的UFO,返回他们的"天国"。

又东四百里,曰洵(xún)山,其阳多金,其阴多玉。有兽焉,其状如羊而无口,不可杀也,其名曰𢴣(huān)。洵水出焉,而南流注于阏(é)之泽,其中多茈蠃^①(zǐ luó)。

再往东四百里是洵山,山南有丰富的金属矿,山北有丰富的玉石矿。山中有一种动物,外形像羊却没有嘴,而且杀不死。这种动物叫㺤。洵水发源于此,向南流入阏泽湖,水中有很多紫螺。

天下间有不长嘴的动物吗?不长嘴的动物如何进食?就算喝西北风也需要嘴呀!天下间有杀不死的动物吗?只要是动物,就没有杀不死的。不错,肉体动物必须长嘴,也能杀死,但钢铁结构的动物是不长嘴也杀不死的。比如,铁牛——拖拉机,屁驴子——摩托车,银鹰——飞机,等等。

无需多言,你已经知道㺤是什么了。

又东四百里,曰虖勺(hū shuò)之山,其上多梓柟(nán),其下多荆杞^②(qǐ)。滂(pāng)水出焉,而东流注于海。

再往东四百里是虖勺山,山上到处是梓树和楠木,山下遍布牡荆树和枸杞树。滂水发源于此,东流入海。

此处避而不谈牡荆和枸杞的药性,只是轻描淡写地说虖勺山下遍布梓树和楠木树。看来,梓树和楠木要比牡荆和枸杞重要得多,后面还不厌其烦地提到这两种树,这两种树到底有什么用途?地不知道,天知道;原始人不知道,我知道!外星人是用这两种树提炼UFO所必需的一种润滑油之类的东西,用以修复他们的飞船。

又东五百里,曰区吴之山,无草木,多沙石。鹿水出焉,而南流注于滂水。
又东五百里,曰鹿吴之山,上无草木,多金石。泽更之水出焉,而南流注于滂水。水有兽焉,名曰蛊雕,其状如雕而有角,其音如婴儿之音,是食人。

---

① 茈:通"紫",蠃:通"螺",茈蠃即紫色的螺。
② 荆:即"牡荆",落叶灌木,小枝方形,叶对生,掌状复叶,果实称为黄荆子,可供药用。杞:即"枸杞",落叶小灌木,夏季开淡紫色花,果实鲜红,是常见的中药。

再往东五百里是区吴山,山上没有草木,多见砂石。鹿水发源于此,南入滂水。

再往东五百里是鹿吴山,山上没有草木,但有丰富的金属矿和玉石矿。泽更水发源于此,向南流入滂水。水中有一种动物,名叫蛊雕,外形如同老鹰,只是头上长角,叫声如婴儿,蛊雕是吃人的。

在区吴山,外星人什么也没开发出来。在鹿吴山,外星人把鹰和犀牛的基因组合在一起,"造"出了蛊雕,蛊雕只能生活在水中,除了吃人外,对外星人毫无帮助。外星人对蛊雕的驯化没有成功,这是外星人造人运动无数次失败中的一次。

东五百里,曰漆吴之山,无草木,多博石,无玉。处于东海,望丘山,其光载出载入,是惟日次。

再往东五百里是漆吴山,山中没有草木,却盛产可以用作棋子的博石,没有玉石。此山坐落于东海之滨,在此遥望大海,发现有光在礁石上起起落落,这些礁石是太阳休息的地方。

太阳是从东方升起,从西方降落,这是最基本的常识。可此处的太阳,原地升起,原地降落。天上有这个的太阳吗?有!这种太阳就是飞碟喷出的火光。飞碟升空,这不是光的"载出"吗?飞碟落地,火光随飞碟的着落而消失,这不是光的"载入"吗?

"是惟日次"说得就更透彻了,是:这里;惟:仅仅,唯有;日:太阳,日光;次:停歇,休息。这里只有太阳停歇。

前线打得天昏地暗,岛上,外星人的飞碟频繁起落。地球人不知道发生了什么事,在为外星人挖防空洞的间隙,几个人啧啧称奇——

"看,又一个太阳升起了。"

"看,又一个太阳落山了。"

"今天太阳怎么没有升起呀?"

"太阳还在睡觉呢……"

起飞的是参战的飞碟,睡觉的是被摧毁的飞碟。

凡南次二经之首,自柜山至于漆吴之山,凡十七山,七千二百里。其神状皆龙身而鸟首。其祠:毛用一璧瘗(yì),糈(xǔ)用稌(tú)。

南方第二个山系从柜山到漆吴山,共十七座山,绵延七千二百里。各山的山神都是龙身鸟头。祭祀山神通常是把畜禽等祭品和玉璧一起埋入地下,祀神的米仍是优质的糯米。

"龙身而鸟首",我们常把飞机比为苍鹰,那飞机的头部不就是"鸟首"吗?"鸟首"与"蛇首"是一个意思,只是说法不同而已。

《山海经》是按方位记载的"断代史",不是按时间记载的"编年史",书中没有按"植物实验——动物实验——驯化动物——人类实验——教化人类"的顺序编写;也没有按"外星人来到地球——外星人分歧——外星人战争——外星人修复飞行器——外星人返回'天国'"的顺序编写,所以,读起来层次上有点乱。在《南次二经》中,外星人对动物驯化不很顺利,除了个别动物可以为外星人传递信息外,其他的没有什么用途,至多像马戏团里的老虎和狮子,仅能博人一笑。

第三节 南次三经

> 十几个光秃秃的火箭立在山上，远远望去，那不就是木桩子嘛！古代学者不知火箭为何物，近代人也不晓得，只有当代人才知道。所以，以往的学者翻译时，都按照古人的思维模式，把"木"译成树木。

《南次三经》是《南山经》和《南次二经》的综合。在这个山系中，我们看到，外星人既进行了动植物药理实验，又进行了动物驯化实验，成功地造出了凤凰这种被地球人视为吉祥的动物。

南次三经之首，曰天虞之山，其下多水，不可以上。

南方第三个山系的第一座山是天虞山，山下水系丰富，人是不能上去的。

人为什么不能上这座山？是外星人不准他们上，还是他们上不去？书中没有多说一个字。为什么作者不说得具体一些？为什么不阐明原因？这只能让我们去猜，我猜，我猜，我猜猜猜……

东五百里，曰祷过之山，其上多金玉，其下多犀兕（sì），多象。有鸟焉，其状如䴔（jiāo）而白首，三足，人面，其名曰瞿如，其鸣自号也。浪（yín）水出焉,而南流注于海。其中有虎蛟,其状鱼身而蛇尾,其音如鸳鸯,食者不肿,可以已痔。

天虞山往东五百里是祷过山,山上有丰富的金属矿和玉石矿,山下多见公母犀牛和大象。山中有一种鸟,外形像野鸭子,白脑袋,三只脚,一副人脸,这种鸟叫瞿如,它的叫声就是自己的名字。泿水发源于此,向南注入大海。水中有一种虎蛟,形状像鱼,尾巴像蛇,叫声如同鸳鸯。食用瞿如的肉,人不生痈肿疾病,还可以治愈痔疮。

遥想当年,提起美人鱼,专家学者无不异口同声否认这种动物的存在,都认为美人鱼是神话传说。1991年7月2日,新加坡《联合日报》发表了题为《南斯拉夫海岸发现1.2万年前美人鱼化石》的报道。

对于美人鱼,《山海经》在《中次六经》中有明确记载,只不过被记为"人鱼"。其实,美人鱼不就是雌性的人鱼吗?既然有雌性的,当然会有雄性的。如果把人鱼说成是美人鱼,那文中的瞿如不就是"美人鸟"吗?

冬天来了,春天还会远吗?人鱼的化石发现了,瞿如化石还会远吗?虎蛟化石还会远吗?《山海经》中其他怪异动物的化石还会远吗?

人是哺乳动物,鱼是卵生动物,把哺乳动物的基因和卵生动物的基因组合在一起"造"出新物种,这在当今时代并不难。美国、英国的科学都有这方面尝试的欲望,但当局担心造出对人类有害的物种,而没有得到批准。地球对于外星人来说只是他们的一个超级实验室,他们注重的是实验结果,不会顾及地球的生态和地球人的安危,一旦发生问题,他们拍屁股走人,所以,他们在地球上什么实验都做,什么实验都敢做。这不奇怪,我们到另一个星球上也是这样。

外星人不但实验出了瞿如,还实验出了虎蛟。蛟是能发水的龙,从字面上看,虎蛟就是像虎一样的龙。地球上的龙有两种:一种是动物龙,一种是机械龙。无论动物龙还是机械龙,它们都是"天国牌"的"外星造",原始人看不懂,他们往往混为一谈,令今人无法分辨。此处的虎蛟是动物龙。外星人造出这种龙不但可以提高人体的免疫力——预防痈肿,还可治疗痔疮。看来,生痔疮不是地球人的专利,外星人的"后门"也经常发生故障。

又东五百里，曰丹穴之山，其上多金玉。丹水出焉，而南流注于渤海。有鸟焉，其状如鸡，五采而文，名曰凤皇，首文曰德，翼文曰义，背文曰礼，膺（yīng）文曰仁，腹文曰信。是鸟也，饮食自然，自歌自舞，见则天下安宁。

再往东五百里是丹穴山，山上有丰富的金属矿和玉石矿。丹水发源于此，向南流入渤海。山中有一种鸟，外形像鸡，全身上下都是五彩羽毛，这就是凤凰。凤凰头上的花纹像"德"字，翅膀上的花纹像"义"字，背部的花纹像"礼"字，胸前的花纹像"仁"字，腹部的花纹像"信"字。这种鸟生活悠闲，饮食从容，它经常是一边鸣叫一边跳舞。凤凰出现时，天下太平。

对凤凰写得如此之细，《山海经》绝无仅有，不但如此，对凤凰着笔还不止一处，后面还有。外星人之间的战争结束，受吓的地球人生活恢复了安宁，被驯化的凤凰飞到各地传递这种平安信息，因此，地球人对凤凰情有独钟，还按照凤凰身上的花纹创造出了文字。

又东五百里，曰发爽之山，无草木，多水，多白猿。汎（fàn）水出焉，而南流注于渤海。

再往东五百里是发爽山，山上没有草木，却有丰富的水系，其中还有很多白色的猿猴。汎水发源于此，向南注入渤海。

又一个有水无草木的地方。奇怪的是没有草木却有猿猴，这可能吗？猿也好，猴也罢，它们的食物是植物，可山上没有草木，难道它们吃石头不成？非也，有人给它们投食，这就是外星人，外星人要观察动物在这种极端恶劣环境下的生存状况。

又东四百里，至于旄（máo）山之尾。其南有谷，曰育遗，多怪鸟，凯风自是出。

再往东四百里，便到了旄山的末端。此处的南面有一个峡谷，叫育遗谷，谷中有很多怪鸟，柔和的南风从这里吹出。

刮凉风的峡谷十分常见，吹热风的峡谷谁见过？但没见过不等于没有，长征火箭发射卫星升空时，火箭尾气喷出的热浪沿着山谷袭来，那不就是热风吗？外星人不是在养宠物，他们不会让原始人与他们同吃、同住、同劳动。冬天，原始人聚在山谷中抱团取暖，外星人的火箭升空，尾气从山谷吹来，原始人觉得很舒适。"怪鸟"就是外星人的飞行器。

又东四百里，至于非山之首。其上多金玉，无水，其下多蝮虫。
又东五百里，曰阳夹之山，无草木，多水。
又东五百里，曰灌湘之山，上多木，无草；多怪鸟，无兽。

再往东四百里就到了非山，山上蕴藏丰富的金属矿和玉石矿，这里没有水，山下的蝮蛇很多。
再往东五百里是阳夹山，山中没有草木，可水系很多。
再往东五百里是灌湘山，山上有很多树，却没有草。这里有许多奇怪的鸟，但没有兽类。

灌湘山的"上多木"，通常被译为"有很多树木"，我却把它译成"有很多木桩子"。十几个光秃秃的火箭立在山上，远远望去，那不就是木桩子嘛！古代学者不知火箭为何物，近代人也不晓得，只有当代人才知道。所以，以往的学者翻译时，都按照古人的思维模式，把"木"译成树木。

"怪鸟"就是飞行器，小型的UFO。外星人用这些"怪鸟"做交通工具，运送火箭部件和燃料。然而，UFO经常起落，轰轰的马达声把动物惊跑了，造成了"多怪鸟，无兽"。

既然发射火箭，当然要有外星人操作，外星人在哪里操作呢？在一排排"工棚"之中，长长的蝮蛇就是"工棚"，即"多蝮虫"。

又东五百里，曰鸡山，其上多金，其下多丹雘。黑水山焉，而南流注于海。其中有鱅（tuán）鱼，其状如鲋（fù）而彘毛，其音如豚，见则天下大旱。

再往东五百里是鸡山,山上有丰富的金属矿,山下盛产丹臒颜料。黑水发源于此,向南流入大海。水中有鲜(tuán)鱼,这种鱼外形像鲫鱼,却长着猪毛。这种鱼居然还能叫,叫出的声音也同猪差不多,它出现时天下就会大旱。

考你一个问题,天下有多大?是整个地球吗?在古人的意识中,天下就是中国。那么,清朝人的天下多大?清朝人的天下当然是清朝全境。大清的江山要比今天大得多,东北以外兴安岭为界,也就是俄罗斯的斯塔诺夫山脉,外兴安岭以内都是清朝的,含俄罗斯的萨哈林岛,即库页岛;北面不但包括蒙古国全境,还包括俄罗斯的唐努乌梁海地区;西北达巴尔喀什湖及整个葱岭。明朝人的天下比清朝小多了,明与北元蒙古以长城为界,长城以南才是明朝,西面只包括新疆的东部,西南的藏区原则上是明朝的,但朝廷并不驻军。元朝初期的天下就更大的,南至南海,北抵北冰洋,东临日本海,西逾葱岭,如果把钦察汗国、察合台汗国、窝阔台汗国和伊利汗国算在内,西部到意大利,南部到印度、也门!

我们再往前说,宋朝的天下呢?宋人说的天下通常指的是黄河以南;西夏人的天下呢?当然只有今天的河套和宁夏一带;大理国的天下就是云南和老挝、缅甸交界一带;唐朝的天下又变大了……不必细说,总之,广义的天下是整个地球,狭义的天下是我们的国家,一般来讲,我们说的天下,就是狭义上的天下,因此,天下是随国家大小而变化的。

原始人没有任何交通工具,甚至不会骑马,他们日常的活动范围也就是几十公里,他们的天下概念当然就很小了,所以,"见则天下大旱"的范围也不会很大。

鱼只能生活在水中,用鱼来传递信息是不可能的,可是,如果用信号弹,那就变不可能为可能了。鲜鱼就是一种信号弹,这种信号弹由水中发射,当信号弹升空时,"天下"的旱灾实验就开始了。"彘毛"就是水貂、水獭的毛,原始人把信号弹的"尾巴"比为水貂和水獭的毛,以致后人把二者混为一谈。

又东四百里,曰令丘之山,无草木,多火。其南有谷焉,曰中谷,条风自是出。有鸟焉,其状如枭,人面四目而有耳,其名曰颙(yú),其鸣自号也,见则天下大旱。

再往东四百里是令丘山,这里没有草木,却总能看到火。山南有个峡谷,人称中谷,温暖的东北风从这里吹出。山中有一种鸟,外形像猫头鹰,却长着一副人脸,脸上有四只眼睛,还有耳朵,这种鸟叫颙,它的叫声就是自己的名字,每当颙出现时,"天下"就要大旱。

令丘山是外星人的一个大型飞行基地,飞行器升空时,其尾气的热浪从山谷中喷出,使山外的原始人感到很温暖。颙也应该是一种信号弹,不过,这种信号弹上画着四只眼睛的人脸。这又是为什么呢?

在地球上进行实验的外星人可能来自不同国家,甚至来自不同的星球,由于语言不同,他们就用不同的画面来传递信息。颙是画面的一种,或表示生产的国家,或表示生产的星球,或表示外星人的命令。

地球人不知颙为何物,听到它的"叫声"像什么,就把它叫什么。我老家在黑龙江省呼兰县,那里有一种鸟,春天时总是"臭咕臭咕"地叫,当地农民不知鸟的名称,就把这种鸟叫"臭咕",实际就是布谷鸟。

从字面上看,令丘山就是外星人发"令"的山。

又东三百七十里,曰仑者之山,其上多金玉,其下多青雘。有木焉,其状如榖而赤理,其汗如漆,其味如饴,食者不饥,可以释劳,其名曰白䓘(gāo),可以血玉。

再往东三百七十里是仑者山,山上蕴藏丰富的金属矿和玉石,山下遍布青雘颜料。山中有一种树木,外形像构树,纹理却显红色,枝干流出的汁液像漆,味道如糖浆一般,人吃不但不饿,还能解除疲劳,这种树叫白䓘(gāo),用它可以把玉石染成鲜红色。

青雘、朱雘都是外星人在地球上实验产生的污染物,他们要进行重大的造物工程,就不可避免产生副产品。通常我们的先人把"有木焉"译成有树木,这是惯性思维,难道我们不可以译成"有木头"或"有木桩"吗?此处的白莕（gāo）只介绍了它的浆汁和纹理，只字没说这种树的枝叶。如果这个山中摆着几台饮料机，外面有类似于构木的树纹，其中的饮料呈乳状红色，既像咖啡，又像奶油，还像巧克力液，这岂不又解饿，又提神吗？当外星人无意中把这种饮料洒在玉石上，那玉石不就是成了饮料的颜色了吗？

又东五百八十里，曰禺槀（gǎo）之山，多怪兽，多大蛇。

再往东五百八十里是禺槀山，山中有很多奇怪的动物，还有很多大蛇。

大蛇有多大？是在十米外观看，还是在百米外，抑或千米之外？外星人不会让地球人接近他们的设备，他们肯定担心好奇的地球人会损坏他们的设备或威胁他们实验出的物种。"大蛇"就是大型的UFO，也就是飞船母舰。"怪兽"有两种可能：一种是外星人实验出新物种，一种是形状各异的UFO。

又东五百八十里，曰南禺之山，其上多金玉，其下多水。有穴焉，水出辄入，夏乃出，冬则闭。佐水出焉，而东南流注于海，有凤皇、鹓（yuàn）雏。

再往东五百八十里是南禺山，山上蕴藏丰富的金属矿和玉石，山下水系遍布。山中有一个奇怪的洞穴，水流出来又流回去，不过，这个怪穴只在夏季水才流动，冬天就不流了。佐水发源于此，向东南流入大海，佐水一带有凤凰和鹓雏之类的鸟栖息。

地球上一片荒凉，外星人分布地球各地，他们要开会商量大事，只能用飞行器做交通工具。地球上的资源没有开发出来，为节省燃料，外星人的UFO采用水中滑行起飞——河流成了他们的水上机场。南禺山的山洞与山前的水源相连，飞行器起飞时，强大的尾气把水吹出山洞；飞行器升空后，水又从洞口流了回去。这不是"水出辄入"吗？冬天是枯水期，水量较小，虽然飞行器升空，但尾气吹出的水流不到山洞口，这就是"冬则闭"。

凤凰和鹓雏之类的鸟是外星人传递信息的信鸽，它们在各山之间飞来

飞去。

凡南次三经之首，自天虞之山以至南禺之山，凡一十四山，六千五百三十里。其神皆龙身而人面。其祠皆一白狗祈，糈用稌。

总计南方第三列山系，从天虞山起到南禺山止，共十四座山，绵延六千五百三十里。诸山山神都是龙的身子人的脸。祭祀山神时，人们用的是一条白色的狗作祭品，供奉神的米仍是精制的糯米。

《山海经》中大量地出现祭祀，为什么呢？既然其中的神是外星人，外星人为什么要让地球人顶礼膜拜呢？其实就是一个"怕"字。外星人怕地球人造他们的反，一旦有人振臂高呼，"起来，不愿做奴隶的人们"，他们就需要大量的时间和精力来"维稳"，他们在地球上的科研将大受影响。外星人的生命是有限的，他们在地球上的时间也不是无限的。他们利用地球人的蒙昧，对地球人进行愚化教育，以争取更多的时间和精力来完成他们的宏大计划。

低级错误又出现了，《南次三经》实际只有13座山，绵延5730里，而此处却说14座山，绵延6530里，多出1座山，多出800里。"其神皆龙身而人面"应译为：这些山上神秘的飞行器，都是龙一样的形状，透过UFO的窗口，甚至可以看到外星人的脸。

右南经之山志，大小凡四十山，万六千三百八十里。

以上所记载的南山三列山系，大小山头总共四十座，途经一万六千三百八十里。

"右"就是右侧。古书都是竖版从右往左排版，所以，这里的"右"相当于我们今天横版书的"以上"。

再说明一点：三个山系的山神分别是"鸟身而龙首"、"龙身而鸟首"、"龙身而人面"。其实都是一个意思，只不过换一种说法而已。

第二卷 西山经

画蛇添足这个成语我们都知道，蛇是没有足的，有了足就不是蛇，而肥蟥这种蛇居然有六个足，还有四个尾翼，这是蛇吗？不是，绝对不是！肥蟥是一种"金属蛇"，它是外星人的核弹，平时放在架子上，因为架下有六条腿，肥蟥尾部有四个翼——这不就是导弹吗？

外星人造出地球人之后，他们一定会对地球人的身体机能进行各种实验，就像我们用小白鼠做实验一样，今天给小白鼠喂点什么致癌药，明天给小白鼠喂点避孕药，后天给小白鼠喂点流感药，说得再残酷些，甚至还要进行活体解剖，看看这种小动物服药后内脏有什么变化……我们就是外星人的实验品，外星人不但要了解地球人的身体机能变化，还要了解地球人抵御自然灾害的能力——没有水灾，他们就要制造水灾；没有旱灾，他们就要制造旱灾；没有震灾，他们就要制造地震，等等。

外星人久在地球，尤其是战争之后，他们重新维修的飞船必然要更换润滑油、润滑脂。为了解决这一问题，他们只能采集植物和矿物炼制。在我们的祖先看来，飞船不能起飞是因为"饿了"。"食之不饥"不是人吃了就不会饥饿，而是外星人的飞船"吃了"不会饥饿。也就是加上润滑油，换上仪表零件，飞船又能升空了。

外星人在地球上的实验项目多种多样，他们把地球上各种动物的基因相互组合，从中选出能为他们服务的新物种。穷奇就是由牛和刺猬的基因组合而成，由于这种动物有较高的灵性，于是，外星人驯化它们守山，做他们的"服务生"。

第一节 西山经

> 对原始人记载的动物我们一定要睁开慧眼,此处㸲牛、㺢羊难以分辨,在下认为,㸲牛是机械牛,是牵引车之类的机械,而㺢羊却是真正的动物。

~~~~~~~~~~~~~~~~

西山经华山之首,曰钱来之山,其上多松,其下多洗石^①。有兽焉,其状如羊而马尾,名曰㺢(xián)羊,其脂可以已腊(xī)。

西方第一山系是华山山系,该山系的第一座山叫钱来山,山上遍布松林,山下洗石资源丰富。山中有一种动物,外形像羊却长着马的尾巴,这种动物名叫㺢羊,㺢羊的油脂可以治疗皮肤皲裂。

从南方到北方,或从北方到南方,都会遇到水土不服的问题。外星人也不例外,他们不可能把医院搬到地球,那就只有就地取材,从地球上的动物、植物以及他们实验出的新物种中提取某些物质,用以治疗他们的疾病。㺢羊是外星人实验出的新物种。在寒冷干燥的冬季,外星人的手发生了皲裂,嘴角发生了皲裂,他们就宰杀㺢羊,把㺢羊的脂肪涂在患处,皮肤上的皲裂很快就愈合了。下面的动物也有类似功能。

---

① 洗石:洗脚时用来搓脚上老皮的石头。

西四十五里，曰松果之山。濩（huò）水出焉，北流注于渭，其中多铜。有鸟焉，其名曰螐（tōng）渠，其状如山鸡，黑身赤足，可以已㿋（bào）。

钱来山西行四十五里是松果山。濩水发源于此，向北流入渭水，这个流域有丰富的铜矿。山中有一种鸟，名叫螐渠，这种鸟外形像野鸡，黑色的羽毛，红色的爪子，用它可以治疗皮肤干裂。

西部地区气候干燥，皮肤干裂是常有的事，外星人发现吃螐渠就能防止皮肤上的水分流失，原来螐渠有护肤作用。

又西六十里，曰太华之山，削成而四方，其高五千仞，其广十里，鸟兽莫居。有蛇焉，名曰肥䗅（yí），六足四翼，见则天下大旱。

再往西六十里是太华山，此山呈四方形，像刀削一样陡峭，高五千仞，方圆十里，鸟兽不能栖身。山中有一种蛇，名叫肥䗅，肥䗅六只脚，两对翅膀，它一出现天下就会大旱。

《说文解字》上称："仞：伸臂一寻，八尺也。"一仞就是一寻，一寻就是八尺。不过，"尺"是个与时俱进的长度单位。商代，一尺约16.95cm，按这一尺度，男人一般都在一丈以上，故男人有"丈夫"之称；周初，一尺约19.91cm；战国，一尺约23cm；秦时，一尺约23.1cm；汉时，一尺约21.35～23.75cm；三国，一尺约24.2cm；南朝，一尺约25.8cm；北魏，一尺约30.9cm；隋代，一尺约29.6cm；唐代，一尺约30.7cm；宋元，一尺约31.68cm；明清，一尺约31.1cm；当今，一尺约33.3cm。

比如，《邹忌讽齐王纳谏》载："邹忌修八尺有余。"那是周朝的战国时期，如果按今天的尺来计算，邹忌身高应在2.4米以上，这可能性不大。目前，世界上活着的"高人"是乌克兰的列昂尼德·斯塔德克，身高2.53米，据说已去世的美国人罗伯特·沃德洛（1918～1940）身高为2.72米。不过，他是病态巨人，临死前身高还在长。我国内蒙古的喜顺身高2.38米，比篮球明星姚明还高出12厘米（姚明身高2.26米）。如今，湖北人张俊才2.42米，这是目前中国最高的记录。

其实,最初的"尺"指男人伸开手掌后,拇指指尖到中指指尖之间的直线长度,大约是20厘米,与"尺"比较接近的是"咫"。《说文解字》解释说:"中妇人手长八寸谓之咫,周尺也。""咫"即普通妇女伸开手掌后,拇指指尖到中指指尖之间的直线长度,因而稍短于尺。

有人认为,太华山就是现在陕西省境内的华山。一仞为八尺,一尺按20厘米计算,五千仞就是8000米。请注意,这可不是海拔高度,而是地面以上的高度。华山地处华阴县,华阴县的海拔介于329~2483.6米之间。如果按此计算,华山的海拔高度至少在8329米以上,而现在华山的最高峰只有海拔2154.9米。沧海虽然可以变为桑田,可那要经过数十万年,《山海经》成书于4000年前,4000年间难道华山矬了6000多米?这绝不可能!

以目前的科技水平,只有登上山顶才能测出山的高度。如果真是8000米,山上必是冰雪皑皑,上古的原始人没有今天的登山工具,没有今天的保暖措施,没有今天的食物补给,就凭两条腿,要登上连鸟兽都不能栖息的山峰,这不是中国版的天方夜谭嘛!

退一万步讲,就算原始人能登上山,可他们连简单的数据都算不准,怎么能测出一座山的高度?所以说,这太华山是古人想象的高度,不是实际高度。

太华山中很可能有外星人的导弹发射装置,由于频繁发射导弹,鸟兽都被巨大的声音吓跑了。画蛇添足这个成语我们都知道,蛇是没有足的,有了足就不是蛇,而肥𧔧这种蛇居然有六个足,还有四个尾翼,这是蛇吗?不是,绝对不是!肥𧔧是一种"金属蛇",它是外星人的核弹,平时放在架子上,因为架下有六条腿,肥𧔧尾部有四个翼——这不就是导弹吗?

又西八十里,曰小华之山,其木多荆杞,其兽多㕙(zuō)牛,其阴多磬石,其阳多㻬琈(yǔ fú)之玉。鸟多赤鷩(biē),可以御火。其草有萆(bì)荔,状如乌韭,而生于石上,亦缘木而生,食之已心痛。

再往西八十里是小华山,山上的树木多见牡荆和枸杞,山中动物多见㕙牛,山北盛产磬石,山南盛产㻬琈玉。山中的鸟多见赤鷩,这种鸟可以防御火灾。山中有一种草荔草,形状像乌韭,但长在石头上,如豆角一般攀缘树木生长,食用它能治疗心痛病。

小华山的北侧是飞机场,跑道是用磬石铺成。小华山的南侧是飞机修理所,各飞机部件在阳光下闪闪发光,远远望去如玉一般。无论是机场,还是飞机修理所,都摆放着灭火器,这种灭火器就像炮弹一样,能发射很远,一旦发生火灾,外星人按动机关,灭火器犹如红色的鸟飞向火场。由于"飞行员"经常在天上飞来飞去,有人心血不畅,为了治疗这类疾病,外星人在机场周围种植了大量的草荔草。

目前,我们的载人航天器只能飞到月球,还到不了外星人的星球,请恕在下愚钝,我只能用飞机场来比外星人的飞行基地。我曾在空军服役13年,飞机飞行前,为了节省油料,一般都用牵引车把飞机牵到跑道。周围有救护车,车上有医生值班,有急救性药品。外星人来到地球不可能带个医疗队,他们只能就地取材,用乌韭之类的草药来为宇航员治疗突发疾病。

柞牛原是体形庞大的野牛,地球人不懂牵引车,还以为是"铁牛"。"赤鷩"就是外星人的炮弹灭火器。

下文又有一种灭火器。

又西八十里,曰符禺之山,其阳多铜,其阴多铁。其上有木焉,名曰文茎,其实如枣,可以已聋。其草多条,其状如葵,而赤华黄实,如婴儿舌,食之使人不惑。符禺之水出焉,而北流注于渭。其兽多葱聋,其状如羊而赤鬣(liè)。其鸟多䳋(mín),其状如翠而赤喙,可以御火。

再往西八十里是符禺山,山南蕴藏着丰富的铜矿,山北蕴藏着丰富的铁矿。山上有一种树,叫文茎,结的果子像枣,可以治疗耳聋。山中的草大多都是像麦子似的条叶草,形状与葵菜相似,开红花,结黄果,果实的形状像婴儿的舌头,食用它可使人头脑清醒。符禺水发源于此,向北流入渭水。山中的兽类以葱聋居多,这种动物的形状像羊,而且长着红色的鬣毛。山中的禽类多见䳋鸟,这种鸟形状如翠鸟,红色的嘴,可以灭火。

上古时金和铜两种金属是不分的,统称为金。铁是战国末期才被人类发现和使用的。可成书于4000年前的《山海经》，居然提到了铁！这实在令人不解。

在核战争中，一些外星人耳朵被震聋，经研究发现文茎树的果子可以治疗他们的耳聋。然而，在地球上，他们仍不能完全适应环境，就像我们到了西藏，由于那里的空气含氧量只有内地的一半，许多人觉得头昏。在实验中，他们发现了"如葵"草，还有后文的蒙木等，这些动植物都能缓解类似的不适。

当今，灭火器的种类很多，按其移动方式可分为：手提式和推车式；按驱动灭火剂的动力来源可分为：储气瓶式、储压式和化学反应式；按所充装的灭火剂原料又可分为：泡沫、干粉、卤代烷、二氧化碳、酸碱和清水等等。最为先进的灭火器是炮弹灭火器。目前，这还是专利产品。炮弹灭火器的发射装置是迫击炮或火箭筒，在几百米外将炮弹发射到火场。炮弹爆炸后，弹体中的干冰升华成二氧化碳气体，既能降温，又能阻燃。赤鷩也好，鸥𪃑也罢，就是炮弹之类的灭火器。

又西六十里，曰石脆之山，其木多棕柟（nán），其草多条，其状如韭，而白华黑实，食之已疥。其阳多㻬琈之玉，其阴多铜。灌水出焉，而北流注于禺水。其中有流赭（zhě），以涂牛马无病。

再往西六十里是石脆山，山上的树多见棕树和楠木，草类以条状居多，形如韭菜，开白花，结黑籽，人吃了可以治疗疥疮。山南盛产㻬琈玉，山北盛产铜。灌水发源于此，向北流入禺水。水中含有硫磺和赭黄，将其涂抹在牛马的身上，牛马就不生病。

人吃五谷杂粮，没有不生病的，地球人如此，外星人也是这样，何况他们还不服我们的水土，所以，外星人头上长疮，脚下长癣，屁股长痔，为了应付这些疾病，外星人进行了大量的动植物药理实验。"如韭"就是其中的一种。

人生病，牛马也会生病，含有硫磺和赭黄的禺水，就可增强牛马的免疫力，但对人没有明显的作用。

又西七十里，曰英山，其上多杻(niǔ)檀(jiāng)，其阴多铁，其阳多赤金。禺水出焉，北流注于招(sháo)水，其中多鲜(bàng)鱼，其状如鳖，其音如羊。其阳多箭媚(méi)，其兽多㸲(zuō)牛、羬(xián)羊。有鸟焉，其状如鹑(chūn)，黄身而赤喙，其名曰肥遗，食之已疠(lì)，可以杀虫。

再往西七十里是英山，山上遍布杻树和檀树，山北富有铁矿，山南富有赤金属矿。禺水发源于此，向北流入招水，水中有很多鲜鱼，这种鱼外形如鳖，叫声如羊。山南生长有很多箭竹和媚竹，动物大多是㸲牛、羬羊。山中有一种鸟，外形如鹑鹑，黄羽红嘴，名叫肥遗，人吃了这种鸟可以治疗麻风病，还能杀死体内寄生虫。

此处的肥遗与前面的肥蟥不同，前面我们提到了肥蟥，"有蛇焉，名曰肥蟥，六足四翼，见则天下大旱"。彼肥蟥是信号弹，而此肥遗是鸟。外星人在地球上病种类比较齐全，什么麻风病、寄生虫等等。外星人就是外星人，他们对付这些病症小菜一碟，只要外星人进行药理实验，这个问题就迎刃而解，肥遗是外星人实验出的又一种药。

对地球人记载的动物我们一定要睁开慧眼，此处㸲牛、羬羊难以分辨，在下认为，㸲牛是机械牛，是牵引车之类的机械，而羬羊却是真正的动物。外星人在干燥寒冷的季节，用羬羊的油脂治疗皮肤皲裂。

又西五十二里，曰竹山，其上多乔木，其阴多铁。有草焉，其名曰黄雚(guàn)，其状如樗(chū)，其叶如麻，白华而赤实，其状如赭，浴之已疥，又可以已胕(fū)。竹水出焉，北流注于渭。其阳多竹箭，多苍玉。丹水出焉，东南流注于洛水，其中多水玉，多人鱼。有兽焉，其状如豚而白毛，毛大如笄(jī)而黑端，名曰豪彘。

再往西五十二里是竹山，山上到处是乔木，山北铁矿丰富。山中有一种草，名叫黄雚，形状像樗树，但叶子像麻，开白花，结红果，果实有点像赭石，用它洗浴既治疥疮，又治浮肿。竹水发源于此，向北流入渭水。山南面遍布小竹丛，还有许多苍玉。丹水发源于这座山，向东南流入洛水，水中出产水晶石及美人鱼。

山中有一种动物，外形像小猪却长着白毛，毛如簪子一般粗，而且尖端呈黑色，名叫豪彘。

"五十二里"，说得很精确。外星人开发出了黄藿草的药性，但对此山动物的药性却没有新的发现。实验中，外星人制造出了美人鱼和豪彘。

又西百二十里，曰浮山，多盼木，枳叶而无伤，木虫居之。有草焉，名曰熏草，麻叶而方茎，赤华而黑实，臭（xiù）如靡（mí）芜，佩之可以已疠（lì）。

再往西一百二十里是浮山，山上长着很多盼木，盼木叶子像枳树，但没有伤人的刺，树上有寄生虫。山中有一种草，名叫熏草，叶子像麻，茎是方的，开红花，结黑果，味如蘼芜，把它带在身上可以治疗麻风病。

枳树本来就没有刺，而作者却把这个问题做了特别的交代，特别强调枳树有虫子，没刺，这是一组近"镜头"，作者与盼木近在咫尺。可问题是难道其他盼木有刺吗？难道其他树没有虫子吗？天下间只要有草木，就有虫子，有虫子的地方就有鸟，可作者对鸟只字不提，是何道理？

远古时期没有笔，没有墨，更没有纸，字不是写出来的，而是用刀把字刻在竹简或木片上，直到秦末大将蒙恬发明了毛笔，才从根本上改变了人们的书写方式和速度。汉初，人们还把从事文字工作的公务员称为刀笔小吏。用刀刻字是多么费力！作者能少刻一个字绝不会多刻一个字，可偏偏强调枳树没刺。

噢，明白了，这里是外星人的草药种植基地，其间有N种植物，这些虫子也是有药性的，只是作者说不清楚而已，所以，只言植物的药性，不提其他。

又西七十里，曰羭（yú）次之山，漆水出焉，北流注于渭。其上多棫（yù）橿（jiāng），其下多竹箭，其阴多赤铜，其阳多婴垣之玉。有兽焉，其状如禺而长臂，善投，其名曰嚣（xiāo）。有鸟焉，其状如枭，人面而一足，曰橐𪄕（tuó féi），冬见夏蛰，服之不畏雷。

再往西七十里是羭次山，漆水发源于此，向北流入渭水。山上有很多棫树和橿树，山下竹丛随处可见，山北有丰富的赤铜矿，山南有大量的婴垣玉。山中有一种动物，外形像猿猴却比猿猴的臂长一些，擅长投掷东西，这种动物叫嚣。山中有一种鸟，外形像猫头鹰，但脸如人，一只脚，这种鸟叫橐𫛚，橐𫛚常常是冬天出现夏天蛰伏，人披上橐𫛚的羽毛，就不怕打雷。

嚣，看起来像是长臂猿，实则不然，因为长臂猿不会投掷石块之类的东西。据说，神农架的野人能投掷石块，对了，嚣就是野人。

"服之不畏雷"的"服"通常被译为披或穿，我却把"服"译为"吃"，橐𫛚是外星人造出的一种鸟，它的肉有镇定作用。

又西百五十里，曰时山，无草木。逐水出焉，北流注于渭，其中多水玉。

再往西一百五十里是时山，山上没有草木。逐水河发源于此，向北流入渭水。水中有大量的水晶石。

又是一个有水没草木的山，而水中又含有大量的水晶石。外星人就地取材，在这里开山采矿，水和环境被严重污染，连草木都无法生长。下一段中更有力地证明外星人的采矿行动。

又西百七十里，曰南山，上多丹粟。丹水出焉，北流注于渭。兽多猛豹，鸟多尸鸠。

再往西一百七十里是南山，山上遍布粟粒大小的丹砂。丹水发源于此，向北流入渭水。山中的兽类多见猛豹，鸟类多见布谷鸟。

表面看不出外星人采矿，可分析一下"猛豹"就清楚了。猛豹是传说中的一种动物，形体与熊相似，它能吃铜铁。地球上有吃铜铁的动物吗？绝对没有。可是，有能吃钢铁的机械——君不见矿山上庞大的采矿机吗？君不见冶炼金属的碎石机吗？无论是铜矿石还是铁矿石，被它"吃"进去，"拉"出来的都是碎末——矿粉。矿粉经过加工,从中提炼出各种元素。这不就是吃铜铁的动物嘛!

显然,南山一带是外星人的冶炼工厂。布谷鸟赖以栖息的家园被外星人破坏,它们成群在一起,依依不舍。

多么可爱的小精灵啊!多么可怜的小精灵啊!

又西百八十里,曰大时之山,上多穀(gòu)柞(zuò),下多杻(niǔ)檀(jiāng),阴多银,阳多白玉。涔(cén)水出焉,北流注于渭。清水出焉,南流注于汉水。

再往西一百八十里是大时山,山上多见构树和栎树,山下常见杻树和橿树。山北银矿储量丰富,山南白玉石储量丰富。涔水发源于此,向北流入渭水。清水也发源于这里,向南流入汉水。

此处的"银",不是金属银,而是白色金属泛称。白色金属很多,除了银还有镁、铝、钛、锡、铂、钯等。古代人不懂化学元素周期表,把白色金属说成银很平常。钛很轻,但硬度大,是航天不可缺少的金属。钯也是航天、兵器和核能等高科技领域不可缺少的关键材料。

有色金属是外星人十分关注的。

又西三百二十里,曰嶓冢(bō zhǒng)之山,汉水出焉,而东南流注于沔(miǎn);嚣(xiāo)水出焉,北流注于汤水。其上多桃枝鉤(gōu)端,兽多犀兕熊罴(pí),鸟多白翰赤鷩(béi)。有草焉,其叶如蕙,其本如桔梗,黑华而不实,名曰蓇(gǔ)蓉,食之使人无子。

再往西三百二十里是嶓冢山,汉水发源于此,向东南流入沔水;嚣水也发源于此,向北流入汤水。山上遍布桃枝竹和鉤端竹,兽类多见犀牛、熊、罴,鸟类多见白雉、赤鷩。山中有一种草,叶子像蕙草,根如桔梗,开黑花,不结果,名叫蓇蓉,食用这种草人就不能生育。

一种药对生育是否有影响,那可不是一年两年能看出来的,因为人的生育周期较长,怀孕280天才能分娩,往往怀孕一个月后才能知道,而且也不是想什么时候怀孕就能怀上的,所以,对于避孕药的效果需经多年实验。

地球上的载人飞船首先不是载人,而是载狗或载猩猩,先把这些较为聪明的动物放进飞船在地球之外绕上几圈,看看狗和猩猩没有什么异常,得到一些数据后,人才能坐飞船上天。同样,在研究避孕时,也常常以动物为实验对象,先给动物吃,观察动物的生殖反应,反复实验后,才能用于人类。外星人在地球上进行各种动植物药理实验,他们发现蓇蓉有避孕作用,他们先后在犀牛、熊、罴以及白翰、赤鷩等动物身上实验,效果明显,于是,外星人又用于地球人,结果正如他们所料。

此处的赤鷩是鸟。

又西三百五十里,曰天帝之山,上多棕枏(nán),下多菅蕙。有兽焉,其状如狗,名曰溪边,席其皮者不蛊。有鸟焉,其状如鹑,黑文而赤翁,名曰栎,食之已痔。有草焉,其状如葵,其臭如蘼芜,名曰杜衡,可以走马,食之已瘿(yǐng)。

再往西三百五十里是天帝山,山上多见棕树和楠木,山下多见茅草和蕙草。山中有一种兽类,外形像狗,名叫溪边,人睡在溪边的皮上不染蛊毒。山中有一种鸟,外形像鹌鹑,黑色的花纹,红色的颈毛,名叫栎,它的肉可以治疗痔疮。山中有一种草,形状像葵菜,散发的气味和蘼芜差不多,名叫杜衡,马吃了可使其飞奔如箭,人吃了能治脖子上的肿瘤。

天帝山不知是否有天帝,不过,天帝应该是外星人的统治者。此山无论是走兽、飞禽还是草,都有医用价值。看来,这里是外星人的一个重要的药理实验基地。同时,也更有力地证明,外星人不服地球水土,他们堂堂被蛊毒、痔疮、肿瘤等疾病折磨。

西南三百八十里,曰皋(gāo)涂之山,蔷水出焉,西流注于诸资之水;涂水出焉,南流注于集获之水。其阳多丹粟,其阴多银、黄金,其上多桂木。有白石焉，其名曰礜（yù），可以毒鼠。有草焉，其状如藁茇（gǎo bá），其叶如葵而赤背，名曰无条，可以毒鼠。有兽焉，其状如鹿而白尾，马脚人手而四角，名曰玃（jué）如。有鸟焉，其状如鸱（chī）而人足，名曰数斯，食之已瘿。

天帝山西南三百八十里是皋涂山，蔷水发源于此，向西流入诸资水；涂水也发源于此，向南流入集获水。山南粟粒大小的丹砂随处可见，山北蕴藏丰富的金银矿，山上以桂树居多。山中有一种白色的石头，名叫礜，礜可以毒死老鼠。山中有一种草，形状像藁茇，叶子像葵菜的叶子，只是背面呈红色，名叫无条，也可以毒死老鼠。山中还有一种动物，外形像鹿却长着白色的尾巴，马一样的蹄子，人一样的手，还有四只角，这种动物叫玃如。山中有一种鸟，外形像鸱鹰却长着人一样的脚，名叫数斯，食用它的肉可治愈人脖子上的肿瘤。

这里不但进行药理实验，还进行动物基因重组实验。外星人在进行药理实验中，发现了礜石和无条草的毒性，在实验室中用老鼠一试，果然如此。在动物基因重组实验中，他们把鹿、马、人、和牛的基因组合在一起，制造出一个新物种玃如。把卵生的鸱鹰和地球人的基因组合在一起，又造出了一只脚的数斯。虽然数斯只有一只脚，不能算是优质物种，但它的肉对甲状腺肿瘤很有效。

当今地球人对癌症几乎是束手无策，我向科学家们强烈建议：把鸱鹰和人的基因组合在一起，造个数斯看看，如果数斯有治疗肿瘤作用，那将是人类治疗癌症一次重大突破。

又西百八十里，曰黄山，无草木，多竹箭。盼水出焉，西流注于赤水，其中多玉。有兽焉，其状如牛，而苍黑大目，其名曰䯞（mǐn）。有鸟焉，其状如鸮（xiāo），青羽赤喙，人舌能言，名曰鹦䳇（móu）。

再往西一百八十里是黄山，山上没有草木，只有竹丛遍布。盼水发源于此，向西流入赤水，水中有很多玉石。山中有一种动物，形状像牛，灰黑色的皮毛，大大的眼睛，这种动物叫䯞。山中有一种鸟，形状像猫头鹰，却是青色的羽毛，红色的嘴，它有人一样的舌头，能学人说话，这种鸟叫鹦䳇，也就是我们平时说的鹦鹉。

竹丛就不是草木吗？可《山海经》作者却没把竹子当成草木。这说明原始人对草木的概念是模糊的。

大眼睛的犛牛就是普通的牛，牛的眼睛本来就很大，尤其是发怒时。

没有人教，鹦鹉是不会说人话的，这说明黄山一定有人，很可能既有外星人又有地球人。外星人闲暇时候逗逗鹦鹉，地球人发现这种鸟挺有意思，也来凑热闹，地球人教了几遍，鹦鹉居然学会了。

又西二百里，曰翠山，其上多棕枏，其下多竹箭，其阳多黄金、玉，其阴多旄（máo）牛、羬（líng）、麝（shè）。其鸟多鸓（lěi），其状如鹊，赤黑而两首、四足，可以御火。

再往西二百里是翠山，山上多见棕树和楠木树，山下竹丛遍布，山南盛产金属矿和玉石，山北遍布牦牛、羚羊、麝鹿。山中的鸟多是鸓鸟，形状像喜鹊，羽毛呈紫色，两个脑袋、四只脚，可以用来防火。

鸟可以防火？怎么防？是用鸟来报信，还是用鸟来灭火？如果用鸟来报信，说明这种鸟必是经过驯化的。那么，是谁驯化的？原始人的生存问题都难以解决，他们驯化鸟防火的可能不大，再说，那时的人会不会用火还是个问题，何谈防火？既然这种鸟能驯化报信，就不只是报火灾，可文中没提。

用鸟灭火不可思议，可从迫击炮筒发射出的像鸟一样飞的炮弹却能灭火。无需多言，此处的鸟普是炮弹一类的灭火器。

又西二百五十里，曰䳟（guī）山，是錞（chún）于西海，无草木，多玉。凄水出焉，西流注于海，其中多采石、黄金，多丹粟。

再往西二百五十里是䳟山，这座山濒临西海，山上没有草木，却有很多玉石。凄水发源于此，西流入海，水中有许多彩色的石头和黄色的金属矿，以及粟粒大小的丹砂。

又是一个有水而没有草木的山，作为高度发达且能穿越N个光年来到地球的外星人，他们绝对知道环境污染问题，可是，他们却放纵自己的行为，大肆污染我们的地球，这可能是引发外星人之间战争的因素之一。后面我们会重点破译外星人之间的战争。

凡西经之首，自钱来之山至于騩山，凡十九山，二千九百五十七里。华山，冢也，其祠之礼：太牢。羭（yú）山，神也，祠之用烛，斋百日以百牺，瘗（yì）用百瑜（yú），汤其酒百樽，婴以百珪（guī）百璧。其余十七山之属，皆毛牷（quán）用一羊祠之。烛者，百草之未灰，白席，采等纯之。

总计西方第一列山系，自钱来山到騩山，共有十九座山，绵延二千九百五十七里。华山神是这个山系的首领，祭祀华山山神的礼仪是：用整猪、整牛、整羊三牲做祭品。羭次山神最为突出，祭祀他要用烛火，而且斋戒一百天，用一百只毛色纯正的牲畜，随一百块美玉埋入地下，再烫上一百樽美酒，另配一百块玉珪、一百块玉璧。祭祀其余十七座山的规模基本相同，都是用一只完整的牛做祭品，所燃之烛，全部由百草燃烧未烬的灰制成，祭神的席是白色的，边缘配以各种鲜艳的花边。

每个山系都有个外星人负责，这是正常的。奇怪的是地球人为什么这么崇拜羭次山上的外星人？羭次山上的外星人不是这个山系的首领，却用比首领还要高的规格的祭拜？而且祭祀的每个细节都写得十分清楚。羭次山的外星人会不会拯救过地球人？只有这种大恩，地球人才会对羭次山的外星人顶礼膜拜吧。

第二节 西次二经

朱厌是一种武器,武器的首端呈白色,尾端呈红色。大战爆发前,地球人远远望去,见一个个朱厌并立在前方,就像猿猴似的蹲在那里,只要外星人一声令下,朱厌就会飞到敌方阵地,把敌人炸得血肉横飞。

～～～～～～～～～～～～

西次二经之首,曰钤(qián)山,其上多铜,其下多玉,其木多杻橿。

西二百里,曰泰冒之山,其阳多金,其阴多铁。洛水出焉,东流注于河,其中多藻玉,多白蛇。

又西一百七十里,曰数历之山,其上多黄金,其下多银,其木多杻橿,其鸟多鹦鹉(móu)。楚水出焉,而南流注于渭,其中多白珠。

西方第二个山系的第一座山叫钤山,山上铜矿丰富,山下玉石丰富,山中的树多见杻树和橿树。

从钤山向西二百里是泰冒山,山南有丰富的金属矿,山北有丰富的铁矿。洛水发源于这里,向东流入黄河,水中有很多带有色彩纹理的藻玉,还有很多白色的蛇。

再往西一百七十里是数历山,山上蕴藏着丰富的金属矿,山下蕴藏丰富的白色金属矿,山中的树木以杻树和橿树居多,鸟类多见鹦鹉。楚水发源于此,向南流入渭水,水中有很多白色的珍珠。

一些学者认为,文中所说的"河"是黄河,不过,黄河十年一改道,那时的黄河与今天黄河不能同"道"而语。下文与此同。

以上三段重点介绍矿藏,那时的原始人最多只会造青铜器,尤其是对铁,根本不知道为何物,《山海经》作者却如此关注矿藏,这其中有什么隐情吗?当然,因为外星人将其视为了宝贝。这些宝贝有什么用途呢?当你在后文中读到外星人之间的惨烈战争,你就明白了。

又西百五十里,曰高山,其上多银,其下多青碧、雄黄[①],其木多棕,其草多竹。泾水出焉,而东流注于渭,其中多磬石、青碧。

再往西一百五十里是高山,山上有丰富的白色金属矿,山下有丰富的青碧和雄黄,山中的树木大多是棕树,草类多见小竹丛。泾水发源于山上,向东流入渭水,水中有很多磬石和青碧。

前文的黄山"无草木,多竹箭",作者没有把竹当成草木,而此处则称"其草多竹",如今又把竹子当草了。前后矛盾。由此可见,作者对自然的认识是蒙昧的,思维是模糊的,对外星人更是说不清、道不明,所以,只能以"神"、"怪"、"奇"称之。

西南三百里,曰女床之山,其阳多赤铜,其阴多石涅(niè),其兽多虎、豹、犀、兕。有鸟焉,其状如翟(dí)而五采文,名曰鸾鸟,见则天下安宁。

再往西南三百里是女床山,山南铜矿丰富,山北石墨矿丰富,山中常见老虎、豹子、公犀牛和母犀牛。山里有一种鸟,外形像野鸡却长着色彩斑斓的羽毛,这种鸟就是鸾鸟。鸾鸟出现,天下太平。

外星人造出地球人之后,他们一定会对地球人的身体机能进行各种实验,就像我们用小白鼠做实验一样,今天给小白鼠喂点什么致癌药,明天给小白鼠喂点避孕药,后天给小白鼠喂点流感药,说得再残酷些,甚至还要进行活体解剖,看看这种小动物服药后内脏有什么变化……我们就是外星人

---

① 雄黄:鸡冠石,是一种矿物质,具有解毒、杀虫作用。

的实验品,外星人不但要了解地球人的身体机能变化,还要了解地球人抵御自然灾害的能力——没有水灾,他们就要制造水灾;没有旱灾,他们就要制造旱灾;没有震灾,他们就要制造地震,等等。

那时的地球一片荒芜,外星人不可能到处建无线信号中转站,外星人相互之间只能靠大功率的电台联系,可这种联系并不方便。他们在地球上造物时发现凤凰和鸾鸟具有极强的灵性,于是,他们驯化这些鸟传递信息。外星人之间约定,凤凰和鸾鸟起飞,各地都要停止实验。于是,凤凰、鸾鸟升空,外星人制造的灾害结束,地球人平安了。

犀:犀牛。兕:是母犀牛。既是犀牛,当然有公有母,也就是说,犀牛包括公母两种,可为什么文中反复提到"兕"呢?想必"兕"肯定有特殊的用途,不然文中为什么只讲虎,而不讲母虎;只讲豹,而不讲母豹……

又西二百里,曰龙首之山,其阳多黄金,其阴多铁。苕水出焉,东南流注于泾水,其中多美玉。

再往西二百里是龙首山,山南盛产黄色金属矿,山北盛产铁矿。苕水发源于此,向东南流入泾水,水中美玉较多。

这里只写了外星人探出的矿藏。

又西二百里,曰鹿台之山,其上多白玉,其下多银,其兽多㸲(zuó)牛、羬(xián)羊、白豪。有鸟焉,其状如雄鸡而人面,名曰凫溪(fú xī),其鸣自叫也,见则有兵。

再往西二百里是鹿台山,山上蕴藏着丰富的白玉矿,山下蕴藏着丰富的白色金属矿,山中的动物多见㸲牛、羬羊和白色的豪猪。有一种鸟,形状像公鸡却长着人一样的面孔,名叫凫溪,它的叫声就是它的名字,一旦凫溪出现,就会发生战争。

打个比方,地球上的外星人来自A、B两个星球,A星球有A_1、A_2、A_3三个国家,B星球有B_1、B_2、B_3三个国家。当初,A、B两个星球的外星人划定范围,和平共处,搁置争议,共同开发地球。但时间一长,A星球的A_1国外星人在实验中造成了大量污染,或是擅自广大势力范围,危及B星球B_1国外星人的利益。在多次商谈无果的情况下,B_1与A_1发生了局部战争。B_1向本星球的B_2、B_3两个国家求援,A_1向A_2、A_3两个国家求援。

这种人面鸡身的凫徯有两种可能,一种是信号弹,另一种外星人驯化的动物,以其传递战争信息。

西南二百里,曰鸟危之山,其阳多磬石,其阴多檀(tán)楮(chǔ),其中多女床。鸟危之水出焉,西流注于赤水,其中多丹粟。

鹿台山西南二百里是鸟危山,山南磬石遍布,山北檀树和构树很多,山中还生长大片的女床草。鸟危水发源于此,向西流入赤水,水中有很多粟粒大小的丹砂。

这里只是记载了外星人足迹,即他们在鸟危山的发现。女床草到底是什么草,我不知道,我老师的老师也不知道。

又西四百里,曰小次之山,其上多白玉,其下多赤铜。有兽焉,其状如猿,而白首赤足,名曰朱厌,见则大兵。

再往西四百里是小次山,山上盛产白玉,山下盛产赤铜。山中有一种动物,形状像猿,白脑袋,红爪子,这种动物叫朱厌,它一出现就会有大的战事。

外星人之间的战争不但激烈,而且十分残酷,就这里来说,外星人之间的战争规模就不小。朱厌是一种武器,武器的首端呈白色,尾端呈红色。大战爆发前,地球人远远望去,见一个个朱厌并立在前方,就像猿猴似的蹲在那里,只要外星人一声令下,朱厌就会飞到敌方阵地,把敌人炸得血肉横飞。

又西三百里,曰大次之山,其阳多垩(è),其阴多碧,其兽多牦(zuó)牛、麢(líng)羊。

又西四百里,曰熏吴之山,无草木,多金玉。

又西四百里,曰底(zhǐ)阳之山,其木多㮚(jì)、枏、豫章,其兽多犀、兕、虎、豹(zhuó)、㸲牛。

又西二百五十里,曰众兽之山,其上多㻬琈(yǔ fú)之玉,其下多檀楮,多黄金,其兽多犀、兕。

又西五百里,曰皇人之山,其上多金玉,其下多青、雄黄。皇水出焉,西流注于赤水,其中多丹粟。

又西三百里,曰中皇之山,其上多黄金,其下多蕙、棠(táng)。

又西三百五十里,曰西皇之山,其阳多金,其阴多铁,其兽多麋(mí)、鹿、㸲牛。

又西三百五十里,曰莱山,其木多檀楮,其鸟多罗罗,是食人。

再往西三百里是大次山,山南盛产垩土,山北盛产碧玉,山中有很多㸲牛和麢羊。

再往西四百里是熏吴山,山上没有草木,却有丰富的金属矿和玉石矿。

再往西四百里是底阳山,山中的树木以水松、楠木、樟树居多,动物以犀牛、兕、老虎以及通体豹子斑纹的豹和㸲牛最为常见。

再往西二百五十里是众兽山,山上遍布㻬琈玉,山下到处是檀树和构树,这里金属矿丰富,山中有很多公母犀牛。

再往西五百里是皇人山,山上有丰富的金属矿和玉石,山下有丰富的石青、雄黄。皇水发源于此,向西流入赤水,水中有很多粟粒大小的丹砂。

再往西三百里是中皇山,山上有丰富的金属矿,山下遍布蕙草和棠梨树。

再往西三百五十里是西皇山,山南有丰富的金属矿,山北有丰富的铁矿,山中的动物多见麋、鹿、㸲牛。

再往西三百五十里是莱山,山中的树木以檀树和构树居多,鸟类以罗罗鸟居多,这种鸟吃人。

这七座山没有受到战争的干扰,外星人、地球人和其他动物过着悠闲的生活。

说到这,有个问题要考考你:上古时期地球人有名字吗?

上古时期，绝大多数人缺名少姓，只是首领才有名字，名字是首领的专利。然而，人可以没有名字，山和水居然都有明确的名字！不要说4000年前，就算今天也有一大批山和水没有名字，尤其是山，人们统称"无名高地"，或用编号代之。可以断定，地球人没有给山水起名的意识，至少不会给这么多山水起名，是外星人，他们为了把各山、各水加以区别，才起了名字，地球人不过是鹦鹉学舌。

凡西次二经之首，自钤①（qián）山至于莱山，凡十七山，四千一百四十里。其十神者，皆人面而马身。其七神皆人面牛身，四足而一臂，操杖以行，是为飞兽之神。其祠之，毛用少（shào）牢，白菅为席，其十辈神者，其祠之，毛一雄鸡，钤而不糈（xǔ）；毛采。

总计西方第二列山系，自钤山起到莱山止，共十七座山，绵延四千一百四十里。在这十七座山中，有十座山的山神是人面马身。另七座山的山神是人面牛身，四只脚，一条手臂，拄着拐棍行走，这就是所谓的"飞兽之神"、祭祀这七位山神，供品用猪和羊，以白茅草编成坐垫给神坐。另外那十位山神，祭祀用的供品是一只多彩的公鸡，盖上印章，不需要精米祭祀。

飞机场上，一辆吊车停在飞机旁，吊车臂高悬，四个轮子着地，四个支架放在地上，外星人正在紧张地为飞机更换部件。地球人在远处看着，外星人身体不时被机械遮挡，地球人议论："只能看见他们的脸。"地球人不知吊车是什么东西，又议论："看，那东西像牛一样有劲。"这不就是"皆人面牛身，四足而一臂，操杖以行"吗？

这里的"飞兽"就是飞行器。"为"即"维"，"是为飞兽之神"就是"是为神之飞兽"——在维修那个神奇的飞行器。说到这，你就一目了然了。

其实，"人面马身"、"人面牛身"是一个意思，都是指吊车。

---

① 钤：盖印章。

第三节 西次三经

> 此处的比翼鸟是"机械鸟"——信号弹之类的东西,就像古代的兵符,左右两半,国君和将领各持一半,如果国君想要调兵,必须命人拿着他的一半兵符到将领那里,将领把自己的一半兵符和国君那一半合二为一、严丝合缝才能发兵。

这一节让我们大致了解外星人的生活、实践及战争。

西次三经之首,曰崇吾之山,在河之南,北望冢遂,南望䍃(yáo)之泽,西望帝之搏兽之丘,东望螞(yān)渊。有木焉,员叶而白柎(fū),赤华而黑理,其实如枳,食之宜子孙。有兽焉,其状如禺而文臂,豹尾而善投,名曰举父。有鸟焉,其状如凫,而一翼一目,相得乃飞,名曰蛮蛮,见则天下大水。

西方第三个山系的第一座山叫崇吾山,这座山位于黄河南岸,北望冢遂山,南览䍃泽,西眺天帝的搏兽山,东瞰螞渊。山中有一种树,叶呈圆形,托起花蕾的小叶呈是白的,花是红的,花上有黑色的纹理,果实与枳子相似,食用它可使人多子多孙。山中有一种动物,形似猿猴,但臂上有斑纹,尾巴如豹,善于投掷,这种动物叫举父。山中有一种鸟,外形像野鸭子,却仅有一只翅膀、一只眼睛,必须两只鸟配合起来才能飞,这种鸟叫蛮蛮,它一出现天下就发生水灾。

如果把猴子和豹子的基因组合在一起,会造出一个什么物种?这个物种像猴还是像豹？在下肉眼凡胎，既非生物学家，更非科学大师，只能凭空想象。书中没有说举父的身高，这里的举父可能是黑猩猩或野人之类的灵长类动物。

在农村生活过的人大都知道，驴与马交配能生出骡子；在城市生活的人也听说过，老虎和狮子交配能生出狮虎兽。可是，骡子和骡子交配却什么也生不出来，狮虎兽和狮虎兽交配也不能繁育下一代。其中的原因很是深奥，我也解释不清楚。不过，外星人一定会从事这方面的研究，他们试图借助这种"员叶而白柎，赤华而黑理，其实如枳，食之宜子孙"的植物，来改善或改变他们杂交出来的各种"骡子"或"狮虎兽"的生殖功能。

蛮蛮就是我们通常所说的比翼鸟。相传这种鸟只有一目一翼，雌的有右眼、右翼，雄的有左眼、左翼，两只鸟必须合在一起才能飞起来。这就是"比翼双飞"。今人常用来比喻夫妻恩爱，形影不离。然而，这种鸟却没有人们想象的那般美好，因为它们一旦升空，天下就会发生大水灾。现实生活中，这种鸟是根本不存在的，但会不会是外星人在地球上培养出的新物种呢？不能排除这种可能，但我还是认为，此处的比翼鸟是"机械鸟"——信号弹之类的东西，就像古代的兵符，左右两半，国君和将领各持一半，如果国君想要调兵，必须命人拿着他的一半兵符到将领那里，将领把自己的一半兵符和国君那一半合二为一、严丝合缝才能发兵。

看来，外星人对这种机械鸟的管理十分严格。

西北三百里，曰长沙之山。泚（cǐ）水出焉，北流注于泑（yōu）水，无草木，多青、雄黄。

崇吾山西北三百里是长沙山。泚水发源于此，向北流入泑水，山上没有草木，多见石青、雄黄。

又是一片没有草木的地方。纵是生态被严重破坏的今天，纵是西北的大戈壁，也会偶有草木，可这座长沙山却没有。难道长沙山周围都是砂子吗？非也，这里遍布的是石青和雄黄。石青是蓝色的矿物质，也叫蓝铜矿，可以做颜料。雄黄又称鸡冠石，是一种硫化物，是中医上的传统药材，有解毒、杀菌、杀虫等功效。

上古时期，我们的祖先还处于蒙昧阶段，他们是怎么知道蓝铜矿和硫化物的？此书中多处提到这两种物质及有色金属和玉，而对其他的物质却极少涉及？为什么本书只对这几种矿情有独钟？显然，这几个矿物质对外星人非常重要，很可能是他们飞船上必不可少的原料。

又西北三百七十里，曰不周之山。北望诸毗（pí）之山，临彼岳崇之山，东望泑（yōu）泽，河水所潜也，其原浑浑泡泡。爰（yuán）有嘉果，其实如桃，其叶如枣，黄华而赤柎（fǔ），食之不劳。

再往西北三百七十里是不周山。不周山北望诸毗山和岳崇山，向东可以看到泑泽，这里地下流出的水就是黄河的源头，水流滚滚。这里有一种珍贵的果树，果实像桃，叶子像枣，花是黄色的，花萼是红色的，食用它能解除疲劳。

这种桃很像神话里的仙桃。开发地球是个浩大工程，不但外星人累，给他们服务的地球人也累，这就需要缓解疲劳的药物。《山海经》中这种能缓解疲劳的植物很多。

不周山是共工与颛顼之间的战争造成的。后面我们还要讲共工与颛顼之间的战争。

又西北四百二十里，曰峚（mì）山，其上多丹木，员叶而赤茎，黄华而赤实，其味如饴，食之不饥。丹水出焉，西流注于稷泽，其中多白玉。是有玉膏，其原沸沸（fèi）汤汤（shāng），黄帝是食是飨（xiǎng）；是生玄玉，玉膏所出。以灌丹木，丹木五岁，五色乃清，五味乃馨。

再往西北四百二十里是峚山，山上遍布丹木，圆叶红茎，开黄花，结红果，味道是甜的，人吃了不会感到饥饿。丹水发源于此，向西流入稷泽，水中有丰富的白玉。白玉中含有墨玉，玉膏就是从墨玉中提炼。玉膏的源头翻滚着，冒着气涌出，黄帝喜欢吃这种玉膏。用玉膏浇灌丹木，丹木生长五年后，就会开出光鲜艳丽的五色花朵，此花五味俱全，沁人心脾。

峚山山青水美，物产丰饶，真是个好地方。其一"其上多丹木"，丹木果不但味道甘甜，吃了它还不饿；其二"其中多白玉"，丹木生长的地方，就是丹水的发源地，丹水河出产白玉。其三"是生玄玉，玉膏所出"，丹水河中的白玉还炼出玄玉（墨玉），玄玉中能炼出玉膏，就连黄帝都喜欢吃，可见玉膏的味道非寻常可比；其四"以灌丹木"，玉膏不但能吃，还可浇丹木，用玉膏浇灌的丹木有五种颜色、五种味道。五色通常指青、赤、白、黑、黄，古代以这五种颜色为正色。五味指酸、甜、苦、辣、咸，泛指各种味道或调和众味而成的美味食品。

丹木是丹水的源头，丹水源头产白玉，白玉转化玄玉，玄玉提炼玉膏，玉膏浇丹木，丹木五色五味俱全。一个多么好的产业链。

"沸沸汤汤"，怎么看都像在大锅里熬汤。小时候农村买不起白糖，人们往往从生产队的甜菜地里捡一些被丢弃的甜菜，把甜菜切成小丁放入水中熬，锅里的水翻滚着，冒着热气，这是不是"沸沸汤汤"吗？

再说玉膏。甜菜白色，水无色，放在锅里越熬水越稠，越熬水越黑。熬到一定程度，把甜菜渣捞出，再接着熬，锅中的液体逐渐形成胶状，而且晶莹放光，甘甜适口，俗称糖稀。这与文中的"玉膏"有什么区别？如果把糖稀再接着熬，待水分全部蒸发，锅凉下来，就会结晶成黑色的块，这与墨玉何其像也！反过来，把结晶的黑块用水煮开，不就又成"玉膏"了吗？

文中的"沸沸汤汤"前还有两个字"其原"——"其原沸沸汤汤"，我们不禁要问，"其原"是哪？哪里的"原"？是锅还在工厂里的大熔炉？

糖稀的味道是很甜的。在买不起糖的年代，糖稀很贵重，母亲总是把糖稀藏起来，留到过年时才拿出来吃。

"玉膏"味道那么好，谁肯用来浇树？尤其是那个极为原始的时代。很可能是把"糖稀渣"当成了肥料倒在树根，《山海经》的原作者误把"糖稀渣"当成了"糖稀"。糖稀渣虽有甜味，但甜味已经很淡了，而且也不是纯正的甜，通常用来喂猪，所以，糖稀渣是不是好肥料，我就不知道了。

其实熬糖稀的原料很多，鸭梨、胡萝卜、甘蔗都可以。

黄帝乃取峚山之玉荣，而投之钟山之阳。瑾瑜之玉为良，坚栗精密，浊泽而有光。五色发作，以和柔刚。天地鬼神，是食是飨；君子服之，以御不祥。自崇山至于钟山，四百六十里，其间尽泽也。是多奇鸟、怪兽、奇鱼，皆异物焉。

黄帝采撷崇山玉石的精华，种在钟山的南面，便长出瑾和瑜之类的美玉，这两种美玉坚硬精密，润厚而有光泽，发出五色光芒，五种光相互辉映，刚柔相济。不但天地鬼神喜欢享用，君子佩戴它也能消灾解难，抵御不祥之物的侵袭。从崇山到钟山四百六十里，其间全是水泽。这里生长着很多奇鸟、怪兽、奇鱼，这都是些怪异的动物。

什么是"天地鬼神"？我们都知道，汉字是由象形文字演化而来，最早的象形文字是甲骨文，其次是金文。"天"在甲骨文中写作 ，上面是个"O"，"O"下是"一"，两个"人"从"一"中间坠落。如果把"O"理解为飞碟，"一"理解为踏板，"天"不就是从飞船中走下来的人吗？如果你认为牵强，再看金文。金文的"天"写作 ，这就是一个从上坠落的、半蹲式的人！由此可见，"天"就是人，就是从空中降落的人。原始的地球人当然不会从空中降落，那就只有一种可能——地外生命，外星人。

"地"是形声字，形声字产生于形意字之后。"地"最早写作"帝"，"帝"在甲骨文中写作 。这是什么？这不就是三根柱子支起来的天线吗？再看金文，金文的"帝"写作 。这就更形象了，上面两短一长的"一"不就是发出的信号波吗？当今世界，谁控制话语权，谁就控制天下，"帝"就是引申为用无线信号发出命令的指挥者。

"鬼"甲骨文写作 ，上面像个大脑袋，下面是人跪坐的姿势。在人们的脑海中，鬼是似人非人的怪物，我们都认为是人死后的灵魂。上个世纪，汽车发生故障一般都是司机师傅钻到车下，或躺或坐修理自己的车。当他们坐着的时候，路行人看不到他们的头，因为他们的头被车体挡住了，或者说，他们的头和车体在人们的视线中重叠在一起了。如果把 字上面的大脑袋看作是大汗淋漓的头与机器的重叠，那 不就是在飞行器下维修设备的外星人吗？

"神"在甲骨文中写作 ![字], 假如我们把上下的两个旋转的圈视为飞行中的飞碟，把"反S"看成是飞行轨迹，那么，"神"可不可以理解为往来于两个星球之间的飞行器呢？"神人下凡"这句话我们都知道，"凡"就是我们赖以生存的地球，"下凡"就是来到地球。"神"既然能"下凡"，当然是天外来客，也就是说，"神"的家在空中，在天上。空中能住人吗？当然不能，但太空站能，在那遥远的类地星球上能。所以，"神"就是原始人对外星人及其飞船的统称。神还有一种写法 ![字], 右上方很像地面上插的旗子，左下方上部是个方框，下部是个箭头。如果把方框看作飞行器，![字]不就是按地面标志降落的飞船吗？

东汉的文字学家许慎著的《说文解字》简称《说文》，成书于汉和帝永元十二年（公元100年）到安帝建光元年（公元121年），这是我国第一部按部首编排的字典。该书称："神，天神引出万物者也。"这不就是说地球上的万物是天神所造吗？天神是什么？外星人是也。

读《山海经》，必须跳出固定的思维模式，否则肯定是越读越糊涂。现在我们再次打破几千年来学者们的固定思维模式，把本段中"玉荣"想象为矿石，把"投"理解为"搬运"，把"钟山之阳"看作是工厂。这段文字就清晰了——黄帝挖出峚山的矿石，运到工厂冶炼，生产出的部件有很好的硬度、柔韧度和光洁度。

飞行器在太空出现故障是难免的，比如说，外星人的飞船仪表出现了故障，有人在峚山找到能够炼制仪表所用的矿石，然后把矿石带到山南的工厂里提炼加工，生产出了这种部件。把部件安在飞行器上，飞行器腾空而起，在原始的地球人看来，这不就是"天地鬼神，是食是飨"吗？

牛是地球人驯养的动物，牛不但能为人类提供肉食、奶食，还能为人类拉车出力。对产奶多的牛，人类是不会轻易宰杀的。可是，这样的牛一旦进入牛群，就很难分辨出来。为此，人类常常在牛身上做标记。当其他牛被拉到车间屠宰时，做了标记的牛却安然无事。

地球人是外星人与地球灵长类动物基因组合而成的物种，外星人必然要对这个新物种进行水灾、旱灾、生理机能、活体解剖等各种实验。但是，星际飞行不是搬家，外星人来到地球，无论是进行科研、实验还是维修设备，人手都是很不够的，于是，他们就从原始的地球人中挑选一部分精明强干的人即"君子"为他们服务。

外星人像我们区分产奶多的牛和普通的牛一样，要把为他们服务的人与普通人区分开。外星人拉走一批又一批地球人进行各种活体实验，但脖子上挂着标志的却能幸免。这就是"君子服之，以御不祥"。

现在我们再回过头来看"玉膏"，"白玉"出"玄玉"，"玄玉"出"玉膏"，"玉膏"需高温炼治。如果把"白玉"看作石蜡，把"玄玉"看作石蜡的结晶物，天哪！经过高温加工提炼成"玉膏"不就是润滑脂嘛！

外星人久在地球，尤其是战争之后，他们重新维修的飞船必然要更换润滑油、润滑脂。为了解决这一问题，他们只能采集植物和矿物炼制。在我们的祖先看来，飞船不能起飞是因为"饿了"。"食之不饥"不是人吃了就不会饥饿，而是外星人的飞船"吃了"不会饥饿。也就是加上润滑油，换上仪表零件，飞船又能升空了。

黄帝是中国的人文始祖，但这里的黄帝很可能是在地球上进行动植物实验的管理者，他可能是一个人，也可能是几个人。

峚山到钟山之间是外星人最为重要的工业基地，这里不但炼制润滑油，还生产飞行器部件，同时还进行各种动物基因组合实验，比如，把几种鸟的基因组合在一起，造出凤凰；把人和马的基因组合在一起，造出人头马；把鱼和人的基因组合在一起，造出美人鱼；把狮子、鹿、蛇、鹰的基因组合在一起，造出龙……"是多奇鸟、怪兽、奇鱼，皆异物焉"，或许说的就是这个问题。

又西北四百二十里，曰钟山。其子曰鼓，其状如人面而龙身，是与钦䲹（pī）杀葆江于昆仑之阳，帝乃戮之钟山之东曰崾（yáo）崖。钦䲹化为大鹗（è），其状如雕而黑文白首，赤喙而虎爪，其音如晨鹄（hú），见则有大兵；鼓亦化为鵕（jǔn）鸟，其状如鸱（chī），赤足而直喙，黄文而白首，其音如鹄，见则其邑大旱。

再往西北四百二十里是钟山。钟山山神的儿子叫鼓，鼓的相貌是人面龙身，他曾和钦䲹神联手在昆仑山南杀死了天神葆江，天帝因此将鼓与钦䲹诛杀在钟山东面一个叫崏崖的地方。钦䲹化为一只大鱼鹰，外形像雕却长着黑色的斑纹、白色的脑袋、红色的嘴以及老虎一样的爪子，叫声很像晨鹄一类的鹰，它一出现就有大的战争。鼓化为鵕鸟，外形如同鹞鹰，红爪直嘴，身上是黄色的斑纹，头是白色的，其叫声与天鹅相似，它出现在哪里，哪里就发生旱灾。

上一段写道，"自崇山至于钟山，四百六十里"，这段却说崇山"又西北四百二十里，曰钟山"可能是上段到钟山主峰，这段到钟山山脚吧。这不重要，重要是其中的大鹗和鵕鸟。

这里说的是神与神之间的战争，即外星人之间的战争。

天帝是地球上外星人中实力最强的一支，他与另一支外星人之间发生了难以调和的矛盾，大战一触即发。崇山到钟山之间是外星人的生命线，为了使这里免受打击，天帝果断采取措施。

从鼓形状上看，这是一条龙形飞船，钦䲹是鸟形飞船。天帝来地球进行物种实验，不可能带大规模杀伤武器，就像我们今天的登月行动，如果宇航员在月亮上受到另一个星球智慧生命的威胁，没有武器，他们只能等死。天帝这支外星人就是这样。危机时刻，天帝命鼓和钦䲹两个飞船的科技人员迅速拆毁另一艘飞船——葆江，拼装武器，准备迎敌。可是，由葆江拼装的武器难以对付另一支外星人的进攻，于是，天帝又命令拆毁鼓和钦䲹，三艘飞船终于组装成了重型武器，另一支外星人被打败了。

按字面理解，鼓是钟山的儿子，实际则是钟山上有艘飞船母舰，鼓是母舰中的子舰。

炮弹发射就是因为战争，这不是"见则有大兵"吗？一部分大规模杀伤武器，如核弹头在某地爆炸燃烧，那里成为一片焦土，这不是"见则其邑大旱"吗？只不过4000多年前的地球人，把炮弹在空中的呼啸比喻为鹰雁一类大鸟的叫声罢了。我们仔细想一想，以那时地球人的见识，他们除了把炮弹的爆炸声比为猛禽的叫声，还能比为什么呢？

又西百八十里，曰泰器之山。观水出焉，西流注于流沙。是多文鳐（yáo）

鱼,状如鲤鱼,鱼身而鸟翼,苍文而白首赤喙,常行西海,游于东海,以夜飞。其音如鸾鸡,其味酸甘,食之已狂,见则天下大穰(ráng)。

再往西一百八十里是泰器山,观水发源于这里,向西流入流沙河。观水出产文鳐鱼,文鳐鱼形如鲤鱼,却长着鸟一样的翅膀,身上是灰白色的斑纹,白头和红嘴,经常从西海游向东海,夜间从水中跃出飞翔。它的叫声如同鸾鸡,肉味酸中带甜,可治癫狂病,文鳐鱼出现预示天下五谷丰登。

把鱼和鸟的基因组合在一起,培植出的物种很可能就是这种文鳐鱼。这是外星人进行动物药理实验的结果。在实验中,外星人不但发现文鳐鱼的药用价值,还发现它具有信鸽一样的灵性。外星人大战之后,他们无衣无食,幸好有几个地区丰收,于是,外星人让文鳐鱼飞往各个实验基地传递消息,外星人纷纷跑到丰收地区,他们终于可以吃饱饭了。

又西三百二十里,曰槐江之山。丘时之水出焉,而北流注于泑(yōu)水。其中多蠃(luó)母,其上多青、雄黄,多藏琅玕(gān)、黄金、玉,其阳多丹粟,其阴多采黄金银。实惟帝之平圃,神英招(sháo)司之,其状马身而人面,虎文而鸟翼,徇于四海,其音如榴。

再往西三百二十里是槐江山。丘时水发源于此,向北流入泑水。水中蜗牛聚集,山上蕴藏着丰富的石青、雄黄,以及像珠子一样圆润的玉、金属矿和玉石,山南遍布粟粒大小的丹砂,山北各色的金银矿石丰富。槐江山就是天帝居住的地方,由天神英招主管,英招长的是马身人面,有虎一样的斑纹和鸟一样的翅膀,他经常巡行四海,他的声音如同摇动的辘轳。

英招神虽是马身人面,却不是人头马,因为他身上有虎纹和鸟翅,这说明它的体内有马、人、虎、鸟几种基因。英招是外星人制造出来的优质物种,外星人正是用"人"之际,于是,就像我们养狗一样,让英招看家护院、牧马放羊。

还有一种可能,英招驾驶的UFO既能像马一样在陆地跑,又能像鸟一样在天空飞。由于英招神负责天帝的护卫工作,他对人有虎一般的威严。

南望昆仑,其光熊熊,其气魂魂。西望大泽,后稷所潜也。其中多玉,其阴多榣,木之有若。北望诸毗(pí),槐鬼离仑居之,鹰鹯(zhān)之所宅也。东望恒山四成,有穷鬼居之,各在一抟(tuán)。爰有淫水,其清洛洛。有天神焉,其状如牛,而八足二首马尾,其音如勃皇,见则其邑有兵。

槐江山南眺昆仑山,那里云蒸霞蔚,仙气缭绕。槐江山西瞰大泽,那里是后稷死后安葬的地方。大泽中玉石丰富,大泽北有许多高大的榣木,也有若树,即扶桑树。北侧的诸毗山上有个叫"槐鬼离仑"的神仙居住在那儿,那也是鹰鹯的巢穴。东面可以看到四峰环抱的恒山,一些"有穷鬼"居住在那里,他们分别聚集不同的山峰。槐江山上有个叫淫的水潭,潭水清澈荡漾。潭边有位天神把守,他的体形如牛,八只脚、两个脑袋、一条马尾巴,天神声音如同吹奏乐器时薄膜发出的声响,他出现在哪里,哪里就有战争。

槐江山一带是囚禁外星人战俘的地方。一支外星人打败了另一支外星人,战俘被囚禁在这里。"槐鬼离仑"管理战俘,他们驯养的鹰鹯在空中巡视。这些战俘统称"有穷鬼"。"有穷鬼"即穷途末路的"鬼",战败的"鬼"。前面我们说了,鬼就是修理飞行器的外星人。

此处的黄帝不是我们平时所说的黄帝,而是外星人的领袖,是帝俊。帝俊在《山海经》中埋藏很深,后文中才会出现。

杀人一万,自损三千。帝俊虽然胜了,但他受到重大损失,因科技人员在战争中大量震亡,于是他就把这些"有穷鬼"囚禁起来,强迫他们为自己修理飞行器及航天设备。"八足牛神"应该是帝俊实验出的一个物种,其灵性较高,战争之中,"八足牛神"奉命押送战俘,因此,在地球人看来,他出现在哪里,哪里就有战争。实则相反,哪里有战争,那里就有"八足牛神"。

西南四百里,曰昆仑之丘,是实惟帝之下都,神陆吾司之。其神状虎身而九尾,人面而虎爪;是神也,司天之九部及帝之囿时。有兽焉,其状如羊而四角,名曰土蝼,是食人。有鸟焉,其状如蜂,大如鸳鸯,名曰钦原,蠚(hē)鸟兽则死，蠚木则枯。有鸟焉，其名曰鹑鸟，是司帝之百服。

　　由槐江山向西南四百里是昆仑山，昆仑山就是天帝在下界的中心，天神陆吾主管这里。陆吾是虎身九尾，人面虎爪；陆吾这个神权力很大，他负责天界九个区域和天帝园林的时令。山中有一种动物，外形像羊却长着四只角，名叫土蝼，土蝼是吃人的。山中有一种鸟，外形像蜂，大小和鸳鸯差不多，名叫钦原。钦原具有极强的毒性，鸟兽被它螫了即死，树木被它螫了就枯萎。山中还有另一种鸟，名叫鹑鸟，它主管天帝的各种服饰。

　　我们形容一个人健壮，通常说他虎背熊腰，如果这个人真是老虎的背、熊一样的腰，那不把吓死才怪呢！这不过是个比喻。陆吾是外星人的大管家，能力之强，权力之大是理所当然的，"虎身"是说他的权力很大，"虎爪"是执法严厉，"九尾"是说他善于随机应变，"人面"是说他的慈善。权力很大、要求严厉、善于随机应变而又心地善良，天帝能领导他，说明天帝的领导能力更强。土蝼和钦原是外星人实验出的优良物种，可能比狗还要忠诚，比马还能吃苦耐劳，于是外星人就让这两种动物看家护院，防止他们实验出的地球人无意识地来捣乱。鹑鸟是凤凰一类的灵鸟，是外星人制造出的绝优物种，在战争中，鹑鸟起到了信鸽作用。
　　"百服"不是指各种各样的衣服，而是四方宾服，四方臣服。

有木焉，其状如棠，黄华赤实，其味如李而无核，名曰沙棠，可以御水，食之使人不溺。有草焉，名曰薲（pín）草，其状如葵，其味如葱，食之已劳。河水出焉，而南流东注于无达。赤水出焉，而东南流注于汜（fàn）天之水。洋水出焉，而西南流注于丑涂之水。黑水出焉，而西流于大杅（yú）。是多怪鸟兽。

　　山中有一种树，形状像棠梨，开黄花结红果，味道像李子却没有核，名叫沙棠，可以用来防水，人吃了就不会被水淹死。山中有一种草，叫薲草，形状像葵菜，味道与葱相似，吃了能使人解除疲劳。黄河水发源于此，向南流、东转注入无达河。赤水发源于这座山，向东南流入汜天水。洋水也发源于这座山，向西南流入丑涂水。黑水也发源于这座山，向西流到大杅山。昆仑山中有许多奇怪的鸟兽。

水滴在荷叶上,只要轻轻一抖,水就会滑落,而荷叶上不留有水痕。科学家试图利用荷叶的一这特性研制油漆,用来喷在汽车上,使汽车不沾雨中的泥土。棠梨树的果实大概就有这种功能。在那个以树叶、兽皮为衣服的年代,地球人吃了这种果子,从水中出来晃晃身子,水珠便全部滑落,就像鸭子出水一样,不沾一滴水。

我们工作一般是每天8小时,上个世纪初的资本家为了追求高额剩余价值,强迫工人干12小时,甚至更长。外星人要在地球上进行一系列极其复杂的科研实验,他们的工作时间一定不会短,也一定是很累,这就需要用药物来缓解他们的疲劳。同样,为外星人服务的地球人,也要缓解疲劳,以为外星人长年累月地服务,蕢草就是一种缓解疲劳的植物。

昆仑山中,为外星人服务的不仅是地球人,还有外星人实验出的各种奇异的动物,有看家的,有护院的,有传递信息的,有搬运设备的,有维修机器的……当然,也有一些机械类"动物",这就是"多怪禽兽"。

又西三百七十里,曰乐游之山。桃水出焉,西流注于稷泽,是多白玉,其中多鳝(huá)鱼,其状如蛇而四足,是食鱼。

再往西三百七十里是乐游山。桃水发源于此,向西流入稷泽,这里盛产白玉,水中的鳝鱼很多,这种鱼外形像蛇,却长着四只脚,它是以其他鱼为食物的。

有长脚的鱼吗?有长四只脚的鱼吗?没有。但用四足的动物与鱼的基因组合在一起,就可能造出这种四只脚的鱼。

西水行四百里,曰流沙,二百里至于嬴(luó)母之山,神长乘司之,是天之九德也。其神状如人而豹(zhuó)尾。其上多玉,其下多青石而无水。

沿着桃水西行四百里,有个地方叫流沙,再行二百里便到了嬴母山,神仙长乘主管这里,他是天的九德之气所生。长乘神人形豹尾。山上玉石丰富,山下青石很多,却没有水。

九德是古代圣贤所具备的九种品德，一般解释为——

简而廉：平易近人，又坚持原则。

刚而塞：做事坚决，又有节制。

强而义：能力强，又能协调各种关系。

乱而敬：处事公平而持重。

扰而毅：耐心和顺又果敢。

直而温：严以律己，宽以待人。

宽而栗：行事谨慎，如履薄冰。

柔而立：处事方式柔和，但立场坚定。

愿而恭：与人为善，又严肃负责。

此处称"天之九德"，天有这种的品德吗？当然没有，但受到了外星人的洗脑的地球人认为"天"是具备的，这是地球人在为外星人歌功颂德。

"如人"是说外星人长乘的体貌，"豹尾"是说他的手段如豹尾一样有力。

又西三百五十里，曰玉山，是西王母所居也。西王母其状如人，豹尾虎齿而善啸，蓬发戴胜，是司天之厉①及五残②。有兽焉，其状如犬而豹文，其角如牛，其名曰狡，其音如吠犬，见则其国大穰。有鸟焉，其状如翟而赤，名曰胜遇，是食鱼，其音如录（鹿），见则其国大水。

再往西三百五十里是玉山，这是西王母居住的地方。西王母的体态与人差不多，只是长着豹的尾巴和老虎一样的牙齿，她经常发出长啸，而且蓬乱的发上戴着玉质的头饰，西王母主管上天降灾及五刑残杀等事。山中有种动物，外形像狗，有豹一样的斑纹，头上的角与牛角相似，这种动物叫狡，它的声音如同狗叫，它出现在哪里，那个国家就五谷丰登。山中还有一种鸟，外形像野鸡，通身呈红色，名叫胜遇，它的主要食物是鱼类，发出的声音像鹿，它出现在哪里，那个国家就发生水灾。

西王母就是王母娘娘。王母娘娘是个执法很严的女人，牛郎织女就是

---

① 厉：指灾祸。

② 五残：一颗凶星的名称，相传，它出现时常有毁败、诛亡的事发生。

拆散的，原因是七仙女违反天条，私自下凡嫁给放牛郎董永。与"虎背熊腰"同样，"豹尾"说她执法得力，运用自如。"虎齿"说她严厉，"善啸"说她疾恶如仇。

　　王母娘娘是个执法者，执法者如果整天嬉皮笑脸，那就不会有威严。在戏曲中，包拯的脸很黑，黑得跟非洲土著混在一起都挑不出来，现实生活中，包拯的肤色不可能那么黑，为了突出他执法如山，不徇私情，才把他设计成那副模样。王母娘娘的形象与戏曲中的包拯类似。

　　"胜"即"玉胜"，用玉制做的首饰。"蓬发戴胜"，既然头戴玉饰，头发怎么会乱蓬蓬的呢？这不禁让人想到"怒发冲冠"这句成语。"蓬发戴胜"很可能就是怒发冲冠的原始股，这是王母娘娘在管教那些肆意妄为、不受约束的原始人时发怒的表情，以致头上的首饰都滑落下来。

　　王母娘娘身边有两种动物：一是狡，一是胜遇。那些不受约束的原始人践踏田地庄稼，狡去看护禾苗，于是那里便丰收了。对于那些作恶较多的原始人，王母娘娘把他们放逐到山坳中进行水灾实验，看他们抵御水灾的能力，胜遇是为王母娘娘传递命令的灵鸟。

> 又西四百八十里，曰轩辕之丘，无草木。洵水出焉，南流注于黑水，其中多丹粟，多青、雄黄。

　　再往西四百八十里是轩辕丘，这里没有草木。洵水发源于此，向南流入黑水，水中遍布粟粒大小的丹砂以及石青和雄黄。

　　轩辕丘与后面的轩辕山不同，传说上古帝王黄帝居住在这里，因地而名，黄帝也叫轩辕，或轩辕黄帝，他娶了西陵氏的女子为妻，曾战胜炎帝于阪泉，战胜蚩尤于涿鹿，被诸侯尊为天子，后人以其为中华民族的始祖。不过，我认为黄帝是外星人在地球上的领导者，在外星人之间的战争中，飞船损毁殆尽，虽然修复了一部分，但外星人不能全部回到他们的星球，于是黄帝等一批外星人永远地留在了地球，成了我们的人文始祖。

　　这里又记载了丹粟、石青和雄黄，看来，这几种矿物对外星人非常重要。

又西三百里，曰积石之山，其下有石门，河水冒以西南流。是山也，万物无不有焉。

再往西三百里是积石山，山下有一个石门，黄河水漫过石门向西南流去。这座积石山中，天下间的万物无所不有。

"万物无不有"？天下间有这样的地方吗？没有，绝对没有。我小时候农村人买不起鞋，家家做鞋，有一种鞋叫千层底。说是千层底，其实，鞋底只有五六层。这里的万物应该是指许多东西，是泛指，不是实数。积石山是外星人的物流中心，各地外星人所需要的物资都从这里运出的，所以，在地球人看来，这里无所不有。

又西二百里，曰长留之山，其神白帝少昊①（hào）居之。其兽皆文尾，其鸟皆文首。是多文玉石。实惟员神魂（wěi）氏②之宫。是神也，主司反景③（yǐng）。

再往西二百里是长留山，天神白帝少昊居住在这里。山中动物的尾巴都长着斑纹，鸟的脑袋也都长着斑纹。山上盛产的玉石也有很多斑纹。毋庸置疑，这里就是白帝少昊的宫殿。白帝少昊主管太阳落山光线射向东方的反影，即晚霞，或者说火烧云。

我们都知道三皇五帝，三皇和五帝的说法很多，有的古籍称伏羲、女娲、神农为三皇，也有的说燧人、伏羲、神农为三皇，还有的说天皇、地皇、人皇即为三皇。五帝中的一种说法是东方青帝太昊（太昊也称伏羲），南方赤帝炎帝，西方白帝少昊，北方玄帝颛顼（也称黑帝），中部黄帝轩辕。

长留山的动物都有斑纹，奇怪吗？不奇怪。因为这些动物都是外星人从他们制造的同类动物中选出的精品，"文"是外星人做的标记，并不是动物

---

① 白帝少昊：少昊金天氏，传说中上古帝王帝挚的称号。
② 魂氏：古代山神名，这里指白帝少昊。
③ 景：通"影"。

自身长出的纹。同样，矿石也是如此，因其成色好，便于提炼，都做了标记。有人去管理晚霞吗？晚霞怎么会需要管理？如果有人去管，那一定是领导的脑子注水了，要不就是领导神经不正常。可是，如果我们换一种思维来分析就明白了——几座大高炉火光冲天，远远看看，如同火烧云一般，有位工程师在此管理冶炼，这不就是"主司反景"吗？

那些做了标记的动物，都是白帝的炼矿工人。

又西二百八十里，曰章莪（é）之山，无草木，多瑶、碧。所为甚怪。有兽焉，其状如赤豹，五尾一角，其音如击石，其名曰狰（zhēng）。有鸟焉，其状如鹤，一足，赤文青质而白喙，名曰毕方，其鸣自叫也，见则其邑有訛（é）火。

再往西二百八十里是章莪山，山上没有草木，到处是瑶、碧之类的玉石。山里常常发生怪异现象。山中有一种动物，外形像红毛豹，却长着五条尾巴一只角，它的叫声如同敲击石头，这种动物叫狰。山中还有一种鸟，外形像鹤，一只脚，红色斑纹，青色身子，白嘴，名叫毕方，毕方鸟的叫声就是它的名字，它出现在哪里，哪里就会莫名其妙地燃起火。

《山海经》中到处都是怪事，可这里又特别强调"所为甚怪"，什么怪事呢？是因为狰在为外星人开采矿石、砸矿石，是因为外星人用一种叫毕方的雷管炸山开矿。冶炼金属首先要开山采矿，采来矿石要粉碎，然后才能冶炼。4000年前的地球人却把砸石的声音当成了狰的叫声，把雷管爆破燃起的火为怪火。当然，外星人的雷管不会做得太精细，他们没有时间，也没有必要，不明就里的地球人却把雷管当成了鸟。

既然开矿，那必然要破坏环境，所以"无草木"。角、爪、牙是动物生存的武器，所以古人说："予之齿者去其角，傅其翼者两其足"，即上天让一种动物长出尖牙的利齿，就不会让它长出强劲有力的角；让它长出高飞的翅膀，就只给它两只脚。也就是说，上天对一切动物都是公平的。"五尾"是说狰轻盈不笨重；"一角"是说狰是个大力士；以豹来形容狰，是说它"牙齿"十分"锋利"。这不就是一台碎石机吗？

又西三百里，曰阴山。浊浴之水出焉，而南流注于蕃泽，其中多文贝。有兽焉，其状如狸而白首，名曰天狗，其音如榴榴，可以御凶。

再往西三百里是阴山，浊浴水发源于此，向南流入蕃泽，水中有很多斑斓的贝壳。山中有一种动物，外形像野猫却长着白脑袋，叫名天狗，它的叫声如摇动辘轳的声音，饲养它可以避凶。

狗是人类的亲密朋友，对主人十分忠诚，我们经常看到媒体报道，主人或遇突发疾病，或突遭坏人侵袭，狗守护在主人身旁，这不是"御凶"吗？还有，我们都知道，当地震、洪水等自然灾害降临时，猫、狗、老鼠、青蛙、蛇等一些动物都有异常反应，在这些动物的提示下，我们可以做预防灾害工作，这不是"御凶"吗？何况是天狗，是外星人的狗，其灵性应该更高。

又西二百里，曰符惕之山，其上多棕枏，下多金玉。神江疑居之。是山也，多怪雨，风云之所出也。

再往西二百里是符惕山，山上遍布棕树和楠木树，山下蕴藏丰富的金属矿和玉石。一个叫江疑的神居住在此。这座山常常下怪雨，风和云也从这里涌出。

怪雨怪在哪里，文中没有说，只说"风云之所出"。风是空气流动产生的，云是由水汽形成的。北方秋冬时节，只要发动汽车，排气管就会冒白烟，这是汽油燃烧生成的水蒸气遇冷空气结成的雾。"怪雨"就外星人大型机械排出的废气。如此看来"神江疑居之"应译为"那个神奇的机械江疑就安放在那里"。

又西二百二十里，曰三危之山，三青鸟居之。是山也，广员百里。其上有兽焉，其状如牛，白身四角，其豪如披蓑，其名曰傲㧱（ào yē），是食人。有鸟焉，一首而三身，其状如鸦（luò），其名曰鸱（chī）。

再往西二百二十里是三危山，三青鸟栖息在这里。三危山方圆百里，山上有

一种动物，外形像牛，白毛四角，身上的硬毛又长又密，如同披着蓑衣，这种动物的名叫獓㺢，吃人。山中有一种鸟，一个脑袋三个身子，形状与鵰鸟相似，名叫鸱。

三危山，又名卑羽山，三峰环抱，遥遥相望，位于敦煌市东南25公里处，绵延60公里，主峰在莫高窟对面。相传，凤凰就是由三青鸟演化而来，这是一种善于长途飞行的猛禽。三青鸟是王母娘娘的侍者，在中国神话中，哪里有王母娘娘，哪里就有三青鸟。鸱是类似于雕的大鸟，黑色斑纹，红色脖颈。

三青鸟是外星人实验出的灵鸟，专门为王母娘娘服务。獓㺢与三青鸟类似，但二者职责不同，三青鸟负责为王母娘娘传递信息，獓㺢负责看家护院。鸱不是鸟，而是一种火箭之类的直升式飞船。我们在电视里见过发射卫星的火箭，现在的长征系列火箭都是捆绑式的，中间的芯级是主火箭，在第一级推进器周围捆绑四个液体助推器。"三身"就是三个助推火箭，"一首"就是主火箭。

又西一百九十里，曰騩（guī）山，其上多玉而无石。神耆（qí）童居之，其音常如钟磬。其下多积蛇。

再往西一百九十里是騩山，山上遍布美玉却没有石头。天神耆童居住在这里，他的声音如钟磬鸣响。山下有很多蛇缠绕在一起。

传说耆童是黑帝颛顼的儿子。这里是外星人的机械修理厂，"积蛇"就是很多损毁飞行器堆积在一起。耆童是修理厂的"厂长"。在修理飞行器时，厂里经常发出金属的敲击声。"玉"不是玉石，而是玉一样贵重的东西，以此比喻重要的零部件。

又西三百五十里，曰天山，多金玉，有青、雄黄。英水出焉，而西南流注于汤谷。有神焉，其状如黄囊，赤如丹火，六足四翼，浑敦无面目，是识歌舞，实为帝江①(hóng)也。

再往西三百五十里是天山,山上蕴藏着丰富的金属矿和玉石,还有石青、雄黄。英水发源于此,向西南流入汤谷。山里有一个神,身形像个黄布口袋,肤色赤红如火,六只脚,四只翅膀,混混沌沌没有面目,却能辨认歌舞,他就是帝江。

帝江神没头,外形像个黄布口袋,赤红如火,长着六只脚、两对翅膀,没有头和五官。世间万物,除了蚯蚓那类的低级动物无不有头,然而,这位神仙却没有。其实,电视里已经演过N次了,这尊神就是六个喷管、四个尾翼、喷着烈焰的火箭。

"是识歌舞"不是说它听得懂歌舞,而是说,外星人终于在战争的废墟中组装起了一艘飞船,当飞船升空时,人们载歌载舞。"识"不是"懂",也不是"分辨",而是"看"。飞船升空,外星人又唱又跳,地球人还以为外星人在为飞船演出呢!

又西二百九十里,曰泑(yōu)山,神蓐(rǔ)收居之。其上多婴短之玉,其阳多瑾、瑜之玉,其阴多青、雄黄。是山也,西望日之所入,其气员,神红光②之所司也。

再往西二百九十里是泑山,天神蓐收居住在这里。山上盛产一种可用做项链的玉石,山南有很多瑾、瑜之类的美玉,山北有很多石青和雄黄。这座山,向西可以看见太阳落山时气象万千的景象,这是由红光神蓐收负责的。

泑山是外星人一个重要的飞行器观测站,蓐收的职责是监测火箭运行。蓐收身边有个较为精明的原始人,他十分好奇地问:"神,你是管什么的?"蓐收解释火箭的原理地球人是不会懂的,于是便道:"我是管晚霞的。"地球人以讹传讹,就认为蓐收是主管日落的神。

---

① "江"古代与"鸿"相通。有资料说帝江即为帝鸿氏,是黄帝的别称;另一种说法称帝江是一种神鸟。

② 红光:引申为蓐收。

按照五行的说法，东方属木，南方属火，西方属金，北方属水，中部属土。传说，蓐收是金神，长着人面、虎爪、白色毛皮，在西方管理太阳的降落。"婴短之玉"就是前面渝次山一节中所记述的"婴垣之玉"。据考证，"垣"、"短"可能都是"脰"之误。婴脰（dòu）之玉，就是可制作脖颈饰品的玉石。

西水行百里，至于翼望之山，无草木，多金玉。有兽焉，其状如狸，一目而三尾，名曰讙（huān），其音如夺（duó）百声，是可以御凶，服之已瘅（dàn）。有鸟焉，其状如乌，三首六尾而善笑，名曰鵸鵌（qí yú），服之使人不厌（yǎn），又可以御凶。

由水路向西行一百里，便到了翼望山，山上没有草木，但有很多金属矿和玉石矿。山中有一种动物，外形像野猫，一只眼睛、三条尾巴，它的名称叫讙，讙的叫声好像百种动物一齐鸣叫，它可以避凶，其肉可治黄疸病。山中还有一种鸟，外形像乌鸦，三个脑袋、六条尾巴，常常发出笑声，这种鸟叫鵸鵌，食用既可使人不做噩梦，又可避凶。

这里的"西水行"应是从泑山出发。可是泑山没河，哪来的水路？同样，翼望山也没河，不知水路从何而来。这是笔误。不过，这一笔误并不代表下面笔误。我当年在空军服役时，部队飞的是强五飞机，这种机型既可对空，又可对地。飞行训练时，强五通常挂四枚炸弹，每枚150斤，高80厘米左右。如果把炸弹立起来，就能看到弹的顶端有个像眼睛一样的引信，底端是四个尾翼一样的翅。如果把炸弹的尾翼制成三个翅，那不就是"一目而三尾"了嘛！

"其音如夺百声"，百余种动物一起鸣叫，这并不是说讙声音像"大合唱"一样动听，而是说讙声音之高，即炮弹爆炸声音之大。有人可能会问，"御凶"怎么解释？我们许多人家装修新房时都在墙上悬挂一把宝剑，他们的回答几乎是众口一词——避邪。我的战友还把一米多高的大炮弹壳摆在家中，也说为了避邪。讙能不能避凶就不言而喻了吧。有了避凶的大炸弹，外星人的心里就有了精神依靠，当然就不做噩梦了。

"三首六尾"的鸱鸺就是这个道理。"三首六尾"还有一种解释——三头六臂。在神话小说中，哪吒就是三头六臂。哪吒真是三头六臂吗？当然不是，三头六臂是说哪吒本领高超，动物的尾有手一般的灵巧、臂一般的有力，三首六尾应该就是三头六臂。

不过，这里"瘅"不能简单地看成是黄疸病。外星人之间的战争把地球人吓破了胆，有了这种炸弹，地球人就不用害怕了。这里的"服之"也不能简单地译成"吃"或"戴"，应该译为"服侍"，也就是说，地球人如果精心看护它，就不至于吓破胆，或夜里睡不着做噩梦。

凡西次三经之首，崇吾之山至于翼望之山，凡二十三山，六千七百四十四里。其神状皆羊身人面。其祠之礼，用一吉玉瘗，糈用稷米。

总计西方第三列山系，从第一座崇吾山起到翼望山止，共二十三座，绵延六千七百四十四里。诸山山神的形貌都是羊身人面。祭祀山神方式是把一块吉祥的玉埋入地下，祀神的精米是稷米。

此处的"羊身人面"和前面的"人面马身"、"人面牛身"都是一个意思，都是指吊车，只是大小不同而已。

第四节 西次四经

当㞍是鸟吗？不是。是什么？是火箭。君不见火箭发射时，尾翼喷射的火焰就像画上的胡须吗？地球人以为当㞍是用胡须飞翔的鸟，他们目不转睛地看热闹。

《西山经》中的第三列山系是外星人的中心，第四列山系虽没有第三列山系那么重要，但也足以令人惊讶。

西次四经之首，曰阴山，上多榖（gǔ），无石，其草多茆（mǎo）、蕃。阴水出焉，西流注于洛。

北五十里，曰劳山，多茈（zǐ）草。弱水出焉，而西流注于洛。

西五十里，曰罢父之山，洱（ěr）水出焉，而西流注于洛，其中多茈、碧。

北百七十里，曰申山，其上多榖、柞（zuò），其下多杻檀，其阳多金玉。区水出焉，而东流注于河。

北二百里，曰鸟山，其上多桑，其下多楮，其阴多铁，其阳多玉。辱水出焉，而东流注于河。

西方第四列山系的第一座山叫阴山，山上遍布构树，没有石头，这里的草以莼菜、蕃草居多。阴水发源于此，向西流入洛水。

往北五十里是劳山，这里紫草茂盛。弱水发源于此，向西流入洛水。

往西五十里是罢谷山,洱水发源于此,向西流入洛水,水中紫色美石、碧色玉石丰富。

往北一百七十里是申山,山上构树、柞树繁茂,山下遍布杻树和橿树,山南有丰富的金属矿和玉石。区水发源于此,向东流入黄河。

往北二百里是鸟山,山上遍布桑树,山下构树随处可见,山北盛产铁矿,山南盛产玉石。辱水发源于此,向东流入黄河。

从阴山到鸟山470里之间,只记录了草木、水系和矿藏。人们不禁要问,地球人为什么要记录每个山上的矿藏?原因是地球人见外星人到处开发矿藏,他们不知外星人要干什么,记下这些,以留给后人破译。

又北百二十里,曰上申之山,上无草木,而多硌(luò)石,下多榛楛(zhēn hù),兽多白鹿。其鸟多当扈,其状如雉,以其髯飞,食之不眴(shùn)目。汤水出焉,东流注于河。

再往北一百二十里是上申山,山上没有草木,到处是大石头,山下榛树和楛树茂密,动物多见白鹿。山里最多的鸟是当扈,这种鸟像野鸡,用髯毛当翅膀飞翔,食用可以治疗频繁眨眼睛的毛病。汤水发源于此,向东流入黄河。

当扈是鸟吗?不是。是什么?是火箭。君不见火箭发射时,尾翼喷射的火焰就像画上的胡须吗?地球人以为当扈是用胡须飞翔的鸟,他们目不转睛地看热闹。

又北百八十里,曰诸次之山,诸次之水出焉,而东流注于河。是山也,多木无草,鸟兽莫居,是多众蛇。

再往北一百八十里是诸次山,诸次水发源于此,向东流入黄河。这座山生长许多树却不见草,也没有鸟兽栖息,只有许多种蛇。

从生物学的角度分析,这里的生物链是不健全的。有山有水又有树的地方就算没有狐兔之类的小动物,也必然有鸟。可诸次山无论是兽类还是鸟类,什么都没有,这不是太奇怪了吗?什么原因?因为"是多众蛇",这四个字不但说蛇数量之众,也说种类繁多。我们多次说过,蛇就是外星人的UFO,UFO在这里频繁出现,把各种动物都怕跑了。这里的"木"就是发射架之类的东西。

又北百八十里,曰号山,其木多漆、棕,其草多药虈(xiāo)、芎䓖(xiōng qióng)。多泠(jīn)石。端水出焉,而东流注于河。

再往北一百八十里是号山,山里的树木大多是漆树和棕树,植物多见白芷、川芎之类的草药。山中还盛产较为柔软的泠石。端水发源于此,向东流入黄河。

漆即"漆树",落叶乔木,从树干流出的汁液叫生漆,可用作涂料。药虈就是中草药白芷,芎䓖生长在四川地区,也是一种中草药。这里应该是外星人的中草药生产研究基地。

又北二百二十里,曰孟山,其阴多铁,其阳多铜,其兽多白狼白虎,其鸟多白雉白翟。生水出焉,而东流注于河。

再往北二百二十里是孟山,山北铁矿丰富,山南铜矿丰富,山中的动物以白色的狼和白色的虎居多,鸟类以白色的野鸡和白色的翠鸟居多。生水发源于此,向东流入黄河。

世界上最早制造铁器的是小亚细亚(今土耳其境内)的赫梯人,时间在公元前1400年左右。约在公元前1000年代,古希腊和古罗马开始普遍使用铁制的工具和兵器。约在公元前500年左右,欧洲大陆普遍使用铁器。中国关于使用铁器最早的记录是《左传》中晋国铸的铁鼎,约公元前700年左右。铁器坚硬、韧性高、锋利,胜过石器和青铜器。铁器的广泛使用,使人类生产力得到了极大的提高。可是,成书于4000年前的《山海经》居然记载了铁,真是神了!

内蒙古某地开采稀土，当地牧民养的牛羊牙齿严重脱落，据专家称，是因为当地草场被稀土污染所致。稀土俗称工业味精，广泛应用在电子技术、石油化工、冶金及陶瓷等工业生产中，是工业离不开的元素。以此推之，外星人在开采铁矿、铜矿时不可能不开发稀土。正因为如此，孟山受到了严重污染，以至于山上的鸟兽都变成了白色。

西二百五十里，曰白於之山，上多松柏，下多栎檀，其兽多㸲牛、羬羊，其鸟多鸮（xiāo）。洛水出于其阳，而东流注于渭；夹水出于其阴，东流注于生水。

西北三百里，曰申首之山，无草木，冬夏有雪。申水出于其上，潜于其下，是多白玉。

又西五十五里，曰泾谷之山。泾水出焉，东南流注于渭，是多白金白玉。

往西二百五十里是白於山，山上有茂密的松树和柏树，山下有茂密的栎树和檀树，山中的兽类多见㸲牛、羬羊，鸟类多见猫头鹰。洛水发源于这座山的南面，向东流入渭水河；夹水发源于这座山的北面，向东流入生水河。

往西北三百里是申首山，山中没有草木，冬季夏季都有雪。申水发源于山上，从冰雪下流到山脚，水中有很多白色玉石。

再往西五十五里是泾谷山。泾水发源于此，向东南流入渭水，这里出产白银和白玉。

这三座山平淡无奇，只是留下了外星人和地球人足迹——外星人带领地球人勘测过的。

又西百二十里，曰刚山，多柒木①，多㻬琈（yǔ fú）之玉。刚水出焉，北流注于渭。是多神𩳁②（kuí），其状人面兽身，一足一手，其音如钦③。

再往西一百二十里是刚山，这里漆树茂密，盛产㻬琈美玉。刚水发源于此，

---

① 柒木：漆树，"柒"即"漆"。
② 神𩳁：就是魑魅一类的东西，而魑魅是传说中山泽的鬼。
③ 钦：与"吟"通假，呻吟之意。

向北流入渭水。这里有很多神鬼,长得是人面兽身,一只脚,一只手,发出的声音犹如呻吟。

在古代,神与鬼经常并称。上面我们分析过,神、鬼都是分工不同外星人。而这里的"神魖"却不是外星人,而是外星人用人与兽基因实验出的次品。《山海经》的后半部,关于外星人实验出的残次品比比皆是。

又西二百里,至刚山之尾。洛水出焉,而北流注于河。其中多蛮蛮,其状鼠身而鳖首,其音如吠犬。

再往西二百里,便到了刚山的末端。洛水发源于此,向北流入黄河。这里有很多的蛮蛮,形状像老鼠却长着甲鱼一样的脑袋,发出的声音如同狗叫。

刚山记了两次,从刚山头到刚山尾绵延二百里,或许刚山方圆二百里吧。此处的蛮蛮是走兽,与《西次三经》崇吾山的蛮蛮不同,崇吾山的蛮蛮是"其状如凫,而一翼一目,相得乃飞"的比翼鸟,那是"机械鸟"——信号弹之类的东西。这里的蛮蛮兽是实实在在的动物,是外星人用老鼠与甲鱼的基因制造出的新物种。

又西三百五十里,曰英鞮(dī)之山,上多漆木,下多金玉,鸟兽尽白。涴水出焉,而北流注于陵羊之泽。是多冉遗之鱼,鱼身蛇首六足,其目如马耳,食之使人不眯,可以御凶。

再往西三百五十里是英鞮山,山上生长着茂密的漆树,山下蕴藏着丰富的金属矿和玉石,飞禽走兽都是白色的。涴水发源于此,向北流入陵羊泽。水里有很多冉遗鱼,这种鱼长着蛇的脑袋,六只脚,眼睛像马的耳朵,食用它不会做噩梦,可以避凶。

"上多漆木,下多金玉",说明这里资源丰富;"鸟兽尽白",可能是污染所致。"冉遗"不是鱼,而是一种导弹、炮弹之类的武器。

"食之使人不眯"中的"食"一般译为"吃",我却想把"食"译为"储备",即储备它就不会做噩梦。有了冉遗,英鞮山上的外星人和他们的"服务生"便有了信心和依靠,如有其他外星人胆敢来犯,英鞮山上的外星人可随时发射导弹将其干掉,噩梦当然就没有了。"可以御凶",即防御其他外星人的袭击。下面一段说得更为明确。

又西三百里,曰中曲之山,其阳多玉,其阴多雄黄、白玉及金。有兽焉,其状如马而白身黑尾,一角,虎牙爪,音如鼓音,其名曰駮(bó),是食虎豹,可以御兵。有木焉,其状如棠,而员叶赤实,实大如木瓜,名曰櫰(guī)木,食之多力。

再往西三百里是中曲山,山南盛产玉石,山北盛产雄黄、白玉和金属矿。山中有一种动物,外形像马却是白身、黑尾、一只角,它有老虎一样可怕的牙齿和爪子。这种动物发出的声音如同擂鼓一般,这就是駮。駮能吃虎豹,而且可以防御战争。山中还有一种树木,形状像棠梨树,圆叶红果,果实像木瓜一般大,名叫櫰木,食用能增加体力。

在地球人的心中,最敬畏的是神鬼,最可怕的是虎豹。那么什么动物能吃虎豹?除非它们自己。可是,文中的駮却能,这说明駮比虎豹还凶猛。防御战争靠动物是不可能的,再说了,既然这种动物如此凶猛,外星人很难驯服它,驯服不了,那就不能"可以御兵"了。"是食虎豹"说明駮威力巨大,连老虎和豹子也会被其吞噬,显然,这是一种尖端武器。战争发生之后,外星人也好,地球人也罢,提振士气十分重要。我们都在影视中看过,在大战之前,将士都要喝酒,酒就有这种功能。櫰木的作用与此类似。

又西二百六十里,曰邽(guī)山。其上有兽焉,其状如牛,猬毛,名曰穷奇,音如獆(háo)狗,是食人。濛水出焉,南流注于洋水,其中多黄贝;蠃(luó)鱼,鱼身而鸟翼,音如鸳鸯,见则其邑大水。

再往西二百六十里是邽山。山上有一种动物,外形像牛,全身长着刺猬般的毛,名叫穷奇,它的声音如同狗叫。穷奇吃人。濛水发源于此,向南流入洋水,水中有很多黄贝，还有蠃鱼，这种鱼与普通的鱼差不多，只是有鸟一样的翅膀，发出的声音像鸳鸯，它一出现，当地就会发洪灾。

外星人在地球上的实验项目多种多样，他们把地球上各种动物的基因相互组合，从中选出能为他们服务的新物种。穷奇就是由牛和刺猬的基因组合而成，由于这种动物有较高的灵性，于是，外星人驯化它们守山。外星人不但实验出新物种，还要实验新物种适应自然的能力，水灾实验就是其中之一。蠃鱼是一种水中发射的信号弹，这种信号弹就是水灾实验的指令。

又西二百二十里，曰鸟鼠同穴之山，其上多白虎、白玉。渭水出焉，而东流注于河，其中多鳋（sāo）鱼，其状如鳣（zhān）鱼，动则其邑有大兵。滥（jiàn）水出于其西，西流注于汉水，多䲉䱐（rú pí）之鱼，其状如覆銚（diào），鸟首而鱼翼鱼尾，音如磬石之声，是生珠玉。

再往西二百二十里是鸟鼠同穴山，山上有很多白色的虎、白色的玉。渭水发源于此，向东流入黄河，水中生长许多鳋鱼，体形像庞大的鳣鱼。鳋鱼平时不动，它一旦游动，当地就有惨烈的战争发生。滥水发源于鸟鼠同穴山的西面，向西流入汉水，水中有很多䲉䱐鱼，这种鱼外形像底朝天扣着的锅，它长着鸟一样的脑袋，鱼一样的鳍和尾巴，叫声如同敲击磬石一般，这种鱼能生出珠玉来。

鸟鼠同穴山是上古时期一座很重要的山，相传，这座山鸟和鼠同穴而生，它们掘地数尺，鼠在里面，鸟在外面，两种动物和睦相处，相得益彰。鳣鱼是一种形体较大的鱼，大的有二三丈长，嘴长在颌下，身上有甲，无鳞，肉是黄色的。天下间不游动的鱼是死鱼，可鳋鱼活着也不动，一旦动了，就有战争发生。

鳋鱼是安放在水中的战争警报器。我们想象一下，敌人大兵压境，一方是不是要密切注意敌情？这种"鳋鱼"探测到敌人的动向，立刻发出警报。为什么敌人要大兵压境呢？下文交代了，因为䲉䱐鱼"是生珠玉"。

銚是一种有把手、有流嘴的小型烹器，类似于大锅。"覆銚"就是扣着的锅。这种"扣着的锅"能生珠玉？珠玉是什么？当然不是珍珠和玉器，而是飞行器的重要部件。显然,铫是能够生产外星人急需要物件的机械加工设备。鸟鼠同穴山的外星人生产一种飞行器的部件,另一支外星人极缺这种部件,他们来鸟鼠同穴山索取,但遭到拒绝,双方因此爆发战争。

一切机械都必须有动力,有的用电,有的用燃料,有的用光能,这里的"鳒鱼"报警器和"䚇鮋"机械加工设备都是以水为动力的,当然,也可能把水的流动转化为电能,再由电能转化为动能。

西南三百六十里,曰崦嵫(yān zī)之山,其上多丹木,其叶如穀,其实大如瓜,赤符而黑理,食之已瘅,可以御火。其阳多龟,其阴多玉。苕水出焉,而西流注于海,其中多砥砺(dǐ lì)。有兽焉,其状马身而鸟翼,人面蛇尾,是好举人,名曰孰湖。有鸟焉,其状如鸮(xiāo)而人面,雖(wèi)身犬尾,其名自号也,见则其邑大旱。

西南三百六十里是崦嵫山,山上有很多丹树,叶子像构树,果实如瓜一样大小,红色的皮,黑色的斑纹,食用它不但能治黄疸病,还可以防御火灾。山南有很多乌龟,山北遍布玉石。苕水发源于此,向西流入大海,水中有很多磨刀石。这里有一种怪兽,马身鸟翅,人面蛇尾,更不可思议的它很喜欢把人举起来玩耍,这种动物名叫孰湖。山中还有一种鸟,外形像猫头鹰,却长着人的面孔、猕猴的身子、狗的尾巴,它叫声就是自己的名字,它一出现,当地就发生大旱灾。

崒山也有丹木,"员叶而赤茎,黄华而赤实,其味如饴,食之不饥",崦嵫山对此又作了补充,丹木的果实"赤符而黑理","食之已瘅,可以御火"。"可以御火"不能理解为"防御火灾",应该解释为防止上火。丹木果既能治疗黄疸病,又能去火。

孰湖不是兽,而是一种小型载人飞船。"马身鸟翼"是发射前的静止状态,当外星人进入飞船后,从玻璃窗外看到的只能是"人面"。"蛇尾"是飞船发射后喷出的火焰。"好举人"不是把人举起来玩,而是把人载上太空,"好"应解释为"可以"。外星人要对他们制造出的新物种(包括地球人)进行生理机能实验,于是就用飞船将其运到空中或太空。本段中的鸟,也是信号弹。外星人在看地球人如何抵御旱灾,当他们准备用自己的高科技改变天气，不让天下雨时，就发射这种"鸟"通知"有关部门"。

凡西次四经自阴山以下，至于崦嵫之山，凡十九山，三千六百八十里。其神祠礼，皆用一白鸡祈，糈以稻米，白菅为席。

右西经之山，凡七十七山，一万七千五百一十七里。

总计西方第四列山系，从阴山开始，直到崦嵫山为止，共十九座山，绵延三千六百八十里。祭祀山神都是用一只白色鸡为祭品，祭神的精米是稻米，并以白茅草编成的坐垫作为神的座席。

以上是西方各系列山峰的记录，总共七十七座山，绵延一万七千五百一十七里。

第三卷 北山经

　　天下间没有用尾巴飞的动物,但用"尾巴"飞的炮弹比比皆是。耳鼠是一种反制化学武器的武器。当一群外星人以化学武器进攻另一群外星人时,丹薰山上的外星人就发射"耳鼠"弹来中和化学武器的毒素。野韭菜和野薤菜起到辅助作用,野韭菜宜肾、通便、祛热;野薤菜主治干呕、痢疾、疮疖。

　　我们想象一下,如果把人、虎、狗、牛、羊的基因组合在一起,造出的会是个什么怪物?会不会是人首、虎齿、牛角呢?生物学家认为,这样的实验不难,但谁也不敢进行这样的实验,都怕实验出的动物真如饕餮一般,那天下人就离倒霉不远了。

第一节 北山经

> 外星人进行各种实验，如此摧残地球人，地球人难免精神失常，变疯、变傻。开始他们还试图用鲼鱼医治，可是疯子、傻子越来越多，外星人就无暇顾及了，干脆喂诸怀算了。

~~~~~~~~~~~~~~~~~~~~~~~~~

北山经之首，曰单狐之山，多机木，其上多华草。漨（féng）水出焉，而西流注于㴸水，其中多芘石、文石。

北方第一列山系的第一座山叫单狐山，山中桤树遍布，山上花草繁茂。漨水发源于此，向西流入㴸水，水中有很多紫色的石头和有纹理的石头。

紫色石头较为常见的是锆石和紫水晶，锆石的主要成分是硅酸锆，化学分子式是$Zr[SiO_4]$，其原矿石中往往含有铀（U）和钍（Th），这两种元素都是核原料。紫水晶的分子式是SiO_2，天然紫水晶中，铁、锰等矿物质含量较高，是工业上的重要原料。

《山海经》总共有记载了500余座山，几乎每座山都介绍了山上的矿藏，单狐山也不例外。我们不禁要问，书中为什么一而再，再而三，不厌其烦地介绍每座山的矿藏呢？要知道，当时毛笔还没有问世，更不用说铅笔、钢笔，那时不是写字，而是刻字，用刀把字刻在竹简或木片上。首先是刻刀问题。考古学家认为，石器时代大约始于二三百万年之后，止于距今4000至

6000年前。希腊、埃及使用青铜较早，距今大约有5000年，中国较晚，始于3800年左右。青铜是铜和锡的合金。可是，那时的华夏尚处于石器和青铜的过渡时期，我们的祖先至多能够炼铜，甚至连其他金属都叫不出名来。《山海经》成书于4000年前，就算那时我们的祖先能够制造铜刀，以铜刀刻字，刻几笔就会钝的，何其难也！

其次是文字问题。甲骨文标志华夏先祖创造文字的成熟，甲骨文距今不过3000年，3000年前虽然有文字产生，但没有形成固定的字形，而且那时是象形文字。当代人书写象形文字都很吃力，何况那时用刀刻？简陋的工具，复杂的笔画，食难果腹，衣难避体，一天能刻十几个字就不错了。我们取个中间数，每天刻15个字，31000多字的《山海经》要刻2000天——五年半！五年半就完了吗？不是，无论多么伟大的文学家，对自己的稿子不能不修改，就算只改一遍，那又是一个五年半！一个人最少要十余年才能完成，而且无论刮风下雨，都不能停。会不会是集体创作呢？这个可能不能排除，如果按10个人共同创作计算，至少需要1年多。然而，在那个生产力十分低下的年代，"一夫不耕，或受之饥；一女不织，或受之寒"，一个男人不种地，就有人挨饿；一个女人不织布，就有人受冻。谁会365天如一日地供这10个人的吃闲饭？

再次是勘探问题。写《山海经》可不是坐在家里创作，而是遍走群山。遍走群山不是旅游看风景，走马观花。不但找矿，还要分析各种矿，以及找河流发源地、察看河流走向；观察动物的习性，动物不是站在那让你观察，人一到了，它是要跑的；要采摘植物进行药理分析，包括根、茎、叶、花、果。植物的生长是有时令的，错过时令就要等到下一年。我们按不错过时令计算，一座山多少天能考察完？没有一个月不行吧？我们还按10个人创作，要走500座山，每人要走50座山，一座山用一个月，一年四季，风雨无阻地干，那也要50个月，四年多时间。

第四个问题，那时的山不但没有路，还时有狼虫虎豹出没，1个人上山且不说被虎豹吃了，就算被毒蛇咬一口，那也是要一命呜呼的。这是创作吗？这简直就是在玩命啊！

写《山海经》简直就是难于上青天！可这么难的事，原始人为什么还要做？这其中必然有极其重要的事要告诉后人。对了，他们要告诉后人的就是外星人！可是当时没有外星人这个词，《山海经》的作者更不知道UFO，他们只知道神、鬼、怪，这就是《山海经》玄而又玄的原因。

又北二百五十里，曰求如之山，其上多铜，其下多玉，无草木。滑水出焉，而西流注于诸毗（pí）之水。其中多滑鱼，其状如鳝（shàn），赤背，其音如梧，食之已疣。其中多水马，其状如马，文臂牛尾，其音如呼。

再往北二百五十里是求如山，山上蕴藏着丰富的铜矿，山下有丰富的玉石，整座山没有草木。滑水发源于此，向西流入诸毗水。水中有很多滑鱼，外形像鳝鱼，只是脊背呈红色，发出的声音像人支吾而又含混的说话声，食用可以治疗人身长的疣子。水中还有很多水马，外形与马相似，前腿长有斑纹，尾巴与牛尾差不多，发出的声音像人在呼喊。

现实生活中，能发声的鱼十分罕见，可《山海经》中的鱼几乎都会叫，显然这不是普通的鱼，要么是炮弹一类的武器，要么是机械。疣子能算得上病吗？即便今天谁又能把疣子当回事？何况是那原始年代。所以，"食之已疣"中的"疣"应该是"忧"，"食"乃为"储备"。

这里没有说滑鱼的大小，只是说它形态像鳝鱼，鳝鱼像什么？那不就是缩小版的炮弹吗？有了这种"滑鱼"，求如山上的外星人和为他们服务的华夏地球人就有恃无恐了。水马是斑马与水牛杂交的新物种。

又北三百里，曰带山，其上多玉，其下多青碧。有兽焉，其状如马，一角有错，其名曰䑏（huān）疏，可以辟火。有鸟焉，其状如乌，五采而赤文，名曰鹛䳑（qí yú），是自为牝牡，食之不疽（jū）。彭水出焉，而西流注于芘（pí）湖之水，其中多儵（tiáo）鱼，其状如鸡而赤毛，三尾六足四（首）目，其音如鹊，食之可以已忧。

再往北三百里是带山，山上盛产玉石，山下盛产青色的碧玉。山中有一种动物，外形像马，一只角，角质如磨刀石一般坚硬。这种动物叫䑏疏，用它可以避火。山中还有一种鸟，外形像乌鸦，身上是五颜六色的羽毛，其间有红色的斑纹，这种鸟叫鹒䳎。鹒䳎自身有雌雄两种性器官，食用可以预防毒疮——痛疽病。彭水发源于此，然后向西流入芘湖水，水中有很多儵鱼，外形如鸡，红色的皮毛，三条尾巴、六只脚、四只眼睛，它的叫声犹如喜鹊，食用它可以化解烦恼。

如果把灭火器比为臒疏，那只角不就是喷嘴吗？卫星发射现场、飞机起飞跑道，灭火器、灭火车是必备的，这是很平常的事，但我们的祖先不知道灭火器为何物，只知道"可以辟火"。

《西次三经》的翼望山也有鹒䳎，"有鸟焉，其状如乌，三首六尾而善笑，名曰鹒䳎，服之使人不厌（yǎn），又可以御凶"。本段中的鹒䳎与之是同一种东西。有一种化学武器叫炭疽病毒，这种病毒由空气传播，生产简单，杀伤力很强，动物、植物都很容易感染这种病毒。把"疽"解释为"痛疽病"是古人的译法，他们当然不知道什么是炭疽病毒，更不知道化学武器。外星人之间的战争十分残酷，他们不但使用了核武器，还使用了化学武器。然而，有矛就有盾，世间的一切事物莫不如此。鹒䳎导弹威力巨大，它完全可以摧毁敌方的化学武器，而不至于使之扩散。所谓的"自为牝牡"就是弹头和弹体平时是分开的，一旦发生紧急情况，即可迅速把弹头和弹体安装在一起。

同样，儵鱼也是一种威力巨大的武器。前面我们说了，古代形容一个人本领高超，往往将其比喻为三头六臂。"三尾六足四（首）目"的儵鱼也与之类似，不过，"儵鱼"不是人，而是一种威力巨大的武器。这就是"食之可以已忧"，"食"就是"储备"。这种武器通常在水中发射。

又北四百里，曰谯明之山。谯水出焉，西流注于河。其中多何罗之鱼，一首而十身，其音如吠犬，食之已痈。有兽焉，其状如貆（huán）而赤毫，其音如榴榴，名曰孟槐，可以御凶。是山也，无草木，多青、雄黄。

再往北四百里是谯明山。谯明水发源于此，向西流入黄河。水中生长很多何罗鱼，这种鱼一个脑袋十个身子，发出的声音如同狗叫，吃了它可以治疗痈疮。山中有一种动物，形状像豪猪却长着红毛，叫声跟摇动辘轳的声音差不多，这种动物叫孟槐，可以避凶。谯明山没有草木，遍布石青和雄黄。

痈是一种皮肤皮下组织的化脓性炎症，卫生条件较差的地方容易滋生，这应该是当时地球人的常见病。我的一个姨表姐当年就得了这种病，那是上个世纪70年代初，农村穷得一年到头买不起一件衣服，绝大多数人一辈子只洗一次澡，就是出生那天。表姐16岁得了这种痈疮，因没有钱买药，18岁时被活活烂死，其间的痛苦可想而知。为了给地球人治疗这种病，外星人实验出了"一首十身"的何罗鱼，这对地球人来说无疑是件大好事。

孟槐是一种类似狗一样忠诚的动物，这也是外星人实验出的新物种，当外星人（包括为外星人服务的地球人）遇到狼虫虎豹时，这种动物往往能冲上去与猛兽撕咬，使人免遭不幸。

又北三百五十里，曰涿光之山。嚣（xiāo）水出焉，而西流注于河。其中多鳛鳛（xí）之鱼，其状如鹊而十翼，鳞皆在羽端，其音如鹊，可以御火，食之不瘅。其上多松柏，其下多棕橿，其兽多麢（líng）羊，其鸟多蕃。

再往北三百五十里是涿光山。嚣水发源于此，向西流入黄河。水中有很多鳛鳛鱼，外形像喜鹊却长有十只翅膀，鳞甲全长在翅膀的末端，它发出的声音像喜鹊，饲养它可以防御火灾，食用可以治疗黄疸病。山上遍布松树和柏树，山下遍布棕树和橿树，山中的动物以羚羊居多，鸟以蕃鸟居多。

涿光山是个山清水秀的地方。外星人不但实验出了鳛鳛鱼，还开发出了这种鱼的药用价值。"可以御火"在传统中，都被译为能够防御火灾，其实不然。"可以御火，食之不瘅"八个字紧紧相连，没有转折，这说明"火"不是烧饭的火，而是人体内的心火。

蕃鸟到底是什么鸟，至今也没有人能说清楚，《山海经》中的动物多是如此。原因是离开外星人的饲养，这些动物就无法生存，一部分灭绝，一部分灵性极强的动物被带上了"天国"——外星人生活的地方，继续为外星人服务。

又北三百八十里，曰虢（guó）山，其上多漆，其下多桐椐（jū）。其阳多玉，其阴多铁。伊水出焉，西流注于河。其兽多橐（tuó）驼，其鸟多寓，状如鼠而鸟翼，其音如羊，可以御兵。

再往北三百八十里是虢山，山上漆树繁茂，山下梧桐树和用来制作拐杖椐树很多，山南盛产玉石，山北盛产铁。伊水发源于此，向西流入黄河。山中的动物多见骆驼，飞禽多是蝙蝠之类的寓鸟，这种鸟外形像鼠，却长着鸟一样的翅膀，发出的声音像羊叫，用它可以防御战争。

骆驼善于负重，驮运物品要比牛马更有耐力，这种动物在交通不便的4000年前太重要了，外星人来到地球，不可能把汽车制造厂搬来，骆驼就是他们的好帮手。寓鸟是小型防御性武器，对于来犯之敌构成一定威胁。

又北四百里，至于虢山之尾，其上多玉而无石。鱼水出焉，西流注于河，其中多文贝。

再往北四百里，便到了虢山的尾端，山上遍布美玉，却没有石头。鱼水河发源于此，向西流入黄河，水中有很多长有斑纹的贝类。

虢山部署了大量"寓鸟"武器。这里的玉是上等矿石，文贝在水中多彩斑斓，这很可能是在水中清洗矿石，等待冶炼。

又北二百里，曰丹熏之山，其上多樗（chū）柏，其草多韭薤（xiè），多丹雘。熏水出焉，而西流注于棠水。有兽焉，其状如鼠，而菟（tù）首麋身，其音如嗥犬，以其尾飞，名曰耳鼠，食之不睬①（cǎi），又可以御百毒。

再往北二百里是丹熏山，山上有茂密的臭椿树和柏树，草丛中野韭菜和野薤菜很多，山中盛产丹雘。熏水发源于此，向西流入棠水。山中有一种动物，形状如同大老鼠，却长着兔子一样的脑袋，麋鹿一般的耳朵，它的声音如同狗叫。这种动物能用尾巴飞行，名叫耳鼠，食用可以预防臌胀病，还可以防治各种病毒的侵害。

化学武器一般分为糜烂性毒剂和刺激性毒剂。糜烂性毒剂令人感到针刺一样疼痛，皮肤发痒，起水疱溃烂，眼睛红肿怕光。刺激性毒剂中毒后流

---

① 睬：臌胀病。

鼻涕，咳嗽呕吐，腹痛便血。

天下间没有用尾巴飞的动物，但用"尾巴"飞的炮弹比比皆是。耳鼠是一种反制化学武器的武器。当一群外星人以化学武器进攻另一群外星人时，丹熏山上的外星人就发射"耳鼠"弹来中和化学武器的毒素。野韭菜和野薤菜起到辅助作用，野韭菜宜肾、通便、祛热；野薤菜主治干呕、痢疾、疮疖。

又北二百八十里，曰石者之山，其上无草木，多瑶、碧。泚水出焉，西流注于河。有兽焉，其状如豹，而文题白身，名曰孟极，是善伏，其鸣自呼。

再往北二百八十里是石者山，山上没有草木，瑶、碧之类的玉石很多。泚水发源于此，向西流入黄河。山中有一种动物，形状像豹，额头长有斑纹，一身白毛，名叫孟极，这种动物习惯趴着，它的叫声就是其名。

孟极也是一种武器，虽然平时很少使用，但这种武器却像豹子一样凶猛，平时安放在地下，一旦发生战争，它便轰鸣而起，射向敌人。

又北百一十里，曰边春之山，多葱、葵、韭、桃、李。杠水出焉，而西流注于泑泽。有兽焉，其状如禺而文身，善笑，见人则卧，名曰幽鴳（yàn），其鸣自呼。

再往北一百一十里是边春山，山上野葱、葵菜、韭菜、野桃树、李树很多。杠水发源于此，向西流入泑泽。山中有一种动物，体形像猿猴，身上的皮毛呈斑纹状，喜欢嬉笑，一看见人就躺在地上装死，名叫幽鴳，它的叫声就是自己的名字。

边春山是外星人的"菜园子"，《山海经》不是研究菜的作品，不可能把所有的菜都记录下来。我们也是一样，菜地里那么多菜，通常只记录几种有代表性的，这便是"多葱、葵、韭"。园中还有果树，如桃、李等。只是外星人实验出的幽鴳不但胆小，而且疑心较重，一见人就装死。见人装死以虫类居多，有些小动物（如刺猬）也喜欢装死。

又北二百里，曰蔓联之山，其上无草木。有兽焉，其状如禺而有鬣（liè），牛尾、文臂、马蹄,见人则呼,名曰足訾(zǐ),其鸣自呼。有鸟焉,群居而朋飞,其毛如雌雉,名曰鵁(jiāo),其鸣自呼,食之已风。

再往北二百里是蔓联山,山上没有草木。山中有一种动物,形状像猿猴却长着鬣毛、牛尾、马蹄,双臂有斑纹,一见人就叫,其名为足訾,它的叫声便是它的名字。山中有一种鸟,喜欢成群栖息、结队飞翔,它们的毛与雌野鸡相似,这种鸟叫鵁。它叫的声音就是它的名字,食用可以治疗中风。

没有草木,动物如何生存?显然,这是外星人的一个实验基地,他们专门研究动物在没有草木情况下的生存状态。足訾是猴子、狮子、牛、马等多种动物基因的组合。它与幽鴳正好相反,幽鴳胆小,见人就装死,足訾胆大,就像狗,一见生人就叫个不停。外星人还专门把水鸟放在陆地上实验,这就是鵁,鵁即"鵁鶄(jīng)",一种水鸟,俗称赤头鹭。长嘴,高脚,体长约五十厘米。入夏,雄的头、颈及羽冠呈栗红色。鵁鶄是地球自身进化的鸟,外星人只发现了它的药用价值。

又北百八十里,曰单张之山,其上无草木。有兽焉,其状如豹而长尾,人首而牛耳,一目,名曰诸犍,善咤,行则衔其尾,居则蟠其尾。有鸟焉,其状如雉,而文首、白翼、黄足,名曰白鵺(yè),食之已嗌(yì)痛,可以已痸(chì)。栎水出焉,而南流注于杠水。

再往北一百八十里是单张山,山上没有草木。山中有一种动物,体形像豹子,长尾、人头、牛耳、一只眼,它的名称叫诸犍。这种动物经常长啸,行走时习惯用嘴叼着自己尾巴,趴下时常将尾巴盘起来。山中有一种鸟,外形像野鸡,脑袋有斑纹,白色的翅膀,黄色的脚,名叫白鵺,食用可治咽喉疼痛,还可以治疗痴呆病。栎水发源于这座山,向南流入杠水。

外星人在制造地球人时,不知经过多少次反复实验,才有了今天的人类。可想而知,造人初期,必然出现生理上的一些残疾,如一只眼、一条腿、三条胳膊,以及后文中的大人国、小人国等等,这些人类的残次品在《山海经》中大量记载，后面我们会一一讲述。外星人造出的人，不仅有身体残疾，还有智力残疾。先天不足，外星人想后天弥补，白鹛鸟就有这方面的药用功能，但作用到底多大，文中没有记录。

"诸犍"人头、牛耳、豹身，这不就是我们思维中的妖怪吗？其实，最初的妖是被当作神来膜拜的。鬼也是古人的膜拜对象。从明朝许仲琳的《封神榜》，吴承恩的《西游记》，还有清初蒲松龄的《聊斋志异》之后，妖和鬼才被邪恶化。

甲骨文是我国最早的成熟文字，金文的年代仅次之。金文是铸刻在青铜器上的铭文，周以前铜也叫金，所以铜器上的铭文便称金文。目前发现最早的金文是商代金文（公元前1300年左右~公元前1046年左右）。可是，目前，我们在甲骨文和金文中还找不到"妖"字。《说文解字》的"妖"写作 ，左侧是个"女"字，右上是草头（也是倒过来的"竹"，《说文解字》中"竹"写作 ），右下是"夭"，"夭者，头之曲。"妖的本意出来了——一个女人拿着竹条迫使人低头。什么女人如此之猛？会不会是执法如山的西王母？前面我们讲过，西王母就是王母娘娘，是外星人在地球上的执法者，她执法严酷，不徇私情，就连自己的女儿七仙女也要依律而行。所以，我们的祖先对西王母既崇拜又敬畏，以致后来把她与"魔"联系在一起，变成了"妖魔"；与"怪"联系在一起，变成了"妖怪"。

"魔"从古到今都是邪恶的。佛教把一切扰乱身心、破坏行善、妨碍修行的心理活动统称为"魔"。"魔"上面是"麻"，"广"表示房子，"林"指削制的麻皮。"麻"的本意是在家里剥麻。

"鬼"，即 ，上文说过，鬼是伏在飞行器下维修设备的外星人，他们多是因战败被俘，被迫去维修飞行器。可是，"鬼们"不甘心自己的失败，他们多次逃走，没有吃的，就扑杀外星人实验出的动物，甚至是地球人，于是，"鬼们"就变成了吃人的"魔鬼"，当外星人把他们抓回来时，便用麻绳绑了起来。

"怪"是人不熟悉、不了解，又让人惊恐的现象。"怪"是中性词，可把"怪"拆开就更怪了。"怪"左边是"心"，金文写作 ；右边是"圣"，金

文写作 . 左上是"耳",左下是"王",右边是"口",意为既善于听取群众意见,又发出正确命令的英明领导,引申为人格高尚、智慧高超的领袖。"圣"是最高层次的褒义,"神圣"、"圣洁"、"圣明"、"圣人"莫不如此。于是,"怪"的本意出来了——贴心的圣者。"妖"与"怪"连在一起应该是执法严厉而又贴心的人。地球人刚刚被外星人造出来之后,我们的祖先还在茹毛饮血,谁能担当这么高贵的词呢?只有外星人。那么,为什么"妖怪"却成了害人精?大概是因为"妖怪"执法过严吧!

总的来说,妖魔鬼怪都是外星人,他们的本性都不坏。可是,天下间总得有形容坏人的词吧,那就只能委屈妖魔鬼怪了。

又北三百二十里,曰灌题之山,其上多樗柘①(chū zhè),其下多流沙,多砥。有兽焉,其状如牛而白尾,其音如訆②(jiào),名曰那父。有鸟焉,其状如雌雉而人面,见人则跃,名曰竦(sǒng)斯,其鸣自呼也。匠韩之水出焉,而西流注于泑泽,其中多磁石③。

再往北三百二十里是灌题山,山上是茂密的臭椿树和柘树,山下遍布流沙和磨刀石。山中有一种动物,外形如牛却长着白色的尾巴,发出的声音如同人呼喊,其名叫那父。山中有一种鸟,外形如同雌野鸡,却长着人的面孔,一看见人就跳跃,这种鸟名叫竦斯,它叫的声音仿佛是唤自己的名字。匠韩水发源于此,向西流入泑泽,水中有丰富的磁石。

黄桑浑身是宝,这里虽然没有明说,似乎在暗示:外星人在教化华夏土地上的地球人采果、养蚕,以及利用磁铁在广阔的森林中辨别方向。关于外星人如何教化地球人,后面我们还要一一解读。那父就是牛,现在也有白尾巴的牛,这是地球的土著。竦斯是人与鸡的基因组合,当人喂养它时,它总是高兴得蹦蹦跳跳。这种动物既没有药用价值,味道也不太好,喂养它只能

---

① 柘:即"柘树",也叫黄桑。落叶灌木,叶子可以喂蚕,果子可以食用,树皮可以造纸。
② 訆:古同"叫"。
③ 磁石:一种天然矿石,具有吸引铁、镍、钴等特性,俗称吸铁石。

是浪费粮食,于是竦斯便灭绝了。

又北二百里,曰潘侯之山,其上多松柏,其下多榛楛(zhēn hù),其阳多玉,其阴多铁。有兽焉,其状如牛,而四节生毛,名曰旄牛。边水出焉,而南流注于栎泽。

又北二百三十里,曰小咸之山,无草木,冬夏有雪。

再往北二百里是潘侯山,山上是茂密的松树和柏树,山下遍布榛树和楛树,山南蕴藏着丰富的玉石,山北蕴藏着丰富的铁矿。山中有一种动物,形状像牛,四肢关节上长着毛,这种动物名叫旄牛。边水河发源于此,向南流入栎泽。

再往北二百三十里是小咸山,这座山没有草木,无论冬夏都有积雪。

"旄牛"是"牦牛"的不同写法,这种牛是地球上的土著,经过数千万年进化而来。外星人只是勘探了潘侯山和小咸山,发现了潘侯山上的矿藏,但没有开发。小咸山终年积雪,外星人没有仔细勘探就离开了。

北二百八十里,曰大咸之山,无草木,其下多玉。是山也,四方,不可以上。有蛇名曰长蛇,其毛如彘豪,其音如鼓柝(tuò)。

往北二百八十里是大咸山,这里没有草木,山下盛产玉石。这座山呈四方形,人不可以上去。山中有一种蛇叫长蛇,身上的毛与猪鬃相似,发出的声音像古代人夜里敲打更梆子。

长蛇的确很长,相传有几十丈,能把鹿、象等动物生吞入腹。我们取个中间数,按50丈计算,以周朝的长度计算,一丈约8尺,一尺约20厘米,50丈约合80米。到目前为止,我们所发现的最大的动物是恐龙,恐龙家族中的大块头是震龙,它身长52米,体重50多吨。震龙以吃草为主,这样的庞然大物简直就是巨型打草机!方圆几十里的山,几天就被它"扫荡"一遍。这是一条震龙,如果是几条呢?十几条呢?那岂不是一天要吃掉几个山头?没有吃的,震龙只有死路一条,所以,震龙在地球只生存了3400万年,大约13600万

年前就灭绝了。然而，4000年前的长蛇却比震龙相当，长的比震龙还长，如果它吃肉，那不就是个特大型的屠宰场嘛！它要想吃饱，一天不知有动物变成它的粪便。震龙饿死了，长蛇会独存吗？

当今世界上有一种"巨鸟"，长84米，翅膀展开88.74米，它往下一落，就把整个足球场覆盖了。这种巨鸟就是俄罗斯的"安—225"飞机，这种飞机额定载重量250吨，可同时容纳2000人，或运载8节火车厢。长蛇肯定不是飞机，可它会不会是蛇形宇宙飞船呢？目前，我们发现的UFO主要有两种，一种呈碟形，即飞碟；一种是棍形，即飞棍。我们常常把一列火车比为巨龙，可十几公里之外看火车，那不就是一根棍吗？如果这根棍飞起来，那不就是飞棍吗？

中华民族一直称自己是龙的传人，而古代的蛇与龙总是混为一谈，今天，我们仍称蛇为小龙。传统文化中，龙的外形是狮首、蛇身、鹰爪、鱼尾。如果把"狮首"看作是驾驶室，把"蛇身"看作是机舱，把"鹰爪"看作是起落架，把"鱼尾"看作是的尾翼，那龙不就是一条巨型的宇宙飞船吗？以地球人当时的语言，让他们描述"龙"，那就是盲人摸象。原始人虽然借助几种动物来形容龙的外形，但仍与真实的"龙"相差十万八千里。

近百米长的"龙"停在山上，我们的祖先不能靠近，只能远远地仰视，看不到"龙"的起落架，那"龙"不就是"长蛇"吗？

"无草木"，这么大的飞行器，喷射的火焰无异于炼钢炉，草木根本不可能长生；"其下多玉"，玉的硬度非常高，只有玉一样坚硬的道路才能适合它的起落；"四方"，大咸山被外星人削成四方形，以便于飞船的起落；"不可以上"就更好理解了，如此重要的地方地球人当然不能靠近；"其毛如彘豪"，长征系列火箭升空时，助推器喷出的火苗不就是一把"毛"吗？"其音如鼓柝"，就是"其音如鼓如柝"。"如鼓"，鼓声穿透力很强，能传得很远。"如柝"是说声音沉闷。这不就是火箭发射时的声音吗？

又北三百二十里，曰敦薨（hōng）之山，其上多棕、枬，其下多茈草。敦薨之水出焉，而西流注于泑泽。出于昆仑之东北隅，实惟河原。其中多赤鲑（guī）。其兽多兕、旄牛，其鸟多鸤鸠。

再往北三百二十里是敦薨山，山上是茂密的棕树和楠木树，山下紫草遍布。敦薨水发源于此，向西流入泑泽。敦薨水的源头实际在昆仑山的东北角，那里才是黄河之源。水中有大量的赤鲑。山中的动物常见母犀牛和牦牛，鸟类大多是布谷鸟。

《山海经》中，提到最多的动物是蛇，达100余次；提到最多的山是昆仑山，共21次，可见蛇与昆仑山的重要。

"赤鲑"就是河豚。大多数河豚体内都有毒素，同一种类的不同器官其毒性也有差异。冬春之间是河豚的产卵期，此时其肉味最美，但体中的毒素最多。

鸤鸠俗称布谷鸟。布谷鸟有润肠、通便、止咳、消除淋巴结核的功能。外星人在实验人体机能时必然要检验人的抗毒性，赤鲑鱼就是其中的一个选项。在对地球人进行实验时，难免会发生便秘、结核之类的疾病，布谷鸟的作用就显现出来了。

不过，《山海经》认为，布谷鸟是炎帝小女儿精卫死后的化身，后面的《北次三经》第21座山发鸠山就是"精卫传"。

又北二百里，曰少咸之山，无草木，多青碧。有兽焉，其状如牛，而赤身、人面、马足，名曰窫窳（yà yǔ），其音如婴儿，是食人。敦水出焉，东流注于雁门之水，其中多鲐鲐（péi）之鱼，食之杀人。

再往北二百里是少咸山，山上没有草木，青石、碧玉很多。山中有一种动物，外形像牛，红色的身子、人的面孔、马的蹄子，这就是窫窳。它发出的声音如婴儿啼哭，吃人。敦水发源于此，向东流入雁门水，水中有很多江豚，食用它就会中毒身亡。

传说窫窳本是天神，黄帝时代，蛇身人面的天神"贰负"在天神"危"的挑唆下杀死了窫窳。黄帝诛杀了危，重罚了贰负，又命天神把窫窳抬上昆仑山，几位巫师用不死之药救活了窫窳。窫窳起死回生，却神智错乱，掉进了昆仑山下的弱水河，结果变成了牛体、红毛、人脸、马足的猛兽，叫声如同婴儿啼哭。后羿时期，天上十日并出，窫窳跳上岸危害百姓，后羿将其射杀。

少咸山的红窫窳十分凶猛，其基因组合是牛、人、马。外星人有意让原始人与窫窳搏斗，以观察地球人的智慧和体力，场面如古罗马角斗场一样惊心动魄。无数地球人成了窫窳的美餐，以至窫窳威胁到外星人的安全，于是被射杀。

人体的抗毒实验又出现了，这就是鲱鲱鱼，鲱鲱鱼就是江豚，江豚与河豚是同一类鱼。

又北二百里，曰狱法之山。瀤（huái）泽之水出焉，而东北流注于泰泽。其中多鱳（zǎo）鱼，其状如鲤而鸡足，食之已疣。有兽焉，其状如犬而人面，善投，见人则笑，其名山㹂（hún），其行如风，见则天下大风。

再往北二百里是狱法山。瀤泽水发源于此，向东北流入泰泽。水中生长很多鱳鱼，外形与鲤鱼相似，却长着鸡爪子，人吃了就可治疗瘊子。山中一种动物，外形如狗却长着人的面孔，它擅长投掷，一看见人就笑，名叫山㹂，山㹂走路特别快，它一出现天下就发生风灾。

类似"食之已疣"的鱼类《山海经》中有3种，第一种是《北山经》求如山的"滑鱼"，"其状如鳝（shàn），赤背，其音如梧，食之已疣"；第二种是本节狱法山的"鱳（zǎo）鱼"，"其状如鲤而鸡足，食之已疣"；第三种是《东次四经》的旄山"鱃（xiū）鱼"，"其状如鲤而大首，食者不疣"。

疣就是瘊子，这种东西既不疼，也算不上是病，何况在那吃不饱、穿不暖的原始社会。所以"疣"应该是"忧"的笔误，"食"解释为"储备"。这几种鱼都是炮弹之类的武器。由于外星人之间发生了残酷战争，各方外星人进行军备竞赛，大量储备武器弹药。这类武器是像鱼雷一样水中发射。有了这种武器，外星人就可以高枕无忧了。

对地球人的风灾实验也是不可少的。山㹂像狗一样忠诚，像人一样机敏，而且行走如飞，遇到一些动物也可以投掷石块自卫，于是外星人将其驯化为风灾情报工作者。山㹂从一座山跑到另一座山，不辞辛劳，几次过后，地球人中的精明者发觉，只要山㹂出现，风灾实验就开始。

又北二百里，曰北岳之山，多枳棘刚木。有兽焉，其状如牛，而四角、人目、彘耳，其名曰诸怀，其音如鸣雁，是食人。诸怀之水出焉，而西流注于嚣水，其中多鮨（yì）鱼，鱼身而犬首，其音如婴儿，食之已狂。

再往北二百里是北岳山，山中遍布枳棘树和沙枣树，以及檀、柘一类木质坚硬的树木。山中有一种动物，外形如牛，头上四只角，人眼、猪耳，名叫诸怀，叫声如同大雁，吃人。诸怀水发源于这座山，向西流入嚣水，水中有很多鮨鱼，其形态是鱼的身子、狗的脑袋，叫声像婴儿啼哭，食用可治疗癫狂病。

由人、牛、猪基因组合而成的诸怀是食人的，它吃什么人呢？外星人不会让它吃身体强壮、对外星人有用的地球人，它吃的是应该是疯子、傻子等智障者。外星人进行各种实验，如此摧残地球人，地球人难免精神失常，变疯、变傻。开始他们还试图用鮨鱼医治，可是疯子、傻子越来越多，外星人就无暇顾及了，干脆喂诸怀算了。

又北百八十里，曰浑夕之山，无草木，多铜玉。嚣水出焉，而西北流注于海。有蛇一首两身，名曰肥遗，见则其国大旱。

再往北一百八十里是浑夕山，山上没有草木，铜和玉石储量丰富。嚣水发源于此，向西北流入大海。山中有一种蛇，一个脑袋，两个身子，其名叫肥遗，它出现在哪里，哪个国家就发生大旱灾。

《山海经》共500余座山，其中98座没有草木，奇怪吗？更奇怪的是这98座山58座有水或多水。稍有常识的人都知道，水草，有水之地纵然没有树，也必然有草。再说，没有草木，就没有食草动物；没有食草动物，就没有食肉动物。没有草木，必然没有昆虫；没有昆虫，连鸟都不会有。而现实中的蛇是食肉动物，在这种兔子不拉屎的地方，如果有蛇，蛇除了喝西北风就只喝东南风了。

其实，这种叫肥遗的蛇根本不是生活中的蛇，而是一种小型核武器，也许外星人担心擦枪走火，平时把这种武器拆开分装，一部分是弹头，一部分是弹身，一部分是弹尾。需要时把这种武器组装在一起。这种小型核武器腾空而起，拖着长长的火焰，这不是蛇吗？核武器落到哪里，哪里就是一片焦土，而我们的祖先却以为发生了大旱灾。

国的概念本来很小，商周时期，人们聚居的地方叫邑，《说文解字》中

解释说："邑，国也。"邑就是小村庄，小村庄就是国。那时表示"国家"这个概念用的是"邦"，如果说俄国，那就是俄罗斯邦；中国就是中邦；美国就是美邦。《史记·殷本纪》："周武王之东伐，至盟津，诸侯叛殷会周者八百。"也就是说，周武王伐商纣时，有八百多诸侯会盟于孟津，即八百多个国会盟。经过春秋到了战国，各诸侯之间相互攻伐，形成七个大国，即齐楚燕韩赵魏秦，国的概念变大了。秦统一六国，国才基本具备了今天的概念。

所以，文中说的"其国大旱"就是一个村庄发生大旱。

又北五十里，曰北单之山，无草木，多葱韭。

再往北五十里是北单山，山上没有草木，却生长着茂盛的野葱和野韭菜。

从古到今，此处的"葱韭"都被译为野葱和野韭菜。《现代汉语词典》把草解释为：高等植物中，除栽培植物以外的草本植物的统称。按此说法，如果葱和韭菜是野生的，那就是草；如果是人工栽培的，就不是草。显然，《山海经》作者没把北单山的"葱韭"当成是野生的。既然不是野生的，当然就是人工种植的。如果是人工种植的，会是谁种的呢？是地球人还是外星人？莫不是外星人把草铲了，把木伐了，再教地球人种菜？

又北百里，曰罴差之山，无草木，多马。
又北百八十里，曰北鲜之山，是多马。鲜水出焉，而西北流注于涂吾之水。

再往北一百里是罴差山，这座山没有草木，却有很多马。
再往北一百八十里是北鲜山，这里有很多马。鲜水发源于此，向西北流入涂吾水。

罴差山没有草木，却有很多马。我们不禁要问，这里的马吃什么？吃石头？你还别说，没准就是吃石头，因为此处的马是机械"马"，是类似三国时期的木牛流马，它们在为外星人运送矿石。

北鲜山的马也与之类似。

又北七十里,曰堤山,多马。有兽焉,其状如豹而文首,名曰猶(yǎo)。堤水出焉,而东流注于泰泽,其中多龙龟。

再往北一百七十里是堤山,山中有许多马,还有一种动物,外形如同豹子,只是脑袋上长有斑纹,名叫猶。堤水发源于此,向东流入泰泽,水中有很多龙龟。

猶长的什么模样,我不知道,生物学家也不知道,《山海经》中的动物绝大多数都是如此,现实生活中根本没有。如果书中对这种"莫须有"的动物只记载一两种,我们说是作者误记;三种五种,我们说是水怪山妖。然而,书中竟有怪兽145种、怪鸟85种、怪鱼51种、怪蛇9种、怪虫7种,总共297种!此外还有怪国93个。怪国里生活的都是怪人,要么一只眼,要么一只脚、一条胳膊,有的连肠子也没有……其实并不奇怪,它们是外星人实验出的残次品,生理上存在很大缺陷,物竞天择,被自然所淘汰。

我们是外星人实验出的灵性动物,是外星人的杰作,他们通过我们进行生物遗传工程实验,当然,也有一部分被带上了"天国"。由于我们生理机能稳定,繁殖能力强,抵御自然灾害能力强,绝大多数地球人留了下来。所以,外星人一直在监视我们,这就是UFO经常光顾地球的原因。

龙龟到底是什么动物呢?相传龙生九子,龙龟是其中之一。民间对龙生九子说法不尽相同,流传最广的是下面这种:

长子囚牛,喜音乐,立于琴头。一些琴上至今仍刻有龙头,俗称"龙头胡琴"。

次子睚眦(yá zì),样子像长了龙角的豺狼,怒目而视,双角向后紧贴背部。嗜杀喜斗,通常刻于刀环、剑柄等兵器或仪仗上,起威慑作用。

三子嘲风,样子像狗,平生好险,皇宫大殿上较为常见,不仅象征吉祥、美观和威严,还具有威慑妖魔、清除灾祸的寓意。

四子蒲牢,形状像龙,比龙小,喜音乐和鸣叫。据说蒲牢生活在海边,最怕鲸鱼。每每遇到鲸鱼时,蒲牢就大叫不止。于是,人们就将其形象置于钟上,并将撞钟的长木雕成鲸鱼状,以其撞钟,以求其声大而洪亮。

五子狻猊(suān ní),狻猊是狮子的别名,喜烟好坐,倚立于香炉腿上,是随佛教传入中国的。由于佛祖释迦牟尼有"无畏的狮子"之喻,人们将其安排佛的座下,或者雕在香炉上让其享用香火。狻猊也是文殊菩萨的坐骑。明清之际的石狮或铜狮颈下项圈中间的龙形饰物也是狻猊的形象，它使守卫大门的狮子像更显威严。

六子赑屃（bì xì），即"龙龟"。龙龟喜欢负重，一些石碑下的神兽就是龙龟。相传上古时，它常背起三山五岳兴风作浪，后被大禹收服，在大禹治水期间立下汗马功劳。龙龟和龟十分相似，不同的是龙龟有一排牙齿，龟却没有。龙龟又称石龟，是长寿和吉祥的象征。

七子狴犴（bì àn），样子像虎，好狱讼，人们将其刻铸在监狱门上，故民间有虎头牢的说法。相传它主持正义，明辨是非，因此也被安放在衙门大堂两侧，古代官员出巡的回避牌上画的也是狴犴。

八子负屃（xì），身似龙，庄重斯文，盘绕在石碑顶上或两侧。

九子螭（chī）吻，鱼形的龙，像剪了尾巴的蜥蜴，喜四处眺望。在佛经中，螭吻是雨神的坐骑，能灭火，所以把它安在屋脊两头，以示消灾。

凡北山经之首，自单狐之山至于隄山，凡二十五山，五千四百九十里，其神皆人面蛇身。其祠之：毛用一雄鸡彘瘗（yì），吉玉用一珪，瘗而不糈。其山北人，皆生食不火之物。

总计北方第一列山系，自单狐山到隄山，共二十五座，绵延五千四百九十里，诸山山神都是人的面孔蛇的身子。祭祀山神的方式是：选一只公鸡和一头猪，玉器用的是一块玉珪，将禽畜和玉器埋入地下，不用精糯米祭祀。住在诸山北面的人，吃的都是不经火烧煮的生食。

相传，中国人的始祖伏羲和女娲是一对兄妹，两个人都是人面蛇身，直到汉代，画像上的女娲和伏羲还是蛇体交缠的图案。

这是古人对蛇的崇拜，崇拜蛇大致有两个原因：一是蛇繁殖能力很强，这是对于女性繁殖能力的崇拜，世界各地都有多子多福的观念。二是人类天性怕蛇，古人以蛇来树立部落首领的权威。

当然这是指动物中的蛇，如果是蛇型飞船——飞棍，地球人经常看到外星人驾驶飞棍，像鹰一样在天空中翱翔，他们无比羡慕，从而形成了对蛇的崇拜。

第二节 北次二经

驿马根本就不吃草,更不吃肉,而是吃石头。对了,驿马根本就不是什么马,而是采矿机之类的机械。

北次二经之首,在河之东,其首枕汾,其名曰管涔(cén)之山。其上无木而多草,其下多玉。汾水出焉,而西流注于河。

又北二百五十里,曰少阳之山,其上多玉,其下多赤银①。酸水出焉,而东流注于汾水,其中多美赭②(zhě)。

北方第二列山系的第一座山在黄河之东,头枕汾水,名叫管涔山。山上没有树木,草的种类很多,山下玉石丰富。汾水发源于此,向西流入黄河。

再往北二百五十里是少阳山,山上盛产玉石,山下赤银矿藏丰富。酸水发源于此,向东流入汾水,水中有很多优质赭石。

两座山有个共同特点,就是玉石丰富。我们不禁要问,玉是什么?汉语大字典上称:"玉"的本义是王者腰部佩挂的美石。甲骨文"玉"字的写法很多,具有代表性是 ,专家认为,"玉"就像一根绳子串着一串玉石,其

---

① 赤银:纯银,这里指天然优质银矿石。
② 赭:即赭石,含铁的矿石。

本义是温润而有光泽的美石。《说文解字》上称：玉，石之美者。综合起来说，玉就是漂亮的石头。在矿物学上，玉分为硬玉和软玉，硬玉也称翡翠；软玉种类较多，按颜色可分为白玉、黄玉、青玉、碧玉、墨玉和糖玉。

《山海经》中关于玉的记载多达224处。如果把书中的"玉"字全算在内，达300多个，几乎占到全书总字数的百分之一。我们的祖先不厌其烦地记载玉，难道"玉"中有什么秘密？

玉的主要成分是钠、铝、硅、钙、镁、铁等金属元素。如果是天然的玉矿石，含有金属元素的种类就更多了。

少阳山不但有玉，还有优质的银矿和铁矿，更为奇特的是居然有酸水！学过冶炼金属的人都知道，冶炼金属必不可少的原料是酸，硫酸、盐酸，包括醋酸。真相大白了——外星人用玉冶炼金属，把大量的废酸倾倒水中，形成了酸水。

一批外星人提炼金属制造武器，与另一批外星人发生了惨烈的战争。这种武器是什么？其威力到底如何？战争的结果如何呢？请看一下段文字。

又北五十里，曰县雍之山，其上多玉，其下多铜，其兽多闾①（lǘ）麋，其鸟多白翟白䳑（yóu）。晋水出焉，而东南流注于汾水。其中多鮆（cǐ）鱼，其状如儵（tiáo）而赤鳞，其音如叱，食之不骄。

再往北五十里是县雍山，山上蕴藏着丰富的玉石，山下蕴藏着丰富的铜矿，山中的动物多是山驴和麋鹿；鸟类以白色的野鸡和白翰鸟居多。晋水发源于此，向东南流入汾水。水中生长很多鮆鱼，形似小儵鱼却长着红鳞，叫声如同人在斥责，食用可治狐臭。

我看的《山海经》有3个版本，此处的"食之不骄"都译为"吃了它的肉就不得狐臭"之类。如此一来，"骄"便是"狐臭"。可查遍《辞海》和《中华大词典》，也没找到"骄"有"狐臭"的意思。《说文解字》称："骄，马高六尺为骄。"噢，"骄"原是六尺高的马，引申为自满，自高自大，放纵。

在战争中，如果一方失去首都，失去军队，就会像老鼠一样四处躲藏，

---

① 闾：一种黑母羊，体形似驴，蹄子分瓣，角如同羚羊，也叫山驴。

他们就"骄"不起来了。外星人之间的战争也是这样,外星人A骄横无比,外星人B给外星人A吃了一通核武器,外星人A一下子成了霜打的茄子——蔫了。这对于外星人A来说不就是"食之不骄"嘛!

说到这,聪明的读者已经明白了,鳖鱼就是外星人的大规模杀伤武器,白翟、白鵺是常规武器,但没有使外星人A屈服,于是外星人B动用了"鳖鱼"。"间麋"应是为外星人B运送武器的交通工具。

这场惨烈的战争使4座山寸草不生,这就是下文的狐岐山、白沙山、尔是山和狂山。

又北二百里,曰狐岐之山,无草木,多青碧。胜水出焉,而东北流注于汾水,其中多苍玉。

又北三百五十里,曰白沙山,广员三百里,尽沙也,无草木鸟兽。鲔(wěi)水出于其上,潜于其下,是多白玉。

又北四百里,曰尔是之山,无草木,无水。

又北三百八十里,曰狂山,无草木。是山也,冬夏有雪。狂水出焉,而西流注于浮水,其中多美玉。

再往北二百里是狐岐山,山上没有草木,到处是青石碧玉。胜水发源于此,向东北流入汾水,水中有很多苍玉。

再往北三百五十里是白沙山,白沙山方圆三百里,全是个大沙丘,没有草木和飞禽走兽。鲔水发源于这座山的上半部,由石下潜流到山下,水中有很多白玉。

再往北四百里是尔是山,没有草木,也没有水。

再往北三百八十里是狂山,没有草木。这座山冬天夏天都有雪。狂水发源于此,向西流入浮水,水中有很多漂亮的玉石。

因为战争极端惨烈,致使4座山方圆1330里成了焦土,虽然其中3座山有水,但草木数年无法生长。

又北三百八十里,曰诸余之山,其上多铜玉,其下多松柏。诸余之水出焉,而东流注于旎水。

又北三百五十里,曰敦头之山,其上多金玉,无草木。旄水出焉,而东流注于印泽。其中多𤛑(bó)马,牛尾而白身,一角,其音如呼。

再往北三百八十里是诸余山,山上蕴藏着丰富的铜矿和玉石,山下松柏树茂密。诸余水从发源于此,向东流入旄水。

再往北三百五十里是敦头山,山上有丰富的金属矿和玉石,但没有草木。旄水发源于此,向东流入印泽。山中有很多𤛑马,这种动物白毛,独角,牛尾,发出的声音如同人在呼唤。

终于看到树木了,这就是诸余山。然而,350里外的敦头山却又没草木了,可是,没有草木𤛑马吃什么?没有吃的,𤛑马必然饿死。如果你要这么想就错了,𤛑马根本就不吃草,更不吃肉,而是吃石头。对了,𤛑马根本就不是什么马,而是采矿机之类的机械。由于外星人大规模采矿,这座山的生态遭到了严重破坏。

又北三百五十里,曰钩(gōu)吾之山,其上多玉,其下多铜。有兽焉,其状如羊身人面,其目在腋下,虎齿人爪,其音如婴儿,名曰狍鸮(páo xiāo),是食人。

再往北三百五十里是钩吾山,山上玉石丰富,山下铜矿丰富。山中有一种动物,羊的身子,人的面孔,眼睛长在腋窝下,有老虎一样的牙齿和人一样的脚趾,叫声如婴儿哭啼,这种动物叫狍鸮,吃人。

东晋著名学者郭璞点注了许多古书,《山海经》是其中之一,他在这段文字中注道:"为物贪惏,食人未尽,还害其身,像在夏鼎,《左传》所谓饕餮是也。"大意是说,狍鸮这种动物十分贪婪,它不但吃人,而且吃不完时还要把人身体咬碎,夏鼎上有这种动物的像,它就是《左传》里说的饕餮。饕餮常见于古代的祭器上,以示威严、不可触犯。

我们想象一下,如果把人、虎、狗、牛、羊的基因组合在一起,造出的会是个什么怪物?会不会是人首、虎齿、牛角呢?生物学家认为,这样的实验不难,但谁也不敢进行这样的实验,都怕实验出的动物真如饕餮一般,那天下人就离倒霉不远了。

又北三百里,曰北嚻之山,无石,其阳多碧,其阴多玉。有兽焉,其状如虎,而白身犬首,马尾彘鬣,名曰独狢(gú)。有鸟焉,其状如乌,人面,名曰𧔞鶋(bàn mào),宵飞而昼伏,食之已暍(yē)。涔(cén)水出焉,而东流注于邛(qióng)泽。

往北三百里是北嚻山,山中没有石头,山南碧玉丰富,山北普玉丰富。山中有一种动物,外形像老虎,白色的皮毛,狗一样的脑袋,马一样的尾巴,猪一样的鬣毛,这种动物叫独狢。山中有一种鸟,外形像乌鸦,却长着人的面孔,这种鸟叫𧔞鶋,它夜里飞行,白天睡觉,食用可以治疗中暑。涔水发源于此,向东流入邛泽。

独狢、𧔞鶋是怎样造出来的无须多说了。外星人以及为他们服务的地球人经常在野外工作,风吹日晒在所难免,尤其是炎热的夏天,中暑是常见病,𧔞鶋恰好有这种功能。

又北三百五十里,曰梁渠之山,无草木,多金玉。脩(xiū)水出焉,而东流注于雁门。其兽多居暨,其状如彙①(huì)而赤毛,其音如豚。有鸟焉,其状如夸父②,四翼、一目、犬尾,名曰嚻,其音如鹊,食之已腹痛,可以止㡿③(tòng)。

再往北三百五十里是梁渠山,此山没有草木,有丰富的金属矿和玉石矿。脩水发源于此,向东流入雁门河。山中最多的动物是居暨,居暨兽外形像彙,浑身红色,叫声跟猪相似。山中还有一种鸟,外形像举父鸟,四只翅膀,一只眼睛,狗一样的尾巴,名叫嚻。它的叫声与喜鹊相似,这种鸟可以治疗拉肚子。

---

① 彙:古籍上称,这种动物长得像老鼠,红色的毛硬得像刺猬身上的刺。
② 夸父:即前文所说的举父,一种长得像猕猴的动物。
③ 㡿:腹泻。

外星人在地球上进行物种实验时，对动物的基因或增或减，使动物的DNA发生突变，于是一种又一种怪物横空出世，如，把猪的基因注入到刺猬的DNA中，居暨兽出现了；把猴子和鸟的基因注入至狗的DNA中，蹋出现了。如此等等。我们的祖先不知其中的奥妙，但他们还是用手中的刀笔，把这些奇形怪状的动物记录下来。外星人造出这些怪物后，又开发其药用价值，他们因地制宜，利用这些动物的药理为他们和地球人治疗疾病，蹋就是外星人实验出的又一种对人类有益的动物。

又北四百里，曰姑灌之山，无草木。是山也，冬夏有雪。

又北三百八十里，曰湖灌之山，其阳多玉，其阴多碧，多马。湖灌之水出焉，而东流注于海，其中多鳝（shàn）。有木焉，其叶如柳而赤理。

再往北四百里是姑灌山，这里没有草木，姑灌山常年积雪。

再往北三百八十里是湖灌山，山南盛产玉石，山北盛产碧玉，这一带常有野马出没。湖灌水发源于此，东流入海，水中有很多鳝鱼。山里长着一种树，叶子像柳树，木纹却是红色的。

这两座山看不出外星人的足迹，或者说，虽然外星人进行了实验，但实验没有成功，没有培育出对人类、对外星人有益的动植物。

又北水行五百里，流沙三百里，至于洹（huán）山，其上多金玉。三桑生之，其树皆无枝，其高百仞，百果树生之。其下多怪蛇。

又北三百里，曰敦题之山，无草木，多金玉。是錞（chún）于北海。

从湖灌山往北，经五百里水路，三百里流沙，便到了洹山，山上蕴藏着丰富的金属矿和玉石，还有三棵桑树，这种树都不长枝杈，树高达百仞左右。山上还生长着各种果树。山下有很多怪蛇。

再往北三百里是敦题山，这里没有草木，却遍布金属矿藏和玉石。这座山坐落在北海岸边。

三桑即三棵桑树，传说中的神树，太阳就从这三棵神树下升起。后面的《海外北经》和《大荒北经》都提及此树，可见三桑的神奇。"三棵桑树"，"没有枝杈"，"高百仞"，"太阳从这里升起"！我们把这几个关键词连起来，这不就是卫星发射架吗？民间有十日并出的传说，上古时期，地球上特别冷，以致人类无法生存。天帝就命他的九个儿子——金色的乌鸦化为九颗太阳，与天帝一起共十颗太阳普照大地，人类才免于被冻死。如果我们把天帝解释成外星人，那九颗太阳，不就是人造卫星吗？

考古学家认为，第四纪冰期发展到顶峰的时候，地球有近一半的陆地被冰雪掩埋，地球上的原始生物大量灭绝。可见，地球上的严寒期是有的，这说明传说不是空穴来风。外星人要在地球上进行生物实验，对地球进行改造，同时拯救地球上的生命，这是可能的。面对地球生命濒临死亡，外星人发射九颗人造卫星，反射太阳的光，使地球温度升高。这对于地球人是神话，对于今天的科学界来说不是难事。

百果树的翻译有两种，一种认为百果树是树名，一种认为是许多种果树。不管它是百种树还是一种树，总之，树上是有果子的，既然有果子，就能为外星人及为外星人服务的原始地球人提供了食物。怪蛇是什么？在电视里，我们见卫星发射时，燃料拖着长长的尾巴在空中飞行，远远望去，那不就是蛇吗？可这种"蛇"就是很怪，一旦点火就会长出一倍，而且发着淡红色的光。

北海通常是指俄罗斯境内的贝加尔湖。

凡北次二经之首，自管涔之山至于敦题之山，凡十七山，五千六百九十里。其神皆蛇身人面。其祠：毛用一雄鸡、彘瘗；用一璧一珪，投而不糈。

总计北方第二列山系，自管涔山到敦题山止，共十七座山，绵延五千六百九十里。诸山山神都是蛇的身子人的面孔。祭祀山神之法：带毛的动物祭品选一只公鸡和一头猪，两种动物一起埋入地下；在祀神的玉器中，选一块玉璧和一块玉珪，然后一起投向山中。祭祀不用精米。

此处的祭祀方式与上一节大致相同。

第三节 北次三经

猰之所以能在没草、没树、没水的乾山上生存,因为它既不食草,也不食肉,甚至也不喝水。聪明的你已经明白了,它是一种用于运送矿石的车,就像诸葛亮牌木牛流马。

~~~~~~~~~~~~~~~~~~~~

北次三经之首,曰太行之山。其首曰归山,其上有金玉,其下有碧。有兽焉,其状如麢(líng)羊而四角,马尾而有距①,其名曰䮝(huī),善还(xuán),其名自䚯(jiào)。有鸟焉,其状如鹊,白身、赤尾、六足,其名曰䳒(bēn),是善惊,其鸣自詨(jiào)。

北方第三列山系之首是太行山。太行山的起点叫归山,山上可见金属矿和玉石,山下可见碧玉。山中有种动物,形体像羚羊,四只角,马尾巴,有鸡一样的趾,其名称䮝。这种动物善于旋转起舞,它的叫声就是它的名字。山中还有一种鸟,形体犹如喜鹊,白身,红尾,六只脚,名叫䳒,䳒鸟反应机敏,叫声就是它的名字。

北次三经中的山遍布外星人的实验场,这里进行了大量的动物、植物实验。归山的䮝和䳒鸟就是其中的两种。

---

① 距:禽类爪子上面突出的像脚趾的东西。

又东北二百里,曰龙侯之山,无草木,多金玉。决(jué)之水出焉,而东流注于河。其中多人鱼,其状如鯑(tí)鱼,四足,其音如婴儿,食之无痴疾。

再往东北二百里是龙侯山,山中没有草木,却有丰富的金属矿和玉石。决水发源于此,向东流入黄河。水中有很多美人鱼,形体像鯑鱼,四只脚,叫声像婴儿哭啼,食用可以预防疯癫病。

《山海经》中有个现象,凡是没有草木的山都有丰富的矿藏。今天,我们不长草木的山越来越多,为什么?因为不是卖给了煤老板,就是卖给了铁老板,要不就是金老板……这些老板们把山翻个底朝天,生态遭到严重破坏,草木在这些地方都被斩草除根了。龙侯山也是这样,不过外星人在这座山里还做了好事,他们实验出了治疗癫狂病的偏方——鯑鱼。当地球人被外星人抓去做实验时,他们失去了自由,就像狱中的囚犯,久之,他们的精神崩溃了。为了把实验进行下去,外星人实验出了治疗这种病的鯑鱼。这种长着四只脚,如婴儿叫的鱼到底是什么鱼,我不知道,世界各国的学者也没人知道。

又东北二百里,曰马成之山,其上多文石,其阴多金玉。有兽焉,其状如白犬而黑头,见人则飞,其名曰天马,其鸣自訆。有鸟焉,其状如乌,首白而身青、足黄,是名曰鶌鶋(jué jū),其鸣自詨(jiào),食之不饥,可以已寓[①]。

再往东北二百里是马成山,山上盛产有纹理的石料,山北有丰富的金属矿和玉石矿。山里有种动物,形体像白毛狗,只是长着黑头,一看见人就腾空而起,名叫天马,它的叫声就是它的名字。山中还有一种鸟,形体像乌鸦,白头、青身、黄色的爪子,名叫鶌鶋,它的叫声就是它的名字,食用使人不感觉饥饿,还可以医治老年健忘症。

专家学者们通常把"见人则飞"译为"见到人就飞"。我们变一下,"见"在古代也读xiàn,是"出现"的意思。"见人则飞"就是"一出现人就飞",即

---

① 寓:即健忘症。

人一出现，天马就飞上了天。

一架直升机停在地上，飞行员走向飞机，片刻，飞机腾空而起。你清楚了吧？这里的人是飞行员，不是旁观者。"天马"非马也，此乃外星人的小型飞船。外星人分散在华夏大地，甚至是世界各地，他们的生活用品和机械配件必然需要配送，"天马号"担当的就是这项工作。鶌鶋是外星人实验出的新物种，它的肉就像牛肉一样，吃了可以很长时间不饿，而且还可以治疗健忘症。

又东北七十里，曰咸山，其上有玉，其下多铜，是多松柏，草多茈草。条菅之水出焉，而西南流注于长泽。其中多器酸，三岁一成，食之已疠。

再往东北七十里是咸山，山上有玉石矿，山下盛产铜，这里松柏遍布，紫草繁茂。条菅水发源于此，向西南流入长泽。水中常见一种叫器酸的植物，每三年收成一次，食用可以治愈麻风病。

外星人在水中的实验也不少，器酸就是其中之一。麻风病是一种全身溃烂、毁容残肢的疾病，历史上，世界范围内都有过病例，甚至《圣经》里也曾提到过麻风病。儿童最容易患这种病。1873年，人类发现了麻风杆菌，并确认是它导致了麻风病。直到20世纪40年代初，磺胺应用于医学界，才有了治愈麻风病的方法。目前世界上仍有1000万~1500万麻风患者，主要分布在非洲、亚洲和拉丁美洲的热带地区。然而，在人类蒙昧的4000年前，就有了治愈麻风病的器酸，是不是太神奇了？这岂是地球人所为？

又东北二百里，曰天池之山，其上无草木，多文石。有兽焉，其状如兔而鼠首，以其背飞，其名曰飞鼠。渑水出焉，潜于其下，其中多黄垩（è）。

再往东北二百里是天池山，山上没有草木，却遍布带有花纹的矿石。山中有一种动物，形体像兔子，却长着老鼠一样的脑袋，而且凭借后背飞行，这就是飞鼠。渑水发源于此，潜流到山下，水中有很多黄垩土。

飞鼠一般认为是鼯鼠，鼯鼠的粪便是中药五灵脂，主治妇女月经不调、

痛经、闭经、产后瘀血，还可用于治疗胃痛、心绞痛，以及蛇、蝎咬伤等。民间的"飞虎酒"就是用鼯鼠浸制而成，这种酒对腰骨酸痛、产后腰痛、关节痛、头风痛等均有疗效。不但如此，其尿液也可入药，鼯鼠真可谓宝鼠。《山海经》中，无论写什么都很简捷，对药用价值也是如此，下面又记了一种可以入药的动物：

又东三百里，曰阳山，其上多玉，其下多金铜。有兽焉，其状如牛而赤尾，其颈䴈（shén），其状如句（gōu）瞿，其名曰领胡，其鸣自詨，食之已狂。有鸟焉，其状如雌雉，而五采以文，是自为牝牡，名曰象蛇，其鸣自詨。留水出焉，而南流注于河。其中有鮯（xiàn）父之鱼，其状如鲋鱼，鱼首而彘身，食之已呕。

再往东三百里是阳山，山上有丰富的玉石，山下有丰富的金属矿，主要是铜。山中有一种动物，形体如牛，红尾巴，脖子长有肉瘤，这种动物叫领胡，它的叫声就是它的名字，食用可治癫狂症。山中还有一种鸟，形体如雌性野鸡，身上长有五彩斑斓的花纹，这种鸟自身拥有雄雌二种性器官，名叫象蛇，人们以它的叫声称呼它。留水发源于此，向南流入黄河。水中生长着鮯父鱼，形体如同鲫鱼，却是鱼头猪身，食用可治疗呕吐。

地球上高等级动物不会出现雌雄同体现象，凡是雌雄同体的动物，要么是像蚯蚓一类的低等级动物，要么是基因突变。而象蛇这种鸟自身却有两种生殖系统，可能吗？从遗传学来讲，人类可以制造出这种鸟，不过，我倾向于像前文所说的鹖鸰，象蛇应该是一种威力较强的防御武器，用以保护阳山这个实验基地不被另一批外星人攻击。所谓的"自为牝牡"就是弹头和弹体平时是分开的，以避免因地震等突发事件发生爆炸，这是各国军队的通常做法。一旦发生紧急情况，即可把弹头和弹体安装在一起，迅速投入战斗。

猪身鱼首的鮯父鱼，是外星人在水中实验出的动物，具有治疗晕船之类的不适之症。

又东三百五十里，曰贲闻之山，其上多苍玉，其下多黄垩，多涅石。

又北百里，曰王屋之山，是多石。㳋（niǎn）水出焉，而西北流于泰泽。

又东北三百里，曰教山，其上多玉而无石。教水出焉，西流注于河，是水冬干而夏流，实惟干河。其中有两山，是山也，广员三百步，其名曰发丸之山，其上有金玉。

再往东三百五十里贲闻山，山上盛产苍玉，山下黄垩土遍布，山中还有许多石矾。

再往北一百里是王屋山，这里到处是石头。㳋水发源于这里，向西北流入泰泽。

再往东北三百里是教山，山上有丰富的玉矿而没有别的石头。教水发源于此，向西流入黄河。这是一条季节性河流，冬天干涸，夏天流水，其实就是一条干河床。教水的河道中有两座小山，方圆三百步左右，名叫发丸山，小山上有丰富的金属矿和玉石矿。

涅石就是矾石，也称石矾，药用价值很高，李时珍在《本草纲目》中记载了它的四项功能。

王屋山到处是石头，那是什么石头？很可能是外星人开采的矿石。

"其中有两山，是山也，广员三百步，其名曰发丸之山，其上有金玉"，两座山，只有一个名字，为什么呢？对了，因为这本是一座山，是一个"弹丸"将其炸开，形成了两座，所以，两座山都叫发丸山。

又南三百里，曰景山，南望盐贩之泽，北望少泽。其上多草、藷藇①（shǔ yù），其草多秦椒②，其阴多赭，其阳多玉。有鸟焉，其状如蛇，而四翼、六目、三足，名曰酸与，其鸣自詨，见则其邑有恐。

再往南三百里是景山，这里南瞰盐贩泽，北览少泽。山上野草和薯蓣（shǔ yù）遍布，野草以辣椒居多。山北赭石丰富，山南玉石丰富。山里有

---

① 藷藇：即"薯蓣"，后文也称藷藇，俗称山药。山药不但是食品，还有健脾益胃，滋肾益精，降低血糖，益志安神等作用。

② 秦椒：辣椒的一种，是辣椒中的佳品，主治饮少尿多、口疮、牙齿风痛等。

一种鸟,形体像蛇,却长有四只翅膀、六只眼睛、三只脚,名叫酸与。这种鸟的叫声便是它的名字,酸与出现在哪里,哪里就会发生令人恐怖的事情。

《山海经》中所载的植物,几乎都可以入药,传说中的神农尝百草就发生在那个年代。酸与不是鸟,而是一种炮弹之类的武器。这种弹下面有三个脚,弹体有四个翼,弹头有六个眼儿,也就是六个引信。酸与一旦爆炸,地球人惊恐万状。

又东南三百二十里,曰孟门之山,其上多苍玉,多金,其下多黄垩,多涅石。

又东南三百二十里,曰平山,平水出于其上,潜于其下,是多美玉。

又东二百里,曰京山,有美玉,多漆木,多竹,其阳有赤铜,其阴有玄𡼾①(sǔ)。高水出焉,南流注于河。

又东二百里,曰虫尾之山,其上多金玉,其下多竹,多青碧。丹水出焉,南流注于河。薄水出焉,而东南流注于黄泽。

再往东南三百二十里是孟门山,山上有丰富的苍玉和金属矿,山下多见黄垩土和石矾。

再往东南三百二十里是平山,平水发源于山上,经石头之下流到山脚,水中有很多精美的玉石。

再往东二百里是京山,山中有美玉,多漆树和竹子,山南有丰富的赤铜,山北有丰富的黑色磨刀石。高水发源于这里,向南流入黄河。

再往东二百里是虫尾山,山上有丰富的金属矿和玉石,山下遍布竹林以及青石碧玉。丹水发源于此,向南流入黄河。薄水也发源于这里,向东南流入黄泽。

这四座山外星人的足迹不明显,也没有记载什么实验,主要说的是矿藏。矿藏对于外星人研究地球的形成和演化意义重大。

又东三百里,曰彭𪖴(pí)之山,其上无草木,多金玉,其下多水。

① 玄𡼾:即"砥石",也称磨刀石。

蚤(zǎo)林之水出焉,东南流注于河。肥水出焉,而南流注于床水,其中多肥遗之蛇。

再往东三百里是彭毗山,山上没有草木,有丰富的金属矿和玉石,山下水系丰富。蚤林水发源于此,向东南流入黄河。肥水也发源于这里,向南流入床水,水中有很多叫做肥遗的蛇。

有一种肥遗,"有鸟焉,其状如鹑,黄身而赤喙,其名曰肥遗,食之已疠,可以杀虫。"还一种是肥蠖(yí):"又西六十里,曰太华之山,削成而四方,其高五千仞,其广十里,鸟兽莫居。有蛇焉,名曰肥蠖,六足四翼,见则天下大旱。"此处的肥遗应是肥蠖的误写,是信号弹。

又东百八十里,曰小侯之山。明漳之水出焉,南流注于黄泽。有鸟焉,其状如乌而白文,名曰鸪鹊(gū xī),食之不灂①(jiào)。

再往东一百八十里是小侯山,明漳水发源于此,向南流入黄泽。山中有一种鸟,形状像乌鸦却长着白色的斑纹,名叫鸪鹊,食用可使人的眼睛明亮,不昏花。

这又是外星人实验出的具有药用价值的鸟。

又东三百七十里,曰泰头之山。共水出焉,南注于虖(hū)池。其上多金玉,其下多竹箭。

再往东三百七十里是泰头山。共水发源于此,向南流入虖池水。山上有丰富的金属矿和玉石,山下到处是小竹丛。

此处的箭,是一较小的竹子,质地坚硬可做箭矢。《山海经》中的特点是,只要没有奇怪的动物,山中必有矿物,可见矿藏在书中的分量。

---

① 灂:眼睛模糊、昏花。

又东北二百里,曰轩辕之山,其上多铜,其下多竹。有鸟焉,其状如枭而白首,其名曰黄鸟,其鸣自詨,食之不妒。

再往东北二百里是轩辕山。山上铜矿丰富,山下竹子很多。山中有一种鸟,形体如猫头鹰,却长着白色的脑袋,名叫黄鸟。黄鸟的叫声就是它的名称,食用可使人不生妒心。

怪兽也好,怪鸟、怪鱼也罢,《山海经》中通常都是"食之"可能治疗什么什么病。治病在上古时期不但对地球人非常重要,对外星人也非常重要。此所谓人吃五谷杂粮,没有不生病的,尤其是外星人,他们远离故土,所能带的药品肯定不会多,一旦生病,就必须寻找医治的方法。因此,很可能他们让地球人先吃下他们实验出的这些"生物药",以观察其药效。本段中的黄鸟也是其中之一。

又北二百里,曰谒戾之山,其上多松柏,有金玉。沁水出焉,南流注于河。其东有林焉,名曰丹林。丹林之水出焉,南流注于河。婴侯之水出焉,北流注于汜(fàn)水。

东三百里,曰沮洳(jù rù)之山,无草木,有金玉。濝(qí)水出焉,南流注于河。

再往北二百里是谒戾山,山上以松柏树居多,有丰富的金属矿和玉石矿。沁水发源于此,向南流入黄河。在这座山的东面有一片树林,名叫丹林。丹林水发源于这里,向南流入黄河。婴侯水也发源于此,向北流入汜水。汜古同"泛"。

往东三百里是沮洳山,这座山没有草木,有金属矿和玉石。濝水发源于此,向南流入黄河。

这两座山的记载简单而又模糊。

又北三百里,曰神囷(qūn)之山,其上有文石,其下有白蛇,有飞虫。黄水出焉,而东流注于洹。滏水出焉,而东流注于欧水。

再往北三百里是神囷山，山上有带花纹的矿石，山下有白蛇，有飞虫。黄水发源于此，向东流入洹水。滏水也发源于这座山，向东流入欧水。

从古到今，学者们都认为这里的"飞虫"是指蠓、蚊之类的小昆虫。这种理解不能说错，因为"外星人"这个词至今诞生还不过百年，而且是从国外翻译的"进口货"，我国关于外星人的探讨兴起于20世纪80年代。前面我们说了，《山海经》中的蛇多数是外星人的大型飞船，"飞虫"其实就是不同类型的飞船。

又北二百里，曰发鸠之山，其上多柘（zhè）木。有鸟焉，其状如乌，文首、白喙、赤足，名曰精卫，其鸣自詨。是炎帝之少女，名曰女娃。女娃游于东海，溺而不返，故为精卫，常衔西山之木石，以堙（yīn）于东海。漳水出焉，东流注于河。

再往北二百里是发鸠山，山上有很多柘树。山中有一种鸟，形体像乌鸦，头上有斑纹，白嘴，红爪，名叫精卫，它的叫声就是它的名字。精卫鸟本是炎帝的小女儿，名叫女娃。女娃到东海游玩，淹死在水中尸体没有运回，就变成了精卫鸟。精卫常常衔着西山的木料和石料填东海。漳水发源于此，向东流入黄河。

我们来讲一则故事：一艘航空母舰遭到重创，因为联系不上自己的军队，在万般无奈之际，司令员只能下令拆毁舰上被炸毁的飞机和小艇，拼装成一架直升飞机。这架直升机往来于陆地和大海之间，在战争的废墟中找一些部件，一次又一次地运到航空母舰上，以修复航空母舰。

古人没见过飞机，更没见过航空母舰，就算让几个古人复活，他们看到飞机、飞船时，也会将其当成大鸟。对于航空母舰，他们很可能认为是个会移动的岛。毋庸置疑，在古人看来，钢管铁架是就"木"，各种零件就是"石"。几千年来，精卫这架外星人的小型飞机，就是这样被我们先人误解的。

又东北百二十里，曰少山，其上有金玉，其下有铜。清漳之水出焉，东流于浊漳之水。

又东北二百里,曰锡山,其上多玉,其下有砥。牛首之水出焉,而东流注于滏水。

又北二百里,曰景山,有美玉。景水出焉,东南流注于海泽。

又北百里,曰题首之山,有玉焉,多石,无水。

再往东北一百二十里是少山,山上有金属矿和玉石,山下有铜矿。清漳水发源于此,向东流入浊漳水。

再往东北二百里是锡山,山上有玉矿,山下有磨刀石。牛首水发源于此,向东流入滏水。

再往北二百里是景山,山上出产优质玉石,景水发源于此,向东南流入海泽。

再往北一百里是题首山,山中有玉石矿,还有许多石头,但没有水。

这四座山只记录了矿藏和水系,别的什么都没说,会不会与发鸠山"填海"的精卫有关系?因为核战,这四座山化为焦土,但山上的飞行器遗骸尚在,"精卫"用的这四座山上被摧毁的飞行器部件来"填海",即维修海中的航空母舰。

还有一个重要问题,就是"砥"。砥是磨刀石,书中不止一次记载磨刀石,莫不是外星人是卖刀的?

磨刀石的主要成分是:石英65%以上,黏土10%左右,铁13%左右,其他杂物10%左右。石英是一种无机矿,主要成分是二氧化硅(SiO_2),常含有少量的Al_2O_3、CaO、MgO。石英块又名硅石,是耐火材料和炼制硅铁的主要原料。难道外星人在寻找耐火材料?

又北百里,曰绣山,其上有玉、青碧,其木多栒①(xún),其草多芍药②、芎䓖③(xiōng qióng)。洧(wěi)水出焉,而东流注于河,其中有鳠④(hù)、

---

① 栒:即"栒树",古人常用树干部分的木材制作拐杖。
② 芍药:有白芍和赤芍,白芍的根是镇痉、镇痛、通经的良药。赤芍的根有散瘀、活血、止痛、泻肝火之效。
③ 芎䓖:有活血祛瘀、祛风止痛功效。
④ 鳠:鳠鱼,体态较细,灰褐色,头扁平,背鳍、胸鳍相对有一硬刺,后缘有锯齿,肉质细嫩,为食用鱼类。

黾①（měng）。

再往北一百里是绣山，山上有玉石和青色碧玉，山中的树木大多是枸树，草类主要是芍药、芎䓖。洧水发源于此，向东流入黄河，水中有鳡鱼和黾蛙。

在一次空战中，一架外星人的飞行器被敌方击毁，飞行器上的人员跳伞落到一座山上，他们用枸木做拐杖，用芍药和芎䓖止痛化瘀，捕捞鳡鱼、黾蛙充饥……这就是绣山。

又北百二十里，曰松山。阳水出焉，东北流注于河。
又北百二十里，曰敦与之山，其上无草木，有金玉。溹（suǒ）水出于其阳，而东流注于泰陆之水；泜（zhī）水出于其阴，而东流注于彭水；槐水出焉，而东流注泜泽。

再往北一百二十里是松山，阳水发源于此，向东北流入黄河。
再往北一百二十里是敦与山，山上没有草木，有金属矿和玉石矿。溹水发源于山的南面，向东流入泰陆水；泜水发源于山的北面，向东流入彭水；槐水也发源于这座山，向东流入泜泽。

在外星人探矿中，松山的矿藏没有开采价值，敦与山因开采而造成环境破坏，山上的树木全被砍伐，连草都看不到了。

又北百七十里，曰柘山，其阳有金玉，其阴有铁。历聚之水出焉，而北流注于洧水。
又北三百里，曰维龙之山，其上有碧玉，其阳有金，其阴有铁。肥水出焉，而东流注于皋泽，其中多礨（lěi）石。敞铁之水出焉，而北流注于大泽。
又北百八十里，曰白马之山，其阳多石玉，其阴多铁，多赤铜。木马之水出焉，而东北流注于滹沱（hū tuó）。

---

① 黾：蛙的一种，形体同虾蟆相似，皮肤青色，可以食用。

再往北一百七十里是柘山,山南有金属矿和玉石,山北有铁矿。历聚水发源于此,向北流入洧水。

再往北三百里是维龙山,山上有碧玉矿,山南有金属矿,山北有铁矿。肥水发源于此,向东流入皋泽,水中有很多高耸的大石头。敞铁水发源于此,向北流入大泽。

再往北一百八十里是白马山,山南有很多石头和玉石,山北有丰富的铁矿和红铜矿。木马水发源于此,向东北流入虖沱河。

这三座山有个共性,就是矿藏丰富,主要是铁。有铁就有钢,外星人的飞船是否需要钢铁不得而知,但钢铁在战争的作用至关重要。

又北二百里,曰空桑之山,无草木,冬夏有雪。空桑之水出焉,东流注于虖沱。

再往北二百里是空桑山,这座山没有草木,常年积雪。空桑水发源于此,向东流入虖沱河。

这里看不到外星人的足迹。

又北三百里,曰泰戏之山,无草木,多金玉。有兽焉,其状如羊,一角一目,目在耳后,其名曰辣辣(dòng),其鸣自訆。虖沱之水出焉,而东流注于溇(lóu)水。液女之水出于其阳,南流注于沁水。

再往北三百里是泰戏山,没有草木,却有丰富的金属矿和玉矿。山中有一种动物,形体如羊,却长着一只角,一只眼睛,眼睛长在耳朵后面,这种动物叫辣辣,它的叫声便是它的名字。虖沱水发源于此,向东流入溇水。液女水发源于这座山的南面,向南流入沁水。

没有草木便没有草食动物,没有草食动物就没有肉食动物,这就是我们平时所说的生物链。不管辣辣是肉食动物还是草食动物,在这座不长草的山上,它吃什么呢?看来,它只有吃石头了。什么能吃石头呢?动物肯定不能,只有机械。显然涑涑是外星人冶炼矿石的机械。

又北三百里，曰石山，多藏金玉。濩濩（huò）之水出焉，而东流注于虖沱；鲜于之水出焉，而南流注于虖沱。

又北二百里，曰童戎之山。皋涂之水出焉，而东流注于溇液水。

又北三百里，曰高是之山。滋水出焉，而南流注于虖沱。其木多棕，其草多条。滱（kòu）水出焉，东流注于河。

又北三百里，曰陆山，多美玉。䢴（tán）水出焉，而东流注于河。

又北二百里，曰沂（qí）山。般（pán）水出焉，而东流注于河。

北百二十里，曰燕山，多婴石。燕水出焉，东流注于河。

再往北三百里是石山，山中有丰富的金属矿和玉石。濩濩水发源于此，向东流入虖沱水；鲜于水也发源于此，向南流入虖沱水。

再往北二百里是童戎山，皋涂水发源于此，向东流入溇液水。

再往北三百里是高是山，滋水发源于此，向南流入虖沱水。山中的树木以棕树居多，草以条草居多。滱水发源于此，向东流入黄河。

再往北三百里是陆山，山中有丰富的优良玉石。䢴水发源于此，向东流入黄河。

再往北二百里是沂山，般水发源于此，向东流入黄河。

往北一百二十里是燕山，山中以婴石居多。燕水发源于此，向东流入黄河。

这六座山记载简单，可能是山上的矿藏品相一般，没有开采价值。婴石是一种像玉一样湿润而又带有彩色条纹的石头，今人说不清楚到底是什么石头。

又北山行五百里，水行五百里，至于饶山。是无草木，多瑶、碧，其兽多橐（tuó）驼，其鸟多鹠（liú）。历虢（guó）之水出焉，而东流注于河，其中有师鱼[①]，食之杀人。

再往北走五百里山路，五百里水路，便到了饶山。这座山没有草木，却有很

[①] 师鱼：即前面所说的鲵鱼。

多瑶石和碧玉，山中的动物以骆驼居多，鸟类以鹅鹠鸟居多。历虢水发源于此，向东流入黄河。水中有师鱼，人吃了这种鱼就会中毒而死。

又是一座有水没草木却有很多动物的山，这是不可能的，没有食物，什么动物也要被饿死。要么是《山海经》记错了，要么是外星人开发这座山之前的情景——当外星人开矿时，这些动物不是被宰杀就是受惊而走。

又北四百里，曰乾山，无草木，其阳有金玉，其阴有铁，而无水。有兽焉，其状如牛而三足，其名曰獂（huán）其鸣自詨。

再往北四百里是乾山，山中没有草木，山南有金属矿和玉石矿，山北有铁矿，但没有水流。山中有一种动物，形体像牛却长着三只脚，名叫獂，它的叫声就是它的名字。

獂之所以能在没草、没树、没水的乾山上生存，因为它既不食草，也不食肉，甚至也不喝水。聪明的你已经明白了，它是一种用于运送矿石的车，就像诸葛亮牌木牛流马。

又北五百里，曰伦山。伦水出焉，而东流注于河。有兽焉，其状如麋，其川①在尾上，其名曰罴。

再往北五百里是伦山，伦水发源于此，向东流入黄河。山中有一种动物，形状犹如麋鹿，奇怪的是肛门长在尾巴上，这种动物叫罴。

天下间有肛门长在尾巴上的动物吗？绝对没有！可是，如果把汽车、摩托车的排气管视为尾巴，那肛门不就长在尾巴上吗？所以说这种"罴"不是传统意义上的动物，而是外星人的机械。

又北五百里，曰碣石之山。绳水出焉，而东流注于河，其中多蒲夷之鱼。其

---

① 川：古同"窍"。上窍：耳目鼻口；下窍：前阴后阴。这里的窍是指后阴，即肛门。

上有玉，其下多青碧。

再往北五百里是碣石山，绳水发源于此，向东流入黄河，水中有很多蒲夷鱼。山上有玉矿，山下有很多青碧。

蒲夷之鱼即《西山经》中所说的冉遗鱼，"英鞮（dī）之山，上多漆木，下多金玉，鸟兽尽白。涴水出焉，而北流注于陵羊之泽。是多冉遗之鱼，鱼身蛇首六足，其目如马耳，食之使人不眯，可以御凶。"

冉遗不是鱼，而是一种水中发射的导弹之类的武器。前面我们已经详细讲过了。

又北水行五百里，至于雁门之山，无草木。

再往北行五百里水路，便到了雁门山，这里没有草木。

雁门山看不到外星人的痕迹。

又北水行四百里，至于泰泽。其中有山焉，曰帝都之山，广员百里，无草木，有金玉。

再往北行四百里水路，便到了泰泽。泰泽中屹立着一座山，叫做帝都山，方圆百里，不生长草木，有金属矿和玉石。

泰泽是一个湖，帝都山就在湖中，山上居然没有草木，太奇怪了！其实也不奇怪，让我们分析一下"帝都山"这个词，"帝"是什么？是拥有最高权力的人；"都"是什么？"都"是都城。这就明白了，帝都山不是山，而是一座城，一座水中的城。这不就是航空母舰吗？这不就是外星人在地球上的一个指挥中心吗？航空母舰当然不长草木。在太阳照耀下，舰上的金属闪闪发光，远远望去，蒙昧的原始人既不知其然，也不知其所以然，于是就把这当成了金和玉。

又北五百里,曰錞(duì)于毋(wú)逢之山,北望鸡号之山,其风如飇(lì)。西望幽都之山,浴水出焉。是有大蛇,赤首白身,其音如牛,见则其邑大旱。

再往北五百里是錞于毋逢山,此山北面鸡号山,那里刮出强劲的风。西边是幽都山,浴水发源于此。幽都山中有种大蛇,红色的脑袋,白色的身子,发出的声音如牛叫,它在哪个地方出现,哪里就会有大旱灾。

錞于毋逢山和鸡号山应该有段距离,然而,鸡号山刮出的风到了錞于毋逢山仍很猛,可见鸡号山的风是何等强劲。山是挡风的,怎么会刮出风呢?空军地勤兵是保障战斗机上天的,可一旦下雪,飞机无法起飞,这就需要除雪。如果雪太大,场务连就用飞机发动机吹雪。飞机发动机喷出的风特别大,二三十米内站不住人。如果飞机起飞,发动机喷出的气流不知要比吹雪大多少倍。这是不是鸡号山的飇风呢?

再说幽都山上的大蛇,《山海经》没说这种大蛇到底有多大,只说它叫声如牛,显然这种大蛇不是一般的大。这种大蛇应该是一种小型核武器。在外星人之间的战争中,它在哪里爆炸,那里就是一片焦土。这就是所谓的"见则其邑大旱"。

凡北次三经之首,自太行之山以至于无(毋)逢之山,凡四十六山,万二千三百五十里。其神状皆马身而人面者廿神。其祠之,皆用一藻茝(chǎi)瘗(yì)之。其十四神状皆彘身而载玉。其祠之,皆玉,不瘗。其十神状皆彘身而八足蛇尾。其祠之,皆用一璧瘗之。大凡四十四神,皆用稌(tú)糯米祠之。此皆不火食。

总计北方第三列山系,自太行山到錞于毋逢山,共四十六座,绵延一万二千三百五十里。这四十六座山的山神中,长着马身人面的有二十位。祭祀这二十位神仙时,都是把藻和白芷之类的香草埋入地下。另外十四座山神的体形都是猪一样的身形,佩戴着玉制饰品。祭祀这十四位山神都用玉器,不埋入地下。剩下那十座山神的形体是猪一样的身子,有八只脚,蛇一样的尾巴。祭祀这十位山神时,把一块玉璧埋入地下。供奉这四十四位神,都用精糯米。参加祭祀活动的人，不能吃用火加工过的食物。

46位山神中，马身人面20尊，猪身14尊，猪身八足蛇尾10尊。这是神吗？不是。这里的"神"应为"神秘之物"，是外星人的汽车之类的运载工具，只不过原始人把这"汽车"或比为马，或比为猪，造成了后人的误判。为什么地球人要祭祀这些"汽车"呢？在我国，凡大型工程开工，所有的车辆都披红挂彩，这里的祭祀就相当于大型工程开工现场。

北方第三山系自归山到錞于毋逢山，实际47座山，绵延12440里。而书中却说46山，12350里。山多出1座，里程比实际少了90里。

右北经之山志，凡八十七山，二万三千二百三十里。

以上是北方山系的记录，总共八十七座山，二万三千二百三十里。

第四卷 东山经

一些原始地球人充当外星人的服务生，这些服务生在给外星人服务的同时，也与地球人接触。可是那些地球人茹毛饮血，卫生条件很差，得瘟疫在所难免。服务生们得了瘟疫，又把瘟疫传染给外星人。箴鱼是治疗瘟疫的特效药，为夺取箴鱼，两支外星人之间剑拔弩张，以致发生了战争。

战争对外星人来说是灭顶之灾，以前他们住在飞行器中，可是飞行器在战争大量损毁，飞行器不能住了，外星人就召集地球人为他们建一些简单的房子，地球人在给外星人盖房子时学会了给自己建造屋室。

因为战争，外星人的通讯设备和飞行器大量损毁，他们与"祖星"失去了联系。怎么办？

一方面他们开采地球上的资源，炼制他们需要的金属和非金属，修复飞行器自救；另一方面，修复通讯设备，向他们的"祖星"发信号求救。无皋山的扶桑树不是树，而飞船发射架，外星人想派一艘飞船回"天国"搬救兵。"多风"就是他们在试飞拼装的飞船。

外星人之间不但进行了核战，还进行了细菌战。战争的一方为了避免染上细菌，实验出了这种类似杨树的植物来治疗或预防细菌的侵害。他们当然不会让原始地球人干扰他们，就像一些大医院的无菌实验室，不但外人不能进，就连本单位的闲杂人等也不能入内。

第一节 东山经

> 六只脚的狗是没有的,可是六只脚的导弹发射装置是有的;长着老鼠尾巴的鸡是没有的,可是射出的信号弹拖着老鼠一样的尾巴是有的。

~~~~~~~~~~~~~~~~~~~~~~~~~~~~

东山经之首,曰樕𧐐(sù zhǔ)之山,北临乾昧。食水出焉,而东北流注于海。其中多鳙鳙(yōng)之鱼,其状如犁牛,其音如豬鸣。

东方第一列山系之首叫做樕𧐐山,北面与乾昧山相邻。食水发源于此,向东北流入大海。水中有很多鳙鳙鱼,形体像犁牛,叫声如猪。

世界上现存的鱼类约26000种,海洋鱼类占三分之二,其余的生活在淡水中。中国有2500种,谁听过鱼叫?没有。鱼不会叫,这是基本常识。可偏偏这种鳙鳙鱼会叫,而且还跟猪哼哼差不多。鱼会哼哼吗?当然不会,可是在水中发射的导弹会。犁牛不是耕地的牛,而是传说中的一种牛,毛色黄黑相杂,类似虎纹。

在4000年前的地球上没有机场,外星人的大批飞行器选择在水中起飞,就像现在的水上飞机。为防另一支外星人袭击,水上飞机上挂几枚导弹是很自然的事。所以说,犁牛不是牛,而是外星人发射导弹的设备。

又南三百里，曰藟（lěi）山，其上有玉，其下有金。湖水出焉，东流注于食水，其中多活师①。

再往南三百里是藟山，山上有玉矿，山下有金属矿。湖水发源于此，向东流入食水，水中有很多蝌蚪。

有蝌蚪就必然有青蛙或蛤蟆，可是书中不记青蛙，也不提蛤蟆，单单说蝌蚪，难道蝌蚪中有什么秘密？对了，秘密就在于这些成群结队的活师不是蝌蚪，而是外星人用船拖着鱼雷一类武器向某地运送，远远看去，就像蝌蚪在游动。

又南三百里，曰栒（xún）状之山，其上多金玉，其下多青碧石。有兽焉，其状如犬，六足，其名曰从从，其鸣自詨。有鸟焉，其状如鸡而鼠毛，其名曰蚩（zī）鼠，见则其邑大旱。沢（zhǐ）水出焉，而北流注于湖水。其中多箴（zhēn）鱼，其状如儵（tiáo），其喙如箴，食之无疫疾。

再往南三百里是栒状山，山上有丰富的金属矿和玉石矿，山下有丰富的青石碧玉矿。山中有一种动物，形体像狗，却长着六只脚，它的名字叫从从，从从的叫声就是它的名字。山中有一种鸟，形体像鸡却长着老鼠一样的尾巴，名字叫蚩鼠，它在哪个地方出现，哪里就有大旱灾。沢水发源于此，向北流入湖水。水中有很多针鱼，形体像儵鱼，嘴像长针，吃了它就不会染上瘟疫。

六只脚的狗是没有的，可是六只脚的导弹发射装置是有的；长着老鼠尾巴的鸡是没有的，可是射出的信号弹拖着老鼠一样的尾巴是有的。栒状山发生了什么？为什么这里有导弹发射装置？有信号弹发出？原因就是"箴鱼"。箴同"针"，即"儵鱼"，也叫白鲦（tiáo），是一种小白鱼。体长只有数寸，侧扁，银白色，腹面有肉棱，背鳍有硬刺，生活在江湖中。难道外星人之间为了争夺这种箴鱼吗？没错，就是！

一些原始地球人充当外星人的服务生，这些服务生在给外星人服务的

---

① 活师：蝌蚪的别名。

同时,也与地球人接触。可是那些地球人茹毛饮血,卫生条件很差,得瘟疫在所难免。服务生们得了瘟疫,又把瘟疫传染给外星人。箴鱼是治疗瘟疫的特效药,为夺取箴鱼,两支外星人之间剑拔弩张,以致发生了战争,不信请往下看。

又南三百里,曰勃𪗋[①](qí)之山,无草木,无水。

再往南三百里是勃𪗋山,这里没有草木,也没有水。

外星人之间的战争很惨烈,勃𪗋山虽然没被炸平,却成了一片焦土,以致草木都不能生长。

又南三百里,曰番条之山,无草木,多沙。减(jiǎn)水出焉,北流注于海,其中多鳡(gǎn)鱼[②]。
又南四百里,曰姑儿之山,其上多漆,其下多桑、柘。姑儿之水出焉,北流注于海,其中多鳡鱼。

再往南三百里是番条山,山中没有草木,到处是沙子。减水发源于此,向北流入大海,水中有很多鳡鱼。
再往南四百里是姑儿山,山上多漆树,山下多桑树和柘树。姑儿水发源于此,向北流入大海,水中有很多鳡鱼。

番条山在这场战争中也受到冲击,虽然山上一片焦土,但水中的鳡鱼却幸存下来。姑儿山还好一些,山上的生态没被破坏。战争过后,最缺的就是食物,鳡鱼就成了人们的口中餐,外星人和地球人共同捕食。

又南四百里,曰高氏之山,其上多玉,其下多箴石。诸绳之水出焉,东流注于泽,其中多金玉。

---

① 𪗋:"齐"的古体。
② 鳡鱼:也叫母鲇、竿鱼,青黄色,性凶猛,捕食各种鱼类。

又南三百里,曰岳山,其上多桑,其下多樗。泺水出焉,东流注于泽,其中多金玉。

再往南四百里是高氏山,山上有丰富的玉石矿,山下有丰富箴石矿。诸绳水发源于此,向东流汇入泽水,水中有许多金属矿石和玉石。箴石即石针,古代的一种医疗器具,用石头磨制而成,可以治疗痈肿疽疮,排除脓血。

再往南三百里是岳山,山上有很多桑树,山下有很多臭椿树。泺水发源于此,向东流入泽水,水中有许多金属矿石和玉石。

食物有了,可是战争中,外星人的飞行器及导弹发射装置大量损毁,要修复这些设备怎么办?那时的地球没有钢铁公司,他们只有采矿冶炼,高氏山和岳山的矿藏就成了外星人的选择。

又南三百里,曰犲(chái)山,其上无草木,其下多水,其中多堪𫗴(xǔ)之鱼。有兽焉,其状如夸父而彘毛,其音如呼,见则天下大水。

再往南三百里是犲山,山上没有草木,山下多湖泊,水中有很多堪𫗴鱼。山中有一种动物,形体像猿猴却长着猪毛,声音如同人在呼喊,它一出现天下就发水灾。

此处的夸父通常译为猿猴,其源于前文:"有兽焉,其状如禺而文臂,豹尾而善投,名曰举父。"郭璞称:"禺似猕猴而长,赤目长尾。"郭璞是西晋的大学者,曾注释《周易》、《山海经》和《楚辞》等古籍,现今的《辞海》、《辞源》等书大多引用郭璞的注释。人们根据郭璞的注释认为,禺是猿猴之类的灵长动物,举父就是夸父。

那么夸父真是猴子吗?非也。告诉你一个天大的秘密,夸父就是外星人!

至此,外星人的庐山真面终于大白于天下了。外星人的相貌是:"如禺"、"彘毛"、"其音如呼"。也就是说,外星人长得像猴子,身上有猪一样的毛(没说脸上有没有毛),说话跟地球人差不多。"文臂"是说外星人身上的宇航服,"豹尾"是后腰上插着的天线。"善投"不是说外星人善于扔石块,而是说外星人善于发射炮导、导弹之类的武器。

夸父的一生是光辉的一生,是灿烂的一生,后文讲述得十分清楚,此处先按下不提。不过,此处的夸父只是个管理水灾实验的外星人,他一声令下,水灾实验开始。

堪𧖸鱼是什么鱼,没人知道。

又南三百里,曰独山,其上多金玉,其下多美石。末涂之水出焉,而东南流注于沔(miǎn),其中多𩽾𩾌(tiāo róng),其状如黄蛇,鱼翼,出入有光,见则其邑大旱。

再往南三百里是独山,山上有丰富的金属矿和玉石矿,山下很多漂亮的石头。未涂水发源于此,向东南流入沔水,水中有很多𩽾𩾌,形状与黄蛇相似,有鱼一样的鳍,出入水时闪闪发光,它在哪个地方出现,哪里就有大旱灾。

黄蛇亦说是黄色的蛇,亦说是传说中铜剑化成的蛇。不管它是什么蛇,总之,这种东西出水和入水都有光。我们在电视看到军舰上射出的炮弹是不是有光?落到水面爆炸时是不是有光?"见则其邑大旱"是说这种武器的威力,"鱼翼"不正是导弹的尾翼吗?

又南三百里,曰泰山,其上多玉,其下多金。有兽焉,其状如豚而有珠,名曰狪狪(tóng),其鸣自詨。环水出焉,东流注于江,其中多水玉。

再往南三百里是泰山,山上玉石丰富,山下金属矿藏丰富。山中有种动物,形体与猪相似,体内有珠子,名叫狪狪,人们以它的叫声称呼它。环水发源于此,向东流入江水,水中有很多水晶石。

狪狪是动物吗?什么动物肚子里有珠子?珠子是什么进去的?除了蚌,天下间再也没有生珠子的动物了,可狪狪的肚子里有。战争使外星人的飞行器及武器大量损毁,要修复就必须有加工零件的设备。狪狪不是动物,而是加工飞行器零件的机床。

又南三百里，曰竹山，錞于江，无草木，多瑶、碧。激水出焉，而东南流注于娶檀之水，其中多茈蠃（luó）。

再往南三百里是竹山，竹山坐落于江边上，这座山没有草木，瑶、碧矿藏丰富。激水发源于此，向东南流入娶檀水，水中有很多紫色的螺。

这些瑶和碧，很可能就是外星人修复飞行器所需要的原料。茈蠃是鱼雷、导弹之类的武器。

凡东山经之首，自樕𧑒之山以至于竹山，凡十二山，三千六百里。其神状皆人身龙首。祠：毛用一犬祈，聃①（ér）用鱼。

总计东方第一列山系，自樕𧑒山到竹山，共十二座，绵延三千六百里。诸山山神的形貌都是人身龙头。祭祀山神时，在长毛的动物中选一只狗作祭品，祷告时要用鱼。

山神的职责是为外星人看家护院，所以，他们的相貌都很奇特。如果让我们来选，首先要选对我们忠诚的动物，其次要有很强的灵性，再次就是相貌能给人以威慑感。外星人在地球上进行了大量的生物实验，他们实验出既忠诚又有灵性，且具有威慑力服务生。地球人不但对外星人的机械顶礼膜拜，对外星人的服务生也十分崇拜。

---

① 聃：用牲畜作为祭品向神祷告，使神听见。

第二节 东次二经

山上的草木在战争被烧毁，几乎成了焦土。不过，外星人在此探出了优质的金属矿和玉石矿。大蛇就是外星人的飞行器，他们勘探、冶炼，用以制造武器和修复被损毁飞行器。

~~~~~~~~~~~~~~~~

东次二经之首，曰空桑之山，北临食水，东望沮吴，南望沙陵，西望湣（mǐn）泽。有兽焉，其状如牛而虎文，其音如（钦）[吟]，其名曰軨軨（líng），其鸣自叫，见则天下大水。

东方第二列山系的第一座山叫做空桑山，此山北与食水河相临，东眺沮吴山，南望沙陵，西瞰湣泽。山中有一种动物，形体像牛，却有老虎一样的斑纹，它的叫声如同人的呻吟，名叫軨軨，人们以它的叫声称呼它，这种动物一出现，天下就发生大水灾。

当你走进电话监控室的时候，你一定会听到"嗡嗡"的电波声。对于我们来说，描绘这种声音不是很难，可是对4000年前的地球人，那可就难了。在他们的视野里，主要是动物和人，运气好的情况下能见到外星人和他们的服务生。所以，《山海经》里每次形容某种"怪兽"的叫声时，通常说像牛、像狗、像猪、像人……他们不知道电波的声音，不但他们不知道，就连清朝以前的中国人都不知道电波为何物。

空桑山是外星人水灾实验的总部,所有水灾的命令都由这里发到各个地方,各地再以信号弹等方式传向周边地区。

又南六百里,曰曹夕之山,其下多榖,而无水,多鸟兽。

再往南六百里是曹夕山,山下到处是构树,没有水,而有许多禽兽。

这里是外星人的动物实验所,只要需要,随时拉出来,或进行基因组合,或进行药理实验,或进行耐寒暑实验,甚至活体解剖……

又西南四百里,曰峄皋(yì gāo)之山,其上多金玉,其下多白垩。峄皋之水出焉,东流注于激女(rǔ)之水,其中多蜃珧①(yáo)。

再往西南四百里是峄皋山,山上有丰富的金属矿和玉石矿,山下有丰富的白垩土。峄皋水发源于此,向东流入激女水,水中有很多蛤蜊和蚌。

远古生物死后,它们的躯壳沉到海底,久而久之,就积聚成了厚厚的一层壳。经过上万年的沧桑巨变,这层东西逐渐黏结在一起,压缩成一种松软的石灰岩,即"白垩土"。把白垩土碾磨成粉末,经漂洗过滤,就是白垩粉。白垩粉可制作油灰、颜料、药品、纸张、牙膏和火药等。

有蛤和蚌,就一定有鱼虾,可是,这里只提了软体动物,没有提及其他。外星人不关注其他水族动物,单单留意蛤蜊和蚌,也许是他们要用这些软体动物提炼什么物质吧。

又南水行五百里,流沙三百里,至于葛山之尾,无草木,多砥砺。

又南三百八十里,曰葛山之首,无草木。澧(lǐ)水出焉,东流注于余泽,其中多珠鳖(biē)鱼,其状如肺而有四目,六足有珠,其味酸甘,食之无疠(lì)。

---

① 蜃:即"蛤蜊",一种软体动物。珧:蚌,也是软体动物,贝壳长卵形,表面黑褐色或黄褐色,有环形,干制后称干贝。

再往南走五百里水路，三百里流沙，便到了葛山的末端，这里没有草木，到处是磨刀石。

再往南三百八十里是葛山首端，这里没有草木。澧水发源于此，向东流入余泽，水中有很多珠蟞鱼，形体像动物肺叶，四只眼睛、六只脚，而且里面还有珠子，这种珠蟞鱼的味道酸中带甜，食用可以预防瘟疫。

珠蟞鱼是什么，不要说我不知道，我的老师的老师也不知道，天下没人知道。如果把"珠蟞"一词拆开，"珠"是蛤蚌因沙粒入壳而分泌出一种物质，逐层把沙粒包起来，形成乳白色或略带黄色的圆粒，也就是我们平常说的珍珠。"蟞"古同"鳖"。如果这么分析，珠蟞鱼应该是蛤蚌之类的水生物。

外星人之间的战争那么残酷，必然殃及地球人及地球上的生物，大量尸体暴露于光天化日之下，瘟疫流行是难免的。外星人要寻找防治瘟疫的办法，于是，他们用蛤蚌及其他动物的基因实验出了这种可以控制瘟疫的珠蟞鱼。

又南三百八十里，曰余峨之山，其上多梓枏，其下多荆芑（qǐ）。杂余之水出焉，东流注于黄水。有兽焉，其状如菟（tù）而鸟喙，鸱（chī）目蛇尾，见人则眠，名曰犰狳（qiú yú），其鸣自訆（jiào），见则螽①（zhōng）蝗为败。

再往南三百八十里是余峨山，山上多梓树和楠木树，山下多牡荆树和枸杞树。杂余水发源于此，向东流入黄水。山中有一种动物，形体像兔子却长着鸟嘴、鹰眼、蛇尾，一看见人就躺下装死，名叫犰狳，它的叫声就是它的名称，这种动物一出现，就会有蝗虫为害庄稼。

外星人仅有的食物都因战争被毁，为了活命，外星人不得不采食谷物进行耕种。虽然他们的庄稼长得很好，却起了蝗灾。治蝗对于外星人并不难，他们不用农药，而是以动物灭蝗，这种动物就是犰狳。犰狳凭借它尖尖的喙、锐利的眼睛和兔一样敏捷的身体，为外星人看守农田，使外星人吃到了绿色无污染的粮食。犰狳是蝗虫的天敌，但对人类却十分温顺，一见到人，

---

① 螽：即"螽斯"，蝗虫之类的昆虫。

不管是地球人还是外星人，它就趴在地上。

"为败"几千年来都被解释成"为害"，这不能怪我们的先人，因为他们不知道什么是生物灭蝗。

又南三百里，曰杜父之山，无草木，多水。

再往南三百里是杜父山，这里没有草木，湖泊遍布。

这种"无草木"而又"多水"的山前面分析过。

又南三百里，曰耿山，无草木，多水碧，多大蛇。有兽焉，其状如狐而鱼翼，其名曰朱獳（rú），其鸣自訆，见则其国有恐。

再往南三百里是耿山，这里没有草木，水晶石矿藏丰富，其中有很多大蛇。山中有种动物，形体像狐狸却长着鱼鳍，名叫朱獳，它的叫声就是它的名称，这种动物在哪个地区出现，哪里就有恐怖的事发生。

《北山经》中的景山也有一种鸟，"其状如蛇，而四翼、六目、三足，名曰酸与，其鸣自詨，见则其邑有恐。"酸与不是鸟类，是一种炮弹之类的武器。这种弹下面有三个脚，弹体有四个翼，弹头有六个引信。酸与一旦爆炸，便使地球人惊恐万状。朱獳是袖珍版的酸与。

又南三百里，曰卢其之山，无草木，多沙石。沙水出焉，南流注于涔（cén）水，其中多鹠鹕（lí hú），其状如鸳鸯而人足，其鸣自訆，见则其国多土功。

再往南三百里是卢其山，这里没有草木，多见沙石。沙水发源于此，向南流入涔水，水中有很多鹠鹕鸟，形体像鸳鸯却长着人一样的脚，它的叫声就是它的名称，这种动物在哪里出现，哪里就有水土工程。

战争对外星人来说是灭顶之灾,以前他们住在飞行器中,可是飞行器在战争大量损毁,飞行器不能住了,外星人就召集地球人为他们建一些简单的房子,地球人在给外星人盖房子时学会了给自己建造屋室。

鹭鹗不是鸟,而是一种通讯设备。外星人在地球上生产出的设备只求实用,不求美观,因此,造出的东西四不像,这在那个蛮荒时代,已经是难能可贵了。对外星人造出的东西,《山海经》的作者无法描绘,只能拿动物作比较,于是书中就有了各种稀奇古怪的"动物"。

又南三百八十里,曰姑射(yè)之山,无草木,多水。

又南水行三百里,流沙百里,曰北姑射之山,无草木,多石。

又南三百里,曰南姑射之山,无草木,多水。

又南三百里,曰碧山,无草木,多大蛇,多碧、水玉。

又南五百里,曰缑(gōu)氏之山,无草木,多金玉。原水出焉,东流注于沙泽。

又南三百里,曰姑逢之山,无草木,多金玉。有兽焉,其状如狐而有翼,其音如鸿雁,其名曰獙獙(bì),见则天下大旱。

再往南三百八十里是姑射山,没有草木,遍布湖泊。

再往南行三百里水路,经过一百里流沙,是北姑射山,没有草木,到处是石头。

再往南三百里是南姑射山,没有草木,遍布湖泊。

再往南三百里是碧山,没有草木,有许多大蛇,碧玉、水晶石等矿石储量丰富。

再往南五百里是缑氏山,没有草木,有丰富的金属矿和玉石矿。原水发源于此,向东流入沙泽。

再往南三百里是姑逢山,没有草木,有丰富的金属矿和玉石矿。山中有一种动物,形体像狐狸却长着翅膀,叫声如同大雁,名叫獙獙,它一出现天下就发生大旱灾。

这6座山的草木在战争被烧毁,几乎成了焦土。不过,外星人在此探出了

优质的金属矿和玉石矿。大蛇就是外星人的飞行器,他们勘探、冶炼,用以制造武器和修复被损毁飞行器。猰貐不是动物,而是一种核弹之类的武器,其升空之后,威力足以摧毁一座山。

二战时期,美国两颗原子弹就摧毁了日本的两座城,那时的核武器当量还非常小,今天的核弹威力要比过去大数千倍。一旦世界大战爆发,各国之间使用核武器,就会使无数个山、无数个城化为乌有。核战争太恐怖了!

又南五百里,曰凫(fú)丽之山,其上多金玉,其下多箴石。有兽焉,其状如狐而九尾、九首、虎爪,名曰蠪(lóng)侄,其音如婴儿,是食人。

再往南五百里是凫丽山,山上有丰富的金属矿和玉石矿,山下盛产箴石。山中有一种动物,形体像狐狸,却长着九条尾巴、九个脑袋、虎一样的爪子,名叫蠪侄,发出的声音如同婴儿,这是一种吃人的动物。

蠪侄是外星人的服务生,其职责是为外星人守山。外星人在修复飞行器时担心地球人无意识的捣乱,就以蠪侄看山。当有人被蠪侄咬死后,地球人就再也不敢靠近了。

又南五百里,曰碪(zhēn)山,南临碪水,东望湖泽。有兽焉,其状如马,而羊目、四角、牛尾,其音如獆①(háo)狗,其名曰峳峳(yōu),见则其国多狡客。有鸟焉,其状如凫而鼠尾,善登木,其名曰絜鉤(xié gōu),见则其国多疫。

再往南五百里是碪山,南临碪水,东瞰湖泽。山中有一种动物,形体像马,却长着羊一样的眼睛、四只角、牛一样的尾巴,声音如同狗叫,名叫峳峳,它在哪个地区出现,哪里就会有很多奸猾的政客。山中还有一种鸟,形体像野鸭,却长着老鼠一样的尾巴,擅长攀登树木,名叫絜鉤,它在哪里出现,哪里就发生瘟疫。

部队有军犬,公安有警犬,无论是军犬还是警犬,都是用来抓捕坏人

---

① 獆:古同"嗥"。

的。原始地球的各部落中,一些坏人拉帮结伙,杀人放火,为害乡里,破坏了外星人在地球上的科研计划,于是外星人就带上狓狓去抓捕他们,这就是"见则其国多狡客"。

文中称絜鉤是鸟,可这种鸟不是飞上树,而是爬上树,这是什么鸟?

二战期间,日本在中国哈尔滨进行了惨无人道的细菌实验,这就是骇人听闻的731部队。这支部队用鼠疫、伤寒、霍乱、炭疽等细菌和毒气进行活人实验,先后有一万多名中、苏、朝、蒙战俘和健康平民惨死在这里。外星人对地球人也进行了类似的实验,絜鉤就是传递实验信息的信号弹,这种信号弹发出,外星人全部撤离。"善登木"不是说絜鉤擅长爬树,而是人在树下观看絜鉤飞向天空,这是原始的文学语言。就像"月上柳梢头,人约黄昏后",月亮能爬上柳梢吗?当然不能,不过是个比喻罢了。

凡东次二经之首,自空桑之山至于䃌(zhēn)山,凡十七山,六千六百四十里。其神状皆兽身人面载①觡②(gé)。其祠:毛用一鸡祈,婴③用一璧瘗(yì)。

总计东方第二列山系,自空桑山到䃌山,共十七座,绵延六千六百四十里。诸山山神的相貌都是动物的身子、人的面孔,而且头上长着角。祭祀山神时,在带毛的动物中选一只鸡,在祀神的玉器中把一块玉璧埋入地下。

在这十几座山中,给外星人看家护院的都是人面兽身的神。人面兽身,就是外星人把他们的基因和动物基因组合在一起实验出的新物种。这些动物既忠诚又凶猛,地球人对其既怕又敬。

---

① 载:即"戴"。
② 觡:专指麋、鹿等动物头上的角。
③ 婴:是古代人用玉器祭祀神的专称。

第三节 东次三经

> 不管外星人来地球的目的是什么，他们的意念中还要回自己的「祖星」。可是，因为战争，外星人的通讯设备和飞行器大量损毁，他们与「祖星」失去了联系。怎么办？

～～～～～～～～～～

又东次三经之首，曰尸胡之山，北望𦍛（xiāng）山，其上多金玉，其下多棘。有兽焉，其状如麋而鱼目，名曰妴（yuàn）胡，其鸣自詨。

东方第三列山系的第一座山叫尸胡山，尸胡山北望𦍛山，山上有丰富的金属矿和玉石矿，山下有茂密的酸枣树。山中有一种动物，形体像麋鹿却长着鱼一样的眼睛，名叫妴胡，它的叫声就是它的名字。

"棘"即"沙棘"，一种落叶灌木，耐旱，抗风沙，可以在盐碱化土地上生长。沙棘的根、茎、叶、花、果，特别是沙棘果含有丰富的营养物质和生物活性物质，可以广泛应用于食品、轻工、航天、农牧渔业等诸多领域。沙棘果还可入药，具有止咳化痰、健胃消食、活血散瘀的功效。现代医学研究，沙棘可降低胆固醇，缓解心绞痛，防治冠状动脉粥样硬化的作用。下面有三个案例，可以说明沙棘的神奇。

史书记载，三国时期，蜀军因长时间在崎岖的山路上跋涉，人困马乏，体力不支。有些士兵就在荒山野岭中采摘沙棘果充饥解渴。吃了棘果后，士兵们的疲劳神奇地消除了,体力很快恢复。诸葛亮发现后,号召全军人人服用,战斗力大增。

1981年3月,太空中的前苏联的宇航员费拉基米尔·柯伐来诺克和皮克托尔·卡茨诺哈发回消息:服用沙棘制剂后,大大增强了他们适应失重状态的能力。此后,科学家又进行了多次实验,确认了沙棘效果,因此,沙棘又被誉为宇航食品。

《山海经》这段文字说明,外星人早在几千年前就发现了沙棘的作用,地球人觉得很神奇,就把它记录下来。

婴胡是什么动物今人无从知道。我认为,婴胡不是动物,而是从沙棘中提取某种元素的机器,因为"沙棘素"对外星人很重要。

又南水行八百里,曰岐山,其木多桃李,其兽多虎。

沿水路往南走八百里是岐山,山中的树木大多是桃树和李树,其中的动物主要是虎。

这座山是外星人的老虎基因库。

又南水行五百里,曰诸鉤(gōu)之山,无草木,多沙石。是山也,广员百里,多寐鱼。
又南水行七百里,曰中父之山,无草木,多沙。
又东水行千里,曰胡射之山,无草木,多沙石。

沿水路往南走五百里是诸鉤山,这里没有草木,到处是沙石。这座山方圆百里,有很多寐鱼。
沿水路往南走七百里是中父山,没有草木,有很多沙子。
沿水路往东走一千里是胡射山,没有草木,到处是沙石。

寐鱼也叫卷口鱼,古人也称鯀鱼。这种鱼体形较大,前部呈亚圆筒状,后部侧扁。不过,此处的寐鱼不是鱼,而是一种鱼雷或小型导弹。《东次三经》主要是"水行",如此丰富的水系居然没有草木,可能吗?只要有水,就必然有草木,如果没有,那就出问题了。什么问题呢?一是环境污染,二是战争。我更倾向于战争。因为只有在核战争,才能使土地寸草不生。

又南水行七百里,曰孟子之山,其木多梓桐,多桃李,其草多菌蒲①,其兽多麋鹿。是山也,广员百里。其上有水出焉,名曰碧阳,其中多鱣鮪②(zhān wěi)。

沿水路往南走七百里是孟子山,山中梓树、桐树、桃树和李树很多,山中的草以菌蒲居多,山中的动物主要是麋鹿。这座山方圆百里,有条河从山上流出,名叫碧阳河,水中生长很多鱣鱼和鮪鱼。

孟子山山清水秀,桃红柳绿,碧草如茵,野鹿追逐,水肥鱼美。这么好的地方《山海经》中可不多见,这里很可能是外星人的动植物基因库。

又南水行五百里曰流沙,行五百里,有山焉,曰跂(qí)踵之山,广员二百里,无草木,有大蛇,其上多玉。有水焉,广员四十里皆涌,其名曰深泽,其中多蠵(xié)龟。有鱼焉,其状如鲤,而六足鸟尾,名曰鲐鲐(gé)之鱼,其鸣自訆。

沿水路往南走五百里是流沙,沿流沙再走五百里有一座山,叫做跂踵山,此山方圆二百里,没有草木,有大蛇,山上有丰富的玉石矿。这里有个水潭,方圆四十里都在喷涌泉水,这个水潭叫深泽,深泽中有很多蠵龟。水中还生长着一种鱼类,形状像鲤鱼,六只脚,尾眉像鸟一样,名叫鲐鲐鱼,它的叫声就是它的名称。

蠵龟也叫赤蠵龟,一种大龟,甲有纹彩,像玳瑁而薄一些。玳瑁是海中动物,形似龟,大的可达数尺。大蛇一般翻译成巨蛇,巨蛇有多巨,无从得

---

① 菌蒲:即紫菜、石花菜、海带、海苔之类。
② 鱣:鱣鱼,体形像鳝鱼而鼻子短,没有鳞,肉呈黄色,有二、三丈长。鮪鱼:据古人说就是鳝鱼,体形像鱣鱼而鼻子长,无鳞。

知。深泽中有蠵龟,这种龟可是个大块头,成年后都在100公斤以上。

如果说跂踵山真有大蛇,我不知道它吃什么?吃老鼠吗?可是,在方圆二百里的范围草木不生,没有草籽,没有果子,老鼠怎么活?吃青蛙和蟾蜍吗?不错,青蛙、蟾蜍是两栖动物,水中可以生存。然而问题又出来了,青蛙、蟾蜍以昆虫为食,没有草木,哪来的昆虫?大蛇吃鸟吗?没有草木,鸟从哪来?显然,这座山的大蛇没有食物来源,所以说,此处的大蛇不是蛇,而外星人的飞行器;蠵龟也不是龟,而是小型船只;鲐鲐鱼也不是鱼,而是一种潜艇。

又南水行九百里,曰踇隅(mǔ yú)之山,其上多草木,多金玉,多赭。有兽焉,其状如牛而马尾,名曰精精,其鸣自訆。

沿水路再往南走九百里是踇隅山,山上草木很多,有丰富的金属矿、玉石矿和赭石矿。山中有一种动物,形体像牛却长着马一样的尾巴,名叫精精,它的叫声就是它的名字。

踇隅山是一座富矿,什么动物发出"精精"的叫声?机械"动物"。对了,精精既不是牛,也不是马,而是外星人用来运送矿石的"木牛流马"。

又南水行五百里,流沙三百里,至于无皋之山,南望幼海,东望榑(fú)木①,无草木,多风。是山也,广员百里。

沿水路再往南走五百里,经过三百里流沙,便到了无皋山。无皋山南望幼海,东眺扶桑。这里不生长草木,经常刮风。这座山方圆百里。

神话传说中,太阳就是从这里升起的。从天文学角度来讲,不是太阳升起,而是地球绕太阳公转形成了白天黑夜。那么,这里升起的是什么呢?是飞行器。不管外星人来地球的目的是什么,他们的意念中还要回自己的"祖星"。可是,因为战争,外星人的通讯设备和飞行器大量损毁,他们与"祖

① 榑:通"扶",榑木即"扶桑"。

星"失去了联系。怎么办？一方面他们开采地球上的资源，炼制他们需要的金属和非金属，修复飞行器自救；另一方面，修复通讯设备，向他们的"祖星"发信号求救。无皋山的扶桑树不是树，而飞船发射架，外星人想派一艘飞船回"天国"搬救兵。"多风"就是他们在试飞拼装的飞船。

凡东次三经之首，自尸胡之山至于无皋之山，凡九山，六千九百里。其神状皆人身而羊角。其祠：用一牡①羊，（米）[糈]用黍②。是神也，见则风雨水为败③。

总计东方第三列山系自尸胡山到无皋山，共九座山，绵延六千九百里。诸山山神的形貌都是人身长着羊角。祭祀山神时，在长毛的动物中选用一只公羊作祭品，祀神要用黄米。这些山神一出现就会刮大风、下大雨。

文中的"人身"说的是外星人的体貌。"羊角"说的是外星人头上戴的通讯设备，可能是天线之类的信号接收发射装置。"见则风雨水为败"，是说他们修复飞行器试飞时，在陆地，就吹起大风；在水中，就卷起水花，像下雨一般。

① 牡：雄性动物称牡，雌性称牝。
② 黍：一种性黏谷物，北方人称其为大黄米。
③ 为败：降服的意思，引申为可以驱使。

第四节 东次四经

外星人之间是一场鱼死网破的战争,双方的飞行器几乎都被对方炸毁,玉也碎了,瓦也没有保全,外星人无法回他们的"天国"了。一支外星人沦为另一支外星人的奴隶,就是我们前面说的"鬼"。

又东次四经之首,曰北号之山,临于北海。有木焉,其状如杨,赤华,其实如枣而无核,其味酸甘,食之不疟。食水出焉,而东北流注于海。有兽焉,其状如狼,赤首鼠目,其音如豚,名曰猲狙(xiē jū),是食人。有鸟焉,其状如鸡而白首,鼠足而虎爪,其名曰鬿(qí)雀,亦食人。

东方第四列山系的第一座山叫北号山,位于北海旁。山中有一种树木,形状像杨树,开红花,果实像枣但没核,味道酸甜,食用可以预防疟疾。食水发源于这座山,向东北流入大海。山中有一种兽类,形体像狼,红脑袋,耗子眼,叫声如猪,名叫猲狙,吃人。山中有一种鸟,形体像鸡,白脑袋,耗子脚,虎爪,名叫鬿雀,也吃人。

外星人之间不但进行了核战,还进行了细菌战。战争的一方为了避免染上细菌,实验出了这种类似杨树的植物来治疗或预防细菌的侵害。他们当然不会让原始地球人干扰他们,就像一些大医院的无菌实验室,不但外人不能进,就连本单位的闲杂人等也不能入内,所以,他们用猲狙和鬿雀来威吓地球人。

又南三百里，曰旄（máo）山，无草木。苍体之水出焉，而西流注于展水，其中多鯈（xiū）鱼①，其状如鲤而大首，食者不疣②（yóu）。

再往南三百里是旄山，这里没有草木。苍体水发源于此，向西流入展水，水中生有很多鯈鱼，形体像鲤鱼，脑袋很大，食用不生疣子。

在当代，只有那些爱美的女士才关心自己身上长不长疣子，4000年的地球人连饭都吃不饱，他们怎么会关注这种不疼不痒、不影响吃喝、不影响生育的疣子呢？外星人关心的更是大事，这种比鸡毛蒜皮还小的事，他们绝不会当回事。所以，我认为，此处的疣是因细菌战而引发的皮肤红肿和溃烂，外星人为医治这种病，才实验出了这种鯈鱼。

又南三百二十里，曰东始之山，上多苍玉。有木焉，其状如杨而赤理，其汁如血，不实，其名曰芑（qǐ），可以服马。泚（cǐ）水出焉，而东北流注于海，其中多美贝，多茈鱼，其状如鲋，一首而十身，其臭（xiù）如蘪（mí）芜③，食之不糟④（pì）。

再往南三百二十里是东始山，山上苍玉储量丰富。山中有一种树，形状像杨树却长着红色纹理，树上流出的汁液像血一样，这种树不结果，名叫芑。把树汁涂在马身上就可使马驯服。泚水发源于此，向东北流入大海，水中有许多美丽的贝和茈鱼。茈鱼形体像鲫鱼，一个脑袋，十个身子，气味与蘪芜草相似，食用不放屁。

又一种"如杨"的无名树。几千年来，我们的先人都把"可以服马"译为"把树汁涂在马身上就可使马驯服"，可你想过没有，如果涂在人身上会怎

---

① 鯈鱼：俗称泥鳅，常潜居于水中的泥土里。
② 疣：前人解释为疣子。
③ 蘪芜：即"蘼芜"，一种香草，叶子像当归草的叶子，气味如白芷草的香气。
④ 糟：同"屁"。

样？人会不会驯服？很可能也会驯服。什么东西有这般威力？麻醉剂是也。只要战争，就有伤亡。亡，好办，埋了就行。伤却不能不治，手术是最有效的办法，这就需要麻醉剂。还有，外星人在地球上进行科学实验，对动物，包括地球人，都要进行活体实验，这对地球人非常残酷，也非常痛苦，他们也需要给地球人用麻醉药。这种如杨的树汁，就是很好的麻醉剂。

放屁是动物正常的生理反应，但是屁太多，胃肠一定有毛病。战争之后，外星人和地球人的生存环境更加恶劣，他们采集野果充饥，可是一些野果难以消化，外星人和地球人跑肚拉稀，在反复实验中，外星人发现茈鱼不但味美，还能治疗肠胃病。

又东南三百里，曰女烝（zhēng）之山，其上无草木。石膏水出焉，而西注于鬲（gé）水，其中多薄鱼，其状如鳝（shàn）鱼而一目，其音如欧[①]，见则天下大旱。

再往东南三百里是女烝山，山上没有草木。石膏水发源于此，向西流入鬲水，水中有很多薄鱼，形体像鳝鱼却一只眼睛，叫声如人在呕吐，它一出现而天下就会发生大旱灾。

这种一只眼的薄鱼不是鱼，而是水中发射的核弹，它一旦升空，就有一个地区化为焦土。

又东南二百里，曰钦山，多金玉而无石。师水出焉，而北流注于皋泽，其中多鳡鱼，多文贝。有兽焉，其状如豚而有牙，其名曰当康，其鸣自訆，见则天下大穰（ráng）。

再往东南二百里是钦山，山中有丰富的金属矿和玉矿，没有石头。师水发源于此，向北流入皋泽，水中有很多鳡鱼和带有花纹的贝类。山中有一种动物，形体像猪却长着獠牙，名叫当康，它的叫声就是它的名字。当康一出现，天下就大丰收。

---

① 欧：同"呕"，呕吐。

原始的地球人不懂种地，打猎也好，捕鱼也罢，打得多，就能吃饱；打得少，就挨饿。外星人教会了地球人种地，哪里丰收了，外星人就派服务生当康去收"学费"，因为外星人也要吃饭。

又东南二百里，曰子桐之山。子桐之水出焉，而西流注于余如之泽。其中多鳎（huá）鱼，其状如鱼而鸟翼，出入有光，其音如鸳鸯，见则天下大旱。

再往东南二百里是子桐山，子桐水发源于此，向西流入余如泽。水中有很多鳎鱼，形体与普通鱼差不多，只是长着鸟一样的翅膀，出入水时发光，叫声如同鸳鸯，它一出现，天下就发生大旱灾。

长翅膀的鱼没有，会叫的鱼也是没有，出入有光的鱼也没有。对了，鳎鱼不是鱼，它与姑逢山的獙獙、独山的鯈蠕，以及女烝山的薄鱼，都是大规模杀伤武器——一颗舰载核弹从水中射出，尾翼喷着火舌，落到另一个地方时一片火海，当地成了焦土，几十年甚至上百年寸草不生。

又东北二百里，曰剡（shàn）山，多金玉。有兽焉，其状如彘而人面，黄身而赤尾，其名曰合窳（yú），其音如婴儿，是兽也，食人，亦食虫蛇，见则天下大水。

再往东北二百里是剡山，这里有丰富的金属矿和玉石矿。山中有一种动物，形体像猪，人面，黄身，红尾，名叫合窳，它的叫声如同婴儿啼哭。合窳兽吃人，也吃虫和蛇。它一出现，天下就发生水灾。

战争没有绝对的赢家，外星人之间是一场鱼死网破的战争，双方的飞行器几乎都被对方炸毁，玉也碎了，瓦也没有保全，外星人无法回他们的"天国"了。一支外星人沦为另一支外星人的奴隶，就是我们前面说的"鬼"，"鬼们"被驱使维修损毁的宇宙飞船，为胜者回"天国"准备交通工具。在维修损毁飞行器的同时，外星人的实验也没停止，他们引来"五湖四海"之水，浇灌因战争而造成的焦土，试图恢复从前的植被。合窳是外星人造出的汽车。对于水灾中的地球人及其他动物，他们经常拖几个到车中，观察其生理机能的变化，这就是"食人，亦食虫蛇"。当然，也不能排除，被拖到"汽车"中的地球人和其他动物成了外星人的果腹之食。

又东二百里，曰太山，上多金玉、桢木。有兽焉，其状如牛而白首，一目而蛇尾，其名曰蜚，行水则竭，行草则死，见则天下大疫。钩水出焉，而北流注于劳水，其中多鳡鱼。

再往东二百里是太山，山上有丰富的金属矿和玉石及茂密的桢树林。山中有一种动物，形体像牛，白脑袋，一只眼，尾巴如蛇，名叫蜚。蜚经过湖泊，水就干涸；经过原野，草就枯死；它走到哪里，哪里就发生大瘟疫。钩水发源于此，向北流入劳水，水中有很多鳡鱼。

水见则干，草见则死，人见则灾，这是什么东西？这是大型抽水机。外星人抽干了周围的水潭，用于对焦土的改良，潭边的草因没有水而枯死。焦土中的动物尸体，包括外星人和地球人的，没有及时清理，被水一泡纷纷腐烂，细菌大量滋生，暴发瘟疫就不可避免了。

旄山那一段我们说过了，疣是因细菌战而引起的皮肤溃烂。外星人为医治这种病，实验出了鳡鱼。桢木也叫女桢树，一种灌木，四季常青。开白花，果实呈椭圆形。桢木全身是宝，尤其是它的果实，具有降血糖、抗炎、抗癌、抗突变、抗菌、增强免疫功能等作用。鳡鱼和桢木就是用来对付瘟疫的。

凡东次四经之首，自北号之山至于太山，凡八山，一千七百二十里。

总计东方第四列山系，自北号山到太山，共八座，绵延一千七百二十里。

右东经之山志，凡四十六山，万八千八百六十里。

以上是东方各山的记录，总共四十六座，绵延一万八千八百六十里。

第五卷 中山经

在地球上，外星人除了工作之外，百无聊赖，他们思念"天国"的妻儿老小，眷恋那里的繁荣。然而，他们飞行器毁了，能否修复不得而知，长夜漫漫，归路无期，他们只能用养宠物来打发时间，狙狙就是他们的宠物。

敖岸山是外星人非常重要的矿山，这里炼治出了飞行器需要的部件。核战争之后，取得胜利的那支外星人的内部产生了分歧，有人想一边自救，一边与"天国"联系，同时进行他们没有完成的实验，对于回"天国"他们充满信心。也有人心灰意冷，在这洪荒的星球上，他们只想回到"天国"，再也不想进行什么科研实验了。他们试图夺取这座山炼成的部件，起动飞船，飞回"天国"。嫦娥奔月就是这样，后羿把飞船的重要部件交给她保管，她不辞而别。外星人首领熏池对"嫦娥们"这种没有大局观念的行为十分气愤，当有人上山抢夺这种重要部件时，熏池打开"消防车"水龙头，喷向他们。夫诸就是一种"消防车"。

在我们的视野里，广播电视塔、加油站、建筑大楼、通信站、气象台、军事基地等等，无不装有避雷针。外星人的通信设施必然也有避雷针，嘉华不是草，也不是树，而是避雷针。

炎帝女儿乘飞船走后杳无音讯，是这艘飞船在太空中解体了，还是因动力不足而坠落于茫茫太空，就连"鬼"也不知道。但是，外星人仍然期盼飞回"天国"，把地球的情况原原本本地向"天国"禀报。他们待援的同时，又经过一翻艰苦的努力，外星人再次拼凑出一艘飞船。

好一派歌舞升平的景象！这是外星人在地球上大功告成的喜庆日子。这里的民不是地球上的百姓，而是外星人，他们就要离开地球了，他们实验出的那些有灵性的、一直为他们充当服务生的动物陪伴他们，外星人正准备把这些动物带回"天国"，永远地为他们服务。

第一节 中山经

> 要维修飞行器必然采矿、炼矿，各种颜色的罕土是不是含有稀土不得而知，但我们知道，稀土是工业味精，无论是兵器工业还是航天，离开稀土寸步难行。

~~~~~~~~~~~~~~~~

核战争之后，外星人、地球人及灾区的动物，由于受到核辐射危害，癌症、眼疾、耳聋、皮肤病大量出现，外星人用什么治疗这些疾病呢？请往下看——

中山经薄山之首，曰甘枣之山。共水出焉，而西流注于河。其上多枏（niǔ）木。其下有草焉，葵本而杏叶，黄华而荚（jiá）实，名曰箨（tuò），可以已瞢（méng）。有兽焉，其状如鼣（huì）鼠而文题，其名曰㚟（nài），食之已瘿（yǐng）。

中部第一列山系薄山山系的第一座山叫甘枣山。共水发源于此，向西流入黄河。山上有很多枏树。山下有一种草，有葵菜一样的根、杏树一样的叶子，开黄色，果实长在荚中，名叫箨，可以治疗视力模糊。山中有一种动物，形体像如鼣鼠，额头上有花纹，名叫㚟，食用可以治好人脖子上的赘瘤。鼣鼠是什么鼠无人晓得。

外星人在不断的实验中,发现籜可使人恢复视力,虈可以治愈肿瘤。下面他们又开发出了治疗健忘症和皮肤病的药方。

又东二十里,曰历儿之山,其上多櫄(jiāng),多枥(wàn)木,是木也,方茎而员叶,黄华而毛,其实如楝(liàn),服之不忘。

再往东二十里是历儿山,山上有很多櫄树和枥树,枥树茎干呈方形,圆叶,开黄花,花瓣上有绒毛,结楝树一样的果实,人服用它可以治疗健忘症。

楝树也叫苦楝,落叶乔木,春夏之交开花,淡紫色,果实球形或长圆形,熟时黄色。捣碎楝树籽可以洗衣,服用可以益肾。
至于枥树是什么树,我找了各种字典,都没有说明。也许外星人实验出的这种树像骡子一样,只生第一代,不长第二代,"骡子树"没有传下来却能治疗健忘症。

又东十五里,曰渠猪之山,其上多竹。渠猪之水出焉,而南流注于河。其中是多豪鱼,状如鲔(wěi),赤喙尾赤羽,可以已白癣(xuǎn)。

再往东十五里是渠猪山,山上有很多竹子。渠猪水发源于此,向南流入黄河。水中有很多豪鱼,形体像鲔鱼一般,红嘴,红尾,红羽毛,食用可以治疗白癣。

豪鱼是神话传说中的鱼,现实生活中没有。白癣是由真菌引起的一种疾病。白癣可能是后人对"百癣"的误读,因为"白"和"百"手写时非常相似,即各种癣病。"癣"是核战争和细菌战给地球人留下的伤害。

又东三十五里,曰葱聋之山,其中多大谷,是多白垩,黑、青、黄垩。
又东十五里,曰湊(wō)山,其上多赤铜,其阴多铁。

再往东三十五里是葱聋山,山中有许多大峡谷,峡谷中有很多白垩土,黑垩土、青垩土、黄垩土也存在。

再往东十五里是㟭山，山上有丰富的赤铜矿，山北盛产铁。

要维修飞行器必然采矿、炼矿，各种颜色的垩土是不是含有稀土不得而知，但我们知道，稀土是工业味精，无论是兵器工业还是航天，离开稀土寸步难行。铜和铁对外星人来说也是必需的，所以，这两座山应是外星人的采矿点。

又东七十里，曰脱扈之山。有草焉，其状如葵叶而赤华，荚实，实如棕荚，名曰植楮（chú），可以已癙①（shǔ），食之不眯②。

又往东七十里是脱扈山，山中有一种草，形状像葵菜叶，开红花，结的果实藏于荚中，很像棕树果，名叫植楮，它可以治疗精神抑郁症，食用还可使人不做噩梦。

不但地球人得了各种顽疾，外星人也未能幸免，尤其是抑郁症。他们久在地球实验，飞行器被炸毁，他们很可能永远也回到"天国"了，安逸幸福的生活只能是从前的梦。就像古代的亡国之君一下子沦为阶下囚，那真是"问君能有几多愁，恰似一江春水向东流"。因为绝望，一些人经常做噩梦。不过，外星人毕竟是高智慧生命，他们找到了治疗这种疾病的药物，这就是植楮。

又东二十里，曰金星之山，多天婴③，其状如龙骨④，可以已痤⑤（cuó）。

再往东二十里是金星山，山中有很多天婴，形状与龙骨相似，可以治疗痤疮。

外星人虽然病了，但他们不向病魔屈服，不断地寻找各种药物，医治他们因战争而得的各种疾病。

---

① 癙：忧病。
② 眯：梦魇，即人在梦中遇见可怕的事。
③ 天婴：这里是一种矿物。
④ 龙骨：相传，在死龙骨骼之上长出来的植物叫龙骨。
⑤ 痤：一般解释为痤疮，这里是皮肤病的统称。

又东七十里，曰泰威之山，其中有谷曰枭谷，其中多铁。
又东十五里，曰橿谷之山，其中多赤铜。

再往东七十里是泰威山，山中有一道峡谷叫做枭谷，那里有丰富的铁矿。
再往东十五里是橿谷山，山中有丰富的铜矿。

外星人之间各有分工，有负责采矿的，有负责开发动植物药性的。采矿是为了修复飞行器，开发动植物药性是为了治疗核战和细菌战带来的疾病。

又东百二十里，曰吴林之山，其中多葌（jiān）草。

再往东一百二十里是吴林山，山中生长着许多兰草。

"葌"即"兰"，葌草就是兰草。兰的种类很多，大部分的根、叶、花、果均有一定的药用价值，如，叶治百日咳，果止呕吐，种子治眼疾，根可治肺结核、肺脓肿及扭伤，也可接骨。还有，建兰的根煎汤服用，为催生良药；蕙兰能治妇科病；春兰能治神经衰弱、蛔虫和痔疮；素心兰花瓣也可以催生。四川部分地区的农村称兰为"催生花"，据说妇女若遇难产，搬一盆"催生花"进产房，孕妇闻到兰花香味，就会顺利分娩。

又北三十里，曰牛首之山，有草焉，名曰鬼草，其叶如葵而赤茎，其秀如禾，服之不忧。劳水出焉，而西流注于潏（yù）水，是多飞鱼，其状如鲋（fù）鱼，食之已痔衕（tòng）。

再往北三十里是牛首山，山中有一种草，名叫鬼草，叶子像葵菜，红茎，开的花像禾苗吐穗时的小花，服用可治疗忧郁症。劳水发源于此，向西流入潏水，水中有很多飞鱼，形体像鲫鱼，食用可治疗痔疮和腹泻。

"鬼"是战败被俘的外星人，他们被迫为胜者维修飞行器，想到回不了"天国"，又沦为奴隶，他们大多得了忧郁症。胜者为了能够让"鬼们"安心维修飞行器，他们实验出了鬼草，用以医治这些"鬼"的忧郁症。此外，由于没有吃的，采食植物时难免得痔疮和腹泻，外星人在实验中，发现飞鱼可以治疗这两种病。

又北四十里，曰霍山，其木多榖。有兽焉，其状如狸，而白尾，有鬣，名曰朏朏（fěi），养之可以已忧。

再往北四十里是霍山，这里多构树，山中有一种动物，形体像野猫，白尾巴，脖子上有鬃毛，名叫朏朏，饲养它可以消除忧愁。

在地球上，外星人除了工作之外，百无聊赖，他们思念"天国"的妻儿老小，眷恋那里的繁荣，然而，他们飞行器毁了，能否修复不得而知，长夜漫漫，归路无期，他们只能用养宠物来打发时间，朏朏就是他们的宠物。

又北五十二里，曰合谷之山，是多薝（zhān）棘。

再往北五十二里是合谷山，这里生长着很多薝棘。

薝棘是什么植物，人们莫衷一是。

又北三十五里，曰阴山，多砺石、文石。少水出焉。其中多雕棠，其叶如榆叶而方，其实如赤菽（shū），食之已聋。

再往北三十五里是阴山，这里有很多磨刀石和有条纹的石头。少水发源于此。山中有很多雕棠树，它的叶子的文理像榆树叶，不过是方形的，果实像红豆，服用它能治耳聋。

雕棠树是传说中的树，现实生活中没有。这里的外星人仍在坚持药理实验，他们栽培的雕棠可以治疗在战争中被导弹震聋的人。

又东四百里，曰鼓镫（dēng）之山，多赤铜。有草焉，名曰荣草，其叶如柳，其本如鸡卵，食之已风。

再往东四百里是鼓镫山，这里有很多红铜矿。山中有一种草，名叫荣草，叶子与柳树叶相似，根茎像鸡蛋，食用可以治疗中风。

荣草是什么，没有人知道。从字面上看，应该是土豆之类的东西，可土豆除了治饿，不能治中风。

凡薄山之首，自甘枣之山至于鼓镫之山，凡十五山，六千六百七十里。历儿，冢也，其祠礼：毛，太牢之具，县①（xuán）以吉玉②。其余十三山者，毛用一羊，县（xuán）婴用桑封，瘗而不糈。桑封③者，桑主也，方其下而锐其上，而中穿之加金。

总计薄山山系，自甘枣山到鼓镫山共十五座，绵延六千六百七十里。历儿山是诸山的首领，祭祀这座山时，在长毛的牲畜中，用猪、牛、羊三牲作祭品，并悬挂吉玉。祭祀其余十三座山山神时，在长毛的牲畜中用一只羊作祭品，并悬挂祀神的藻珪，祭礼完毕把它埋入地下，不用精米祀神。桑封就桑主，下端呈方形，上端是尖的，中间有孔，用金属穿过。

尽管核战争给地球带来了空前的灾难，但地球人对外星人还是顶礼膜拜，他们把仅有的家畜献给外星人和他们的服务生，或者说贿赂外星人的服务生，以求在外星人进行活体实验中，厄运不会降临在自己头上。

---

① 县：同悬。
② 吉玉：美好的玉，吉祥的玉。
③ 桑封：即"藻珪"，用带有色彩斑纹的玉石制成的玉器。

第二节 中次二经

吃人的马腹是蔓渠山的守护者，山中有外星人的重要设施，为防止地球人扰乱外星人的生产实验，马腹作为外星人的服务生，为外星人看家护院。

中次二经济山之首，曰煇（huī）诸之山，其上多桑，其兽多闾①麋，其鸟多鹖②（hé）。

中部第二列山系是济山山系，这座山系的第一座山叫煇诸山，山上有很多桑树，山中的动物以山驴和麋鹿居多，鸟类多是鹖鸟。

煇诸山是外星人的一个养殖基地，这里的动物主要用于活体实验和基因重组，当然，也包括食用。

又西南二百里，曰发视之山，其上多金玉，其下多砥砺。即鱼之水出焉，而西流注于伊水。

又西三百里，曰豪山，其上多金玉而无草木。

---

① 闾：即前文所说的长着羚羊角的山驴。
② 鹖：即"鹖鸟"，比野鸡而大一些，羽毛青色，长有毛角，天性勇猛好斗，绝不退却，直到斗死为止。

再往西南二百里是发视山，山上有丰富的金属矿和玉石矿，山下有丰富的磨刀石。即鱼水发源于此，向西流入伊水。

再往西三百里是豪山，山上有丰富的金属矿和玉石矿，没有草木。

这两座山记述的仍是外星人在探矿。

又西三百里，曰鲜山，多金玉，无草木。鲜水出焉，而北流注于伊水。其中多鸣蛇，其状如蛇而四翼，其音如磬，见则其邑大旱。

再往西三百里是鲜山，这里有丰富的金属矿和玉石矿，但没有草木。鲜水发源于此，向北流入伊水。水中有很多鸣蛇，形体与蛇类似，却长着四只翅膀，叫声如同击磬一般，它在哪个地方出现，哪里就会发生大旱灾。

我在中学就学过，语文书中，把射出子弹的枪管称喷出火舌。火舌也可以说是火蛇，发射出去的导弹，拖着长长的火焰在空中飞行，那不就是火蛇吗？但此处是核弹，它爆炸产生的威力可使方圆数十公里寸草不生。这就是大旱。

邑就古人居住的群落，相当于现在的村庄。

又西三百里，曰阳山，多石，无草木。阳水出焉，而北流注于伊水。其中多化蛇，其状如人面而豺身，鸟翼而蛇行，其音如叱呼，见则其邑大水。

再往西三百里是阳山，这里有许多矿石，没有草木。阳水发源于此，向北流入伊水。水中有很多化蛇，形体是人一样的面孔，豺一样的身子，鸟一样的翅膀，化蛇如蛇一般爬行，叫声如同人的怒斥。它在哪个地方出现，哪里就发生大水灾。

人面豺身是说化蛇平时像人一样和善，关键时刻却如豺一般凶狠。化蛇不是蛇，而是类似于高压水枪之类的输水管。在高层住宅中，我们经常看到消防设备，化蛇指的就是连接消防阀和喷嘴的帆布管，一旦打开消防阀，高压水立刻冲向帆布管，帆布管在高压水的推动下，就似蛇一样蜿蜒曲折地向前"跑"。这是外星人对闹事的地球人或是"鬼"进行镇压，就像现在的警察用高压水枪喷射暴乱分子。

"鸟翼"是高压水枪的一对把手。

又西二百里，曰昆吾之山，其上多赤铜①。有兽焉，其状如彘而有角，其音如号，名曰蠪蚳（lóng chí），食之不眯。

再往西二百里是昆吾山，山上有丰富的赤铜矿。山中有一种动物，形体像猪却长着角，叫声如人哭号，名叫蠪蚳，食用它就会使人不做噩梦。

如果我们把核弹比为神剑，那么发射核弹的装置就是剑鞘，监控核弹的设备就是蠪蚳。对了，蠪蚳就是发射"赤铜剑"的设备，其中的角是接收传送信号的天线。有了"赤铜剑"，这支外星人就可干净彻底地消灭来犯之敌，从面吃得香，睡得稳。

"食之不眯"，一般解释为吃了它就会使人不做噩梦，但我认为此处的"食"可以理解为寝食，即睡觉和吃饭。

又西百二十里，曰葌山，葌水出焉，而北流注于伊水。其上多金玉，其下多青、雄黄。有木焉，其状如棠而赤叶，名曰芒草②，可以毒鱼。

再往西一百二十里是葌山，葌水发源于此，向北流入伊水。山上有丰富的金属矿和玉石矿，山下有丰富的石青、雄黄。山中有一种树，形状像棠树，叶子是红色的，名叫芒草，能够毒死鱼。

外星人改变了芒草的基因，芒草居然长成了大树，而且，毒性也大大增强，甚至能毒死鱼，我们不得不叹服外星人的科技水平。

---

① 赤铜：传说中昆吾山特有的一种铜，赤如火焰。据说，用赤铜打造的刀剑非常锋利，能切金断玉。
② 芒草：又作莽草，有毒，主要治疗癣疥杂疮。

又西一百五十里,曰独苏之山,无草木而多水。

再往西一百五十里是独苏山,这里没有草木,却遍布湖泊。

外星人大肆开矿冶炼金属,工业废水形成湖泊,独苏山等周边的山,连草都不长了。

又西二百里,曰蔓渠之山,其上多金玉,其下多竹箭。伊水出焉,而东流注于洛。有兽焉,其名曰马腹,其状如人面,虎身,其音如婴儿,是食人。

再往西二百里是蔓渠山,山上有丰富的金属矿和玉石矿,山下有很多小竹丛。伊水发源于此,向东流入洛水。山中有一种叫马腹的动物,人面虎身,叫声如婴儿啼哭,吃人。

吃人的马腹是蔓渠山的守护者,山中有外星人的重要设施,为防止地球人扰乱外星人的生产实验,马腹作为外星人的服务生,为外星人看家护院。

凡济山之首,自煇诸之山至于蔓渠之山,凡九山,一千六百七十里。其神皆人面而鸟身。祠:用毛,用一吉玉,投而不糈。

总计济山山系,自煇诸山到蔓渠山,共九座山,绵延一千六百七十里。诸山山神的形体都是人面鸟身。祭祀山神要用带毛的牲畜,再用一块吉玉,把这些投向山谷而不用精米祀神。

人面鸟身与神话传说中的天使相似,可以想象,当生物学家把人和鹰的基因组合在一起,会诞生什么动物呢?会不会就是这人面鸟身的"怪物"。既是"人面",当然就是人脑,以人脑的发达,外星人以其为服务生就是自然的事了。

第三节 中次三经

> 这里的飞鱼不是鱼，而是"飞鱼牌"防弹服，外星人穿上防弹服，体态十分臃肿，但可以避免被炮弹震聋，又可免受核辐射的危害。

在这个山系中，我们发现核战争中取得胜利的那支外星人，为了返回"天国"，他们内部又产生了严重分歧，以致剑拔弩张。

中次三经萯（fù）山之首，曰敖岸之山，其阳多㻬（yǔ）琈之玉，其阴多赭、黄金。神熏池居之。是常出美玉。北望河林，其状如茜如举。有兽焉，其状如白鹿而四角，名曰夫诸，见则其邑大水。

中部第三列山系萯山山系的第一座山叫做敖岸山，山南有储量丰富的㻬琈玉矿，山北有储量丰富的赭矿石和金属矿。天神熏池守护这里。这座山总能找到美玉。在敖岸山上可以看到成片的树林，那些树木的形状又像茜草，又像榉树。山中有一种动物，形体如白鹿却长着四只角，名叫夫诸，它在哪个地方出现，哪里就会发生水灾。

敖岸山是外星人非常重要的矿山，这里炼治出了飞行器需要的部件。核战争之后，取得胜利的那支外星人的内部产生了分歧，有人想一边自救，一边与"天国"联系，同时进行他们没有完成的实验，对于回"天国"他们充满信心。

也有人心灰意冷,在这洪荒的星球上,他们只想回到"天国",再也不想进行什么科研实验了。他们试图夺取这座山炼成的部件,起动飞船,飞回"天国"。嫦娥奔月就是这样,后羿把飞船的重要部件交给她保管,她不辞而别。外星人首领熏池对"嫦娥们"这种没有大局观念的行为十分气愤,当有人上山抢夺这种重要部件时,熏池打开"消防车"水龙头,喷向他们。夫诸就是一种"消防车"。

又东十里,曰青要之山,实帷帝之密都①。北望河曲,是多驾鸟②。南望墠(tián)渚,禹父③之所化,是多仆累④、蒲卢⑤。䰠⑥(shēn)武罗司之,其状人面而豹文,小要⑦而白齿,而穿耳以鐻⑧(qú),其鸣如鸣玉。是山也,宜女子。畛(zhěn)水出焉,而北流注于河。其中有鸟焉,名曰鴢(yǎo),其状如凫,青身而朱目赤尾,食之宜子。有草焉,其状如葌(jiān),而方茎黄华赤实,其本如藁(gǎo)本⑨,名曰荀草,服之美人色。

再往东十里是青要山,这里就是天帝的秘密宫殿。从青要山向北可以俯视黄河的拐弯处,这里有许多野鹅。从青要山向南可以远眺墠渚,那是大禹的父亲鲧化死后为黄熊的地方,这里有很多蜗牛和细腰蜂。山神武罗掌管这里,他长的是一副人脸,身上有豹纹,纤细的腰,洁白的牙,带着耳环,说话如玉石碰撞一般清脆。青要山适宜女子居住。畛水发源于此,向北流入黄河。山中有一种鸟,名叫鴢,形体像野鸭,青色的身子,红眼睛,红尾巴,食用它能使人多生孩子。山中生长着一种草,形状像兰草,方形的茎,开黄花,结红果,根部像藁本的根,名叫荀草,服用可使人的肤色洁白细嫩。

以上是传统的翻译法。下面是我的认识。

---

① 密都:隐秘都邑。
② 驾鸟:即"驾鹅",俗称野鹅。
③ 禹父:大禹的父亲鲧(gǔn)。
④ 仆累:蜗牛。
⑤ 蒲卢:果蠃,一种细腰的蜂。
⑥ 䰠:一说是鬼中的神灵,一说是山神。
⑦ 要:通"腰"。
⑧ 鐻:金银制成的耳环。
⑨ 藁本:一种香草。

要想在战争中取得胜利,首先是保全自己。"帝"就是取得胜利一方外星人的总指挥,他有个秘密指挥部,即一处隐秘的山洞。我们都知道,传说中的神仙都住在山洞里,这很可能与上古时期外星人之间的核战争有关。魃是外星人在地球上的最高统治者的核心人物之一。

"宜女子"不是适宜女子,对"女子"要分开理解,即女人生子。青要山的防空洞可以躲避核战争,其坚固程度就连女人生孩子都不受影响。不但如此,山中还有可以抗核辐射的动植物,即鴢和荀草,鴢对孩子有利,荀草对所有的人都有益。"服之美人色",不是说吃了它就变成美人一样的皮肤,而是说吃了它,可使人大大减少因核辐射而引起的皮肤溃烂等疾病。

又东十里,曰騩(guī)山,其上有美枣,其阴有琈之玉。正回之水出焉,而北流注于河。其中多飞鱼,其状如豚而赤文,服之不畏雷,可以御兵。

再往东十里是騩山,山上生长一种甜美的枣,山北盛产琈玉。正回水发源于此,向北流入黄河。水中有许多飞鱼,形状像小猪,身上长着红色的斑纹,服用它不怕打雷,还可以防御战乱。

牛首山也有飞鱼,"其状如鲋鱼,食之已痔衕",而此处的飞鱼与之形状不同,功能也不一样,所以,两种飞鱼是同名异物。其实,这里的飞鱼不是鱼,而是"飞鱼牌"防弹服,外星人穿上防弹服,体态十分臃肿,但可以避免被炮弹震聋,又可免受核辐射的危害。"服之"不是"食之",而是以"之"为"服",即把它当成衣服。

又东四十里,曰宜苏之山,其上多金玉,其下多蔓居①之木。滽滽(yōng)之水出焉,而北流注于河,是多黄贝。

再往东四十里是宜苏山,山上有丰富的金属矿和玉石矿,山下有繁茂的蔓荆。滽滽水发源于此,向北流入黄河,水中有很多黄色的贝。

---

① 蔓居:即"蔓荆",一种灌木。果实可入药,主治感冒风热、神经性头痛、风湿骨痛等。

尽管外星人有防辐射服，但他们吃的、用的还是受到了核污染，致使他们免疫力下降，感冒、风湿时有发生。蔓荆就是他们治疗疾病的良药。

又东二十里，曰和山，其上无草木而多瑶、碧，实惟河之九都①。是山也五曲，九水出焉，合而北流注于河，其中多苍玉。吉神②泰逢司之，其状如人而虎尾，是好居于萯山之阳，出入有光。泰逢神动天地气也。

再往东二十里是和山，山上没有草木，却有许多瑶、碧之类的玉石，实际上，这里才是黄河中九条水系汇聚的地方。这座山盘旋了五道弯，有九条溪流涌出，汇合后向北流入黄河，水中有很多苍玉。吉神泰逢主管这座山，他的形貌像人，却长着虎一样的尾巴。他喜欢住在萯山的南面，出入时有光芒闪耀。泰逢神法力极强，可以动天地之气。

"人面"，说的是泰逢神的外形；"虎尾"，说的是泰逢神的威严；"出入有光"，说明他乘坐的是飞行器；"动天地气"，说明泰逢神的飞行器特别大，起飞时地动山摇。

凡萯山之首，自敖岸之山至于和山，凡五山，四百四十里。其祠：泰逢、熏池、武罗皆一牡羊副③（pì），婴用吉玉。其二神用一雄鸡瘗之。糈用稌。

总计萯山山系，自敖岸山到和山，共五座山，绵延四百四十里。祭祀诸山山神时，泰逢、熏池、武罗三位神都要把一只公羊劈开来供上，祀神的玉器要用吉玉。祭其余二位山神献上一只公鸡，然后埋入地下。祀神的米用稻米。

① 都：汇聚。
② 吉神：即吉祥的神，做好事的神。
③ 副：裂开，剖开。

第四节 中次四经

> 两种牛的基因组合在一起就成了犀渠，穿山甲、狗和猪的基因组合一起就成了獳犬。

中次四经到中次六经，这三节记载特别简单，外星人的踪迹不明显。

中次四经厘山之首，曰鹿蹄之山，其上多玉，其下多金。甘水出焉，而北流注于洛，其中多泠（jīn）石①。

中部第四列山系厘山山系的第一座山叫鹿蹄山，山上盛产玉石，山下有丰富的金属矿。甘水发源于此，向北流入洛水，水中有很多泠石。

此处仍是外星人探矿。

西五十里，曰扶猪之山，其上多礝②（ruǎn）石。有兽焉，其状如貉③（hé）而人目，其名曰𤠔（yín）。虢水出焉，而北流注于洛，其中多礝石。

---

① 泠石：一种较软的石头。
② 礝：是次于玉一等的美石。
③ 貉：也叫狗獾或狸，外形像狐狸，体态较肥胖，尾巴较短，尾毛蓬松，耳朵短而圆，两颊有长毛，体色棕灰。

往西五十里是扶猪山，山上有许多礝石。山中有一种动物，形状像貉却长着人一样的眼睛，名叫䴦，虢水发源于此，向北流入洛水，水中也有很多礝石。

造物者仍在工作，此处把貉与地球古猿的基因组合在一起。

又西一百二十里，曰厘山，其阳多玉，其阴多蒐①（sōu）。有兽焉，其状如牛，苍身，其音如婴儿，是食人，其名曰犀渠。滽滽之水出焉，而南流注于伊水。有兽焉，名曰獭（jié），其状如獳（nòu）犬②而有鳞，其毛如彘鬣。

再往西一百二十里是厘山，山南有丰富的玉石，山北有很多茜草。山中有一种动物，形体像牛，灰色的皮毛，叫声如同婴儿啼哭，吃人，名叫犀渠。滽滽水发源于此，向南流入伊水。其中有一种动物，名叫獭，形体像獳犬，有鳞甲，还长毛，毛像猪鬃一样。

外星人的基因重组实验不是一处，他们在山上发现动物，就因地制宜地进行动物基因组合实验。两种牛的基因组合在一起就成了犀渠，穿山甲、狗和猪的基因组合一起就成了獳犬。

又西二百里，曰箕尾之山，多榖，多涂石，其上多㻬琈之玉。

再往西二百里是箕尾山，这里有很多构树，以及丰富的涂石，山上还有许多㻬琈玉。

这里没有动植物，很难看到外星人的影子。

又西二百五十里，曰柄山，其上多玉，其下多铜。滔雕之水出焉，而北流注于洛。其中多䱤羊。有木焉，其状如樗，其叶如桐而荚实，其名曰茇③（bá），可以毒鱼。

---

① 蒐：即"茅蒐"，即茜（qiàn）草。它的根是紫红色，可作染料，也可入药。
② 獳犬：发怒样子的狗。
③ 茇："芫"的误写。芫即"芫华"，落叶灌木，因树形矮小，被看作草，花可以药用，主治咳逆上气、痈肿。根茎有毒根可以毒死鱼。

再往西二百五十里是柄山，山上有丰富的玉石，山下有丰富的铜矿。滔雕水发源于此，向北流入洛水。山中有许多羬羊。山中还有一种树，形状像臭椿，叶子像梧桐，结出的是带荚的果实，名叫茇，这种植物可以毒死鱼。

在植物药理实验时，外星人不会亲尝，他们把根、茎、叶、花、果，分别喂给一些动物，当鱼被毒死后，他们发现了根茎的毒性。

又西二百里，曰白边之山，其上多金玉，其下多青、雄黄。

再往西二百里是白边山，山上有丰富的金属矿和玉石，山下盛产石青、雄黄。

这里不提动物，也不写植物，只是轻描淡写地记了两种矿藏。

又西二百里，曰熊耳之山，其上多漆，其下多棕。浮濠之水出焉，而西流注于洛，其中多水玉，多人鱼。有草焉，其状如苏①而赤华，名曰葶苧②（tíng nìng），可以毒鱼。

再往西二百里是熊耳山，山上有很多漆树，山下有很多棕树。浮濠水发源于此，向西流入洛水，水中有很多水晶石和美人鱼。这里有一种草，形状像苏草，开的是红花，名叫葶苧，能毒死鱼。

外星人仍在进行植物药理实验。

又西三百里，曰牡山，其上多文石，其下多竹箭、竹𥳑（méi）。其兽多㸲（zuó）牛、羬（xián）羊，鸟多赤鷩③（biē）。

再往西三百里是牡山，山上有很多带文理的石头，山下有很多竹箭、竹𥳑。山中的动物多是㸲牛、羬羊，鸟类多见赤鷩。

---

① 苏：即"紫苏"，又叫山苏，一年生草本植物，茎干呈方形，叶子紫红色。枝、叶、茎、果都可作药用。
② 葶苧：也被认为是葶苎（zhù），但到底是什么植物无人晓得。
③ 赤鷩：即"鷩雉"，也叫锦鸡，比野鸡小一些，冠子羽毛五色艳丽。

上文我们介绍过，牺牛、羬羊有时是动物，有时是运输工具；赤鷩也是如此，有时是鸟，有时是赤鷩牌灭火器。《山海经》就是这样，经常把一种动物和一种机械混记在一起，原始的地球人不是有意混淆后人的视听，而是他们当时的语言太贫乏了。

又西三百五十里，曰讙（huān）举之山，雒（luò）水①出焉，而东北流注于玄扈之水，其中多马肠②之物。此二山者，洛间也。

再往西三百五十里是讙举山，雒水发源于此，向东北流入玄扈水。玄扈山中有很多马腹这样的怪物。洛水在讙举山与玄扈山之间流过。

玄扈水发源于玄扈山，但本段主要说的是讙举山，玄扈山与讙举山只有一水之隔。

这里是外星人的驯养基地，主要驯养马腹这种怪兽，用以镇压地球人及外星人俘虏。马腹类似于今天的军犬或警犬。

凡厘山之首，自鹿蹄之山至于玄扈之山，凡九山，千六百七十里。其神状皆人面兽身。其祠之：毛用一白鸡，祈而不糈，以采衣③之。

总计厘山山系，自鹿蹄山到玄扈山共九座，途经一千六百七十里。诸山山神的相貌都是人的面孔、动物的身子。祭祀山神时，在长毛的畜禽中选用一只白鸡，祀神不用米，用彩色的帛把鸡包裹起来。

"人面兽身"，是指外星人实验出的具有较高灵性的物种，它们充当外星人的服务生。祭神与前面大同小异，不赘述。

---

① 雒水：即洛水。
② 马肠：即上文所说的怪兽马腹，人面虎身，叫声如婴儿啼哭，吃人。
③ 衣：名词作动词用。

第五节 中次五经

外星人开始教地球人挖井了,不过,这眼井很特别,枯水期有水,丰水期没水,为什么呢?

~~~~~~~~~~

中次五经薄山之首,曰苟林之山,无草木,多怪石。

中部第五列山系薄山山系的第一座山叫做苟林山,没有花木,却有很多怪石。

外星人开矿采石,环境被严重破坏,怪石可能是外星人炼矿后的半成品,即铁锭、铝锭之类的金属。

东三百里,曰首山,其阴多榖、柞(zuò),其草多䒞①(zhú)、芫②。其阳多㻌琈之玉,木多槐。其阴有谷,曰机谷,多𩿤(dì)鸟,其状如枭而三目,有耳,其音如鹿,食之已垫③。

往东三百里是首山,山北有很多构树和柞树,这里的草以䒞草和芫华居多。

---

① 䒞:即"山蓟",是一种可作药用的草。
② 芫:即上文的芫华。
③ 垫:一种因低温潮湿而引发的疾病。

山南盛产琈㻬玉，这里的树木主要是槐树。首山北面有个峡，叫做机谷，谷里有许多䰱鸟，形体像猫头鹰却长着三只眼睛，还有耳朵，发出的声音如同鹿鸣，食用可治疗湿气病。

一切动物都是两只眼，只有传说中马王爷和二郎神杨戬是三只眼，可无论是马王爷还是杨戬，他们天生喜欢跟人类"躲猫猫"，害得我等屁民无缘一观。鸟要长耳朵那就不是鸟，而是蝙蝠。那么䰱鸟到底是什么？对了，外星人把猫头鹰和蝙蝠的基因组合在一起，就生出了䰱鸟这种怪物。

又东三百里，曰县𤢎（zhū）之山，无草木，多文石。
又东三百里，曰葱聋之山，无草木，多㻬（bàng）石①。

再往东三百里是县𤢎山，这里没有草木，却有很多带有斑纹的石头。
再往东三百里是葱聋山，没有草木，却有很多㻬石。

两座山都是矿山。

东北五百里，曰条谷之山，其木多槐桐，其草多芍药、虋（mén）冬②。

往东北五百里是条谷山，这里的树木以槐树和桐树居多，草类以芍药和门冬草居多。

芍药的药性我们在《北山经》已经详细介绍了，这里不再赘述。
外星人仍在对草类进行药理实验。

又北十里，曰超山，其阴多苍玉，其阳有井，冬有水而夏竭。
又东五百里，曰成侯之山，其上多櫄（chūn）木，其草多芃（jiāo）③。

---

① 㻬石：即"珌石"，是次于玉石的石头。
② 虋冬：俗作门冬，主治肺痿咳嗽、痈疽等。
③ 芃：秦芃，治风湿关节痛、结核病、黄疸等症。

再往北十里是超山，山北有很多苍玉矿，山南有一眼井，冬天有水，夏天干枯。

再往东五百里是成侯山，山上有很多櫄树，这里的草多见秦芃。

外星人开始教地球人挖井了，不过，这眼井很特别，枯水期有水，丰水期没水，为什么呢？因为外星人研制草药需煎熬，通常在夏天，要大量的水，井里的水经常被抽干，冬天时停止实验，井中又有水了。

又东五百里，曰朝歌之山，谷多美垩。
又东五百里，曰槐山，谷多金锡。
又东十里，曰历山，其木多槐，其阳多玉。

再往东五百里是朝歌山，山谷里蕴藏着优质垩土。
再往东五百里是槐山，山谷里有丰富的金属矿和锡矿。
再往东十里是历山，这里有许多槐树，山南盛产玉石矿。

外星人仍在不辞辛苦地探矿。

又东十里，曰尸山，多苍玉，其兽多麖①（jīng）。尸水出焉，南流注于洛水，其中多美玉。

再往东十里是尸山，苍玉储量丰富，这里的动物以马鹿居多。尸水发源于此，向南流入洛水，水中有很多优质的玉石。

外星人养这些马鹿，也许就是看中马鹿的药用价值吧。

又东十里，曰良余之山，其上多榖柞，无石。余水出于其阴，而北流注于河；乳水出于其阳，而东南流注于洛。

---

① 麖：马鹿，黑棕色，雄者有角，鹿胎、鹿尾、鹿筋、鹿鞭、鹿血、鹿肉等都可入药。尤其是鹿茸，可以增强巨噬细胞功能和免疫力。

再往东十里是良余山，山上有许多构树和柞树，没有石头。余水发源于良余山的北麓，向北流入黄河；乳水发源于良余山的南麓，向东南流入洛水。

这座山中，外星人没有发现矿藏。

又东南十里，曰蛊尾之山，多砺石、赤铜。龙余之水出焉，而东南流注于洛。

再往东南十里是蛊尾山，这里盛产磨刀石和赤铜矿。龙余水发源于此，向东南流入洛水。

原始人把外星人在这座山中的勘探记录得很简单。

又东北二十里，曰升山，其木多榖、柞、棘，其草多藷藇①（yǔ）蕙②，多寇脱③。黄酸之水出焉，而北流注于河，其中多璇（xuán）玉④。

再往东北二十里是升山，这里的树以构树、柞树、酸枣树居多，草类以山药、蕙草居多，还有很多寇脱草。黄酸水发源于此，向北流入黄河，水中有很多璇玉。

外星人在升山大量种植草药，煎制草药的药渣使水变黄、变酸，也许黄酸水之名就是这么来的。

又东二十里，曰阳虚之山，多金，临于玄扈之水。

再往东二十里是阳虚山，金属矿藏丰富，阳虚山临近玄扈水。

---

① 藷藇：山药，它的药性已经介绍过了。
② 蕙：一种香草。
③ 寇脱：即"通草"，主治：湿温尿赤、淋病涩痛、水肿尿少、乳汁不下。
④ 璇玉：质量成色比玉差一点的玉石。

这又是外星人发现的一个富矿。

凡薄山之首,自苟林之山至于阳虚之山,凡十六山,二千九百八十二里。升山,冢也,其祠礼:太牢,婴用吉玉。首山䰠(shén)也,其祠用稌、黑牺太牢之具、蘖(niè)酿①;干儛②,置鼓;婴用一璧。尸水,合天也,肥牲祠之;用一黑犬于上,用一雌鸡于下,刉③(jī)一牝羊,献血。婴用吉玉,采之,飨之。

总计薄山山系,白苟林山到阳虚山,共十六座,绵延二千九百八十二里。升山山神是诸山的首领,祭祀升山山神时,带毛的牲畜用猪、牛、羊三牲作祭品,祀神的玉器用吉玉。首山的山神是䰠,祭祀这位山神用精稻米、整只黑色猪牛羊和美酒。祭祀的人们手持盾牌起舞,敲着鼓,和着节拍。祀神的玉器用一块玉璧。尸水是天神相聚的地方,要用肥壮的牲畜祭祀,然后把一只黑狗供在上面,一只母鸡供在下面,再杀一只母羊,献上血。祀神的玉器用吉玉,并用彩色帛盖上祭品,请神享用。

《山海经》中,祭祀山神䰠的礼节是最隆重的,可见䰠的地位是何等之高。尸水,有那么多马鹿,马鹿即能治疗癌症,又能治疗皮肤上的疮,外星人在这里是开会吗?非也!他们是在这里医治因核战争而带来的怪病。当然,治病过程中,也可能召开重大会议,研究讨论他们的去与留、战与和。地球人为了寻求他们的庇护,不惜把他们仅有的家畜作为供品献给了外星人。

---

① 蘖酿:蘖,酒曲,酿酒用的发酵剂。蘖酿指美酒。
② 干:即"盾牌"。儛:同"舞"。干儛就是手拿盾牌起舞,表示庄严隆重,古代举行祭祀活动时跳的一种舞蹈。
③ 刉:亦作"刏",划破,割。

第六节 中次六经

> 在外星人的战争中，双方的飞船均遭损毁，活着的外星人把他们的战友葬在这片林中。原来这里是外星人『烈士墓』。

中次六经缟羝（gǎo dī）山之首，曰平逢之山，南望伊洛，东望谷城之山，无草木，无水，多沙石。有神焉，其状如人而二首，名曰骄虫，是为螫（zhē）虫，实帷蜂、蜜之庐。其祠之，用一雄鸡，禳而勿杀。

中部第六列山系缟羝山山系的第一座山叫平逢山，此山南望伊水和洛水，东眺谷城山。平逢山没有草木，没有水，到处是沙子石头。山中有一山神，相貌像人却长着两个脑袋，名叫骄虫，他是养螫虫的，实际上，就是各种蜜蜂做巢的地方。祭祀这位山神用一只公鸡作祭品，祈祷后不宰杀。

没有草木，没有水，却能养蜂，那些蜂不知要跑多远去采蜜……如果这么想，那就误入歧途了。这里是外星人细菌战的研究所，骄虫不是人名，而是以"虫"为"骄"的外星科研工作者，也就是说，在战争中，培植细菌的科研工作者备受外星人尊崇。这里的"虫"就是蜜蜂。外星人养蜂传的不是花粉，而是细菌，所以，外星人必须把自己的身体包裹得严严实实，就像身穿太空服一样，以免"搬起石头砸自己的脚"。地球人哪知其中的玄机，只觉得养蜂人"其状如人"。平时,我们见养蜂人都戴头罩,当养蜂人把头罩摘下来的时候,那不就是"二首"吗?

西十里,曰缟羝之山,无草木,多金玉。

往西十里是缟羝山,没有草木,有丰富的金属矿和玉石矿。

《山海经》中,没有草木的地方,几乎都有矿藏。

又西十里,曰厎(guī)山,多瑊珸之玉。其阴有谷焉,名曰雚(guàn)谷,其木多柳、楮,其中有鸟焉,状如山鸡而长尾,赤如丹火而青喙,名曰鸰鹨(líng yào),其鸣自呼,服之不眯。交觞(shāng)之水出于其阳,而南流注于洛;俞随之水出于其阴,而北流注于谷水。

再往西十里是厎山,山上盛产瑊珸玉。山北有个峡谷叫雚谷,谷中有很多柳树和楮树。山中有一种鸟,形体像野鸡,尾巴很长,全身赤红色,只有嘴是青色的,名叫鸰鹨,其叫声就是它的名字,食用能使人不做噩梦。交觞水从山的南麓流出,向南流入洛水;俞随水发源于北麓,向北流入谷水。

鸰鹨就是威力较强的导弹,有了这种大规模杀伤性武器,外星人就可安枕无忧了。这里的"服"在传统上被译为"吃",但我认为是"依靠"。

又西三十里,曰瞻诸之山,其阳多金,其阴多文石。谢(xié)水出焉,而东南流注于洛;少水出其阴,而东流注于谷水。

又西三十里,曰娄涿(zhuō)之山,无草木,多金玉。瞻水出于其阳,而东流注于洛;陂(bēi)水出于其阴,而北流注于谷水,其中多茈石、文石。

又西四十里,曰白石之山。惠水出于其阳,而南流注于洛,其中多水玉。涧水出于其阴,西北流注于谷水,其中多麋石①、栌(lú)丹②。

---

① 麋石:即"画眉石",一种可以描饰眉毛的矿石。
② 栌:通"卢",黑色。"栌丹"指黑丹砂,一种矿物。

又西五十里,曰谷山,其上多榖,其下多桑。爽水出焉,而西北流注于谷水,其中多碧绿①。

再往西三十里是瞻诸山,山南有丰富的金属矿,山北蕴藏大量的带条纹的石头。谢水发源于此,向东南流入洛水;少水由北麓流出,向东流入谷水。

再往西三十里,是娄涿山,没有草木,金属和玉石矿藏丰富。瞻水发源于山的南麓,向东流入洛水;陂水发源于北麓,向北流入谷水,水中有很多紫颜色的石头和带有条纹的石头。

再往西四十里是白石山,惠水发源于山的南麓,向南流入洛水,水中有很多水晶石。涧水发源于北麓,向西北流入谷水,水中有很多画眉石和黑丹砂。

再往西五十里是谷山,山上有很多构树,山下有很多桑树。爽水发源于此,向西北流入谷水,水中有很多孔雀石。

这4座山,仍在外星人探矿。

又西七十二里,曰密山,其阳多玉,其阴多铁。豪水出焉,而南流注于洛,其中多旋龟,其状鸟首而鳖尾,其音如判木。无草木。

再往西七十二里是密山,山南玉石丰富,山北铁矿丰富。豪水发源于此,向南流入洛水,水中有很多旋龟,旋龟长着鸟一样的头,鳖一样的尾,叫声如同劈木头发出的声音。这座山不生长草木。

文中没有提及旋龟的用途,也许这种动物没有什么价值,外星人实验出了这种动物,又将其抛弃。

又西百里,曰长石之山,无草木,多金玉。其西有谷焉,名曰共谷,多竹。共水出焉,西南流注于洛,其中多鸣石②。

---

① 碧绿:有学者认为是孔雀石。孔雀石是一种古老的玉料,常与含铜矿物共生。
② 鸣石:一种青色的玉石,撞击后发出巨大鸣响,七八里以外都能听到,属于能制作乐器的磬石之类。

再往西一百里是长石山，没有草木，却有丰富的金属矿和玉石矿。这座山的西面有一道峡谷，名叫共谷，谷中有很多竹子。共水发源于此，向西南流入洛水，水中有很多鸣石。

外星人在地球工作之余，他们击磬而歌，自娱自乐，以表达对"天国"的思念。

又西一百四十里，曰傅山，无草木，多瑶、碧。厌染之水出于其阳，而南流注于洛，其中多人鱼。其西有林焉，名曰墦（fán）冢①。谷水出焉，而东流注于洛，其中多珚（yān）玉。

再往西一百四十里是傅山，没有草木，却有许多瑶、碧之类的美玉。厌染水发源于南麓，向南流入洛水，水中有很多美人鱼。山的西侧有一片树林叫墦冢。谷水发源于此，向东南流入洛水，水中有很多珚玉。

树林就是树林，坟就是坟，怎么会把树木叫做坟墓呢？不是那片树林叫墦冢，是那片树林中有一片叫墦冢的地方。在外星人的战争中，双方的飞船均遭损毁，活着的外星人把他们的战友葬在这片林中。原来这里是外星人"烈士墓"。

又西五十里，曰橐（tuó）山，其木多樗，多楠（béi）木②，其阳多金玉，其阴多铁、多萧③。橐水出焉，而北流注于河。其中多修④（xiū）辟之鱼，状如黾⑤（měng）而白喙，其音如鸱（chī），食之已白癣。

再往西五十里是橐山，山中的树木中以臭椿树和楠树居多，山南有丰富的金属矿和玉石矿，山北有丰富的铁矿和萧草。橐水发源于此，向北流入黄河。水中有很多修辟鱼，形体像蛙却长着白色的嘴，叫声如同鸱鹰，食用可治疗白癣病。

① 墦：墓。冢：坟。
② 楠木：即楠树，这种树七、八月间吐穗，成熟后，像有盐粉沾在上面。
③ 萧：蒿草的一种。
④ 脩：同"修"。
⑤ 黾：青蛙的一种。

修辟鱼不是鱼，是外星人用蛙和鱼等基因组合成的一种新生物，目的是为了医治细菌战造成的皮肤病。

又西九十里，曰常烝（zhēng）之山，无草木，多垩。潐（qiáo）水出焉，而东北流注于河，其中多苍玉。菑（zī）水出焉，而北流注于河。

往西九十里是常烝山，没有草木，垩土储量丰富。潐水发源于此，向东北流入黄河，水中有很多苍玉。菑水也发源于此，向北流入黄河。

这里只介绍两条水系的发源和流向，外星人足迹不明显。

又西九十里，曰夸父之山，其木多棕枏，多竹箭，其兽多㸸牛、羬羊，其鸟多鷩（biē），其阳多玉，其阴多铁。其北有林焉，名曰桃林，是广员三百里，其中多马。湖水出焉，而北流注于河，其中多珚玉。

再往西九十里是夸父山，山中的树木以棕树和楠木树居多，也有许多小竹丛。山里的动物中㸸牛、羬羊最多，鸟类赤鷩最多。山南盛产玉矿，山北盛产铁矿。这座山北面有一片树林叫桃林，方圆三百里，林子里有很多马。湖水发源于此，向北流入黄河，水中有许多珚玉。

夸父山是外星人的基因库，也是一个重要的实践基地，动物、植物、矿物俱全。这里的㸸牛、羬羊、赤鷩，包括马，都是动物，不是机械。

又西九十里，曰阳华之山，其阳多金玉，其阴多青、雄黄，其草多藷藇，多苦辛，其状如楢①（xiāo），其实如瓜，其味酸甘，食之已疟。杨水出焉，而西南流注于洛，其中多人鱼。门水出焉，而东北流注于河，其中多玄䃤（sǔ）。结（jí）姑之水出于其阴，而东流注于门水，其上多铜。门水至于河，七百九十里入雒水。

① 楢：同"楸"。楸树是落叶乔木，夏季开花，果实可作药用，主治热毒及各种疮疥。

再往西九十里是阳华山，山南有丰富的金属矿和玉石矿，山北面盛产石青和雄黄，山中的草以山药居多，也有许多苦辛草，这种草形状像楸木，果实像瓜，味道酸甜，食用它能治疗疟疾。杨水发源于此，向西南流入洛水，水中有很多美人鱼。门水也发源于这座山，向东北流入黄河，水中有很多黑色的磨刀石。緡姑水从阳华山北麓流出，向东流入门水，緡姑水的上游有丰富的铜矿。从门水到黄河，流经七百九十里注入黄河的支流雒水。

战争之后，地球一片废墟，外星人从战友的死尸中爬起来，为了医治战争的创伤，他们炼制飞行器需要的材料，以图早日回到"天国"。同时，外星人也种植山药、苦辛草、楸树等，治疗因核辐射和细菌给他们带来的恶疾。

凡缟羝山之首，自平逢之山至于阳华之山，凡十四山，七百九十里。岳在其中，以六月祭之，如诸岳之祠法，则天下安宁。

总计缟羝山系，自平逢山到阳华山，共十四座，绵延七百九十里。有座叫"岳"的大山在这其中，每年六月祭祀，祭祀的方式与其他山大体相同，这样天下就安宁了。

《中次六经》结尾突然出个"岳"，有学者解释为"中岳"，既泰山。在那么"岳"到底是什么？词典上解释说，岳即高大的山。"岳"在甲骨文写作 ，从外形上看，上面是一只大鸟，中间是个降落的箭头，下面是一座山。原始人当然不知道UFO，更不知道飞碟，他们把能飞的东西统称为大鸟。你现在就明白了，"岳"就是降落在山顶上的飞行器！我们不禁要问，飞碟为什么要落在山上而不落在平地呢？原因很简单，他们要与"天国"保持联系，山上没有遮拦，更容易接收"天国"信号。

还有个问题，地球人为什么要"六月祭之"呢？会不会是"六个月祭之"呢？即一年中有六个月都要祭祀山神，向外星人献家畜。地球人出于对外星人的崇拜，这是很可能的。

第七节 中次七经

> 回「天国」遥遥无期,外星人的生活陷入极端困境,为了生存,也为了完成他们的科研和实验,外星人逼迫他们的「服务生」和地球人进行耕种、养殖。

这个山系集中讲述外星人在战争之后的悲惨生活。

中次七经苦山之首,曰休与之山。其上有石焉,名曰帝台①之棋,五色而文,其状如鹑卵。帝台之石,所以祷百神者也,服之不蛊。有草焉,其状如蓍②(shī),赤叶而本丛生,名曰夙条,可以为簳③(gǎn)。

中部第七列山系苦山山系的第一座山叫做休与山。山上有一种小石子,是神仙帝台的棋子,这些棋子五种颜色并带着纹理,形状像鹌鹑蛋。神仙帝台的石子,是用来祷祀百神的,人佩带上它就会不受邪毒之气和侵染。休与山有一种草,形状像蓍草,红色的叶子,根部连体而生,名叫夙条,可以用来做箭杆。

因为战争,外星人的飞行器损毁,他们与"天国"失去了联系,他们梦想

---

① 帝台:神人的名字。
② 蓍:即"蓍草",又叫锯齿草。古人取蓍草的茎用作算卦。
③ 簳:小竹子,可以做箭杆。

有朝一日修好飞船，重新回到"天国"。可是，没有导航设备，在这茫茫的宇宙中，他们的"天国"在哪里呢？他们不甘心老死在地球，于是，他们利用小石子来摆出太空各星系的分布图，以寻找回"天国"的路线。帝台是外星人的首席专家，他们把众神——外星人召集到一起，将自己想法和推演的结果告诉大家，大家终于看到了回家的路线。这就是"服之不蛊"。"服"这里是依靠、凭借的意思。

因为战争，外星人的生活退到了原始态度，对地球人及他们的服务生都失去了控制。他们舍不得使用辛辛苦苦炼制的维修飞行器的原料来慑服地球人和他们的服务生。外星人不得不借助地球上的植物做弓箭，一方面控制地球人和服务生，另一方面防身自卫。

东三百里，曰鼓钟之山，帝台之所以觞①（shāng）百神也。有草焉，方茎而黄华，员叶而三成，其名曰焉酸，可以为毒②。其上多砺，其下多砥。

往东三百里是鼓钟山，神仙帝台在此宴请诸位天神。山中有一种草，茎是方的，花是黄的，叶是圆的，叶子重叠好几层，名叫焉酸，可以用来解毒。山上有丰富的粗磨刀石，山下丰富的细磨刀石。

外星人失去了"武器"，他们实验出的地球人渐渐地不服他们管制了，甚至不再祭祀他们——给他们供应牲畜和米。外星人饥寒交迫，他们采食地球上的植物时中了毒，幸好焉酸能够为他们解决这个问题。

磨刀石的作用显现出来，外星人把一些金属废件磨成锐器，以对付不听管教的服务生。

又东二百里，曰姑媱（yáo）之山。帝女死焉，其名曰女尸，化为䔄（yáo）草，其叶胥（xū）成，其华黄，其实如菟丘，服之媚于人。

再往东二百里是姑媱山，天帝的女儿就死在这座山中，她的名字叫女尸，死

---

① 觞：向人敬酒。

② 为毒：疗毒，祛毒。

后化成了蓍草,叶子相互重叠,开的是黄花,果实与菟丝子的果实相似,女人食用可美容,讨人喜欢。

女尸不是人名,而是一个女外星人死后的尸体。我们姑且把女尸当成一个女人的名字。或许地球人因不受外星人约束而遭大肆屠杀,或许外星人宰杀地球人充饥……总之,当地球人面临一场重大劫难时,女尸姑娘挺身而出,她救了地球人,地球人对她感恩戴德。女尸死后,她的坟头长出了蓍草,地球人出于对她的怀念,就采摘坟边的蓍草花戴在头上。久之,人们觉得女人戴花很漂亮,渐渐地演化为头饰。

又东二十里,曰苦山,有兽焉,名曰山膏,其状如豚,赤若丹火,善詈①(lì)。其上有木焉,名曰黄棘,黄华而员叶,其实如兰,服之不字②。有草焉,员叶而无茎,赤华而不实,名曰无条③,服之不瘿。

再往东二十里是苦山,山中有一种动物叫山膏,形体像小猪,遍体通红,犹如丹火,总是骂人。山上有一种树叫黄棘,黄色的花,圆形的叶,果实与兰草的果实相似,吃了它不能生育。山中还有一种草,圆叶,没有茎干,开红花,不结果,名叫无条,服用脖子不长肉瘤。

回"天国"遥遥无期,外星人的生活陷入极端困境,为了生存,也为了完成他们的科研和实验,外星人逼迫他们的服务生和地球人进行耕种、养殖。然而地球人的生育能力较强,人多食少,外星人不得不对地球人进行"计划生育",逐渐减少地球人的数量。山膏就是监督地球人耕种养殖的服务生。同时,外星人仍然在医治核战争给他们带来的创伤,利用无条治疗他们或地球人的淋巴癌。

又东二十七里,曰堵山,神天愚居之,是多怪风雨。其上有木焉,名曰天

---

① 詈:骂,责骂。
② 字:怀孕,生育。
③ 无条:此处的无条与《西山经》里的无条草形状不一样,属同名异物。

榅（pián），方茎而葵状，服者不噎①（yē）。

再往东二十七里是堵山，神人天愚居住在这里，这里经常刮怪风下怪雨。山上生长一种树，名叫天榅，方形的茎，形状如同葵菜，食用可以预防噎食病。

堵山是外星人的一个重要基地，天愚是外星人的一位领导，他驾驶小型飞行器或巡视，或探矿，或监视外星人战俘维修宇宙飞船。然而，他们之间的那场核战争灾难就像幽灵一般如影相随，一些外星人及地球人得了食道癌。在天愚的主持下，经过多次实验，终于发现天榅对这种病有疗效。

又东五十二里，曰放皋之山，明水出焉，南流注于伊水，其中多苍玉。有木焉，其叶如槐，黄华而不实，其名曰蒙木，服之不惑。有兽焉，其状如蜂，枝尾而反舌，善呼，其名曰文文。

再往东五十二里是放皋山，明水发源于此，向南流入伊水，水中有很多苍玉。山中有一种树，叶子与槐树相似，开黄花，不结果，名叫蒙木，食用可使人头脑清醒。山中有一种动物，形体如蜂，尾巴细长，舌头倒长，经常呼叫，名叫文文。

战争过后，无论是外星人还是地球人，他们不但得了怪病，还得了忧郁症，头昏脑涨。外星人不能坐以待毙，他们实验出治疗怪病的各种药物，蒙木是其中一种。舌头反长着？我想象不出是什么样。此处的文文不可能是兽类，也不可能是人类，很可能是机器人，这种机器人主要用来管理地球人劳作的，当地球人偷懒时，它就出来呵斥。

又东五十七里，曰大䯲（kǔ）之山，多㻬之玉，多麋玉②。有草焉，其状叶如榆，方茎而苍伤③，其名曰牛伤④，其根苍文，服者不厥⑤，可以御兵。其阳狂水

---

① 噎：食物噎住咽喉，噎食病。
② 麋玉：一种像玉的石头。
③ 苍伤：青色的刺。
④ 牛伤：牛棘。
⑤ 厥：突然昏倒。

出焉，西南流注于伊水，其中多三足龟，食者无大疾，可以已肿。

再往东五十里是大䓃山，这里有丰富的琈瑶玉，还有许多麋玉。山中有一种草，叶子与榆树叶相似，方形的茎干上长满灰色的刺，名叫牛伤，根茎上有灰色的条纹，食用可以预防昏厥病，而且还能防御兵灾。狂水从山的南麓流出，向西南流入伊水，水中有很多长着三只脚的龟，食用者不得大病，还可以消肿。

外星人也好，地球人也罢，包括外星人的服务生，他们在打猎和采矿时难免摔伤、划伤流血。人失血过多就会昏迷。牛伤草是一种金创药，把它涂在伤口上，既能止血，又能加速伤口愈合。"御兵"不是防御兵灾，而是对刀或石等锐器造成的伤具有治疗效果。三足龟是大补药，不但能增强人的免疫力，还能消肿化瘀，这种动物与牛伤草配合使用，对割伤、划伤之类的外伤有特效。

又东七十里，曰半石之山，其上有草焉，生而秀①，其高丈余，赤叶赤华，华而不实，其名曰嘉荣，服之者不霆②。来需之水出于其阳，而西流注于伊水，其中多䲢（lún）鱼，黑文，其状如鲋，食者不睡。合水出于其阴，而北流注于洛，多䲢（téng）鱼③，状如鳜（guì）④，居逵⑤，苍文赤尾，食者不痈⑥，可以为瘘⑦。

再往东七十里是半石山，山上有一种草，出土后就开花吐穗，它能长一丈多高，红叶红花，但不结果，名叫嘉荣，服用者不怕打雷。来需水从南麓流出，向西流入伊水，水中有很多䲢鱼，黑色的斑纹，形体像鲫鱼，食用可提神不瞌睡。合水从北麓流出，向北流入洛水，水中有很多䲢鱼，形体像鳜鱼，栖息在水下四处贯

---

① 秀：植物吐穗。
② 霆：疾雷、迅雷。
③ 䲢鱼：瞻星鱼。
④ 鳜：也叫桂鱼。
⑤ 逵：四通八达的大路。这里指水底相互贯通的洞穴。
⑥ 痈：恶性脓疮。
⑦ 瘘：恶疮。

通的洞穴里,灰色的斑纹,红色的尾巴,食用可预防痈肿病,还可以治疗瘘疮。

在我们的视野里,广播电视塔、加油站、建筑大楼、通信站、气象台、军事基地等等,无不装有避雷针。外星人的通信设施必然也有避雷针,嘉华不是草,也不是树,而是避雷针。此处的"服"不能理解为"吃",而是依靠、凭借的意思。这里是外星人规模最大的水生物实验场。鯩鱼、䲢鱼都是外星人实验出的新鱼类,主要目的是治疗核战争和细菌战留下的各种顽疾。

又东五十里,曰少室之山,百草木成囷①(qūn)。其上有木焉,其名曰帝休,叶状如杨,其枝五衢②(qú),黄华黑实,服者不怒。其上多玉,其下多铁。休水出焉,而北流注于洛,其中多䱱(tì)鱼,状如盩蜼③(zhōu wèi)而长距④,足白而对,食者无蛊疾,可以御兵。

再往东五十里是少室山,山上有各种各样的草木,远远望去,就像一个圆形的大谷仓。山上有一种树,名叫帝休,叶子的形状与杨树相似,树枝相互交错伸向不同方向,这种树开黄花,结黑果,食用可使人心平气和。山上有丰富的玉矿,山下有丰富的铁矿。休水发源于此,向北流入洛水,水中有很多䱱鱼,形体像猕猴,爪子上的距较长,白色的脚趾相对而生,食用可以预防疑心病,还能防御兵灾。

少室山是外星人最大的植物基因库,利用这些植物,外星人实验出了治疗各种疾病的草药。由于外星人短时无法回到"天国",外星人得抑郁症的人很多,为了医治这类疾病,外星人实验出了帝休树,这种树的某一部分有镇静安神功能,可使外星人平心静气地修复飞行器,同时安心地等待"天国"的救援。

有像猴子一样的鱼吗?没有。有长脚的鱼吗?也没有。䱱鱼是什么?䱱

---

① 囷:圆形谷仓。
② 五衢:交错的样子。
③ 盩蜼:一种与猕猴相似的动物。
④ 距:指鸡爪子上方突起像脚趾的部分。

鱼是以水流动为动力的通讯预警设备。外星人的高科技产品损毁殆尽，好不容易修复了通讯设备，却没有电池，万般无奈，他们不得不用粗笨的"水车"为动力，带动设备工作，以探知"天国"飞船发出的信号，同时监控那些被迫维修飞船的战俘是不是有暴动的迹象。可怜的外星人，天堂有路你不走，地狱无门自来投。真是如履薄冰，如临深渊哪！

又东三十里，曰泰室之山，其上有木焉，叶状如梨而赤理，其名曰栯（yǒu）木，服者不妒。有草焉，其状如荒（zhú），白华黑实，泽如蘡薁①（yīng yù），其名曰䔄草②，服之不昧。上多美石。

再往东三十里是泰室山，山上有一种树，叶子的形状像梨树，红色纹理，名叫栯木，这种树可以入药，服用这种树不生嫉妒之心。山中有一种草，形状像白术，开白花，结黑果，果实的光泽像野葡萄，名称是䔄草，食用可使人不做噩梦。山上还有很多漂亮的石头。

栯木和䔄草都是外星人实验出的安神药，战争之后，有人抑郁，有人神经错乱，他们不但不配合采矿冶炼，维修飞行器，还不时发病，影响其他外星人的正常工作。有了这两种草药，虽然一时治不好他们的病，但可减少发病次数。

又北三十里，曰讲山，其上多玉，多柘（zhè）、多柏。有木焉，名曰帝屋，叶状如椒，反伤赤实，可以御凶。

再往北三十里是讲山，山上盛产玉石，还有很多柘树和柏树。山中有一种奇怪的树，名叫帝屋，叶子的形状与花椒树相似，长有倒刺，果实呈红色，可以避凶。

从甲骨文和金文分析，"帝"是既可以利用无线电波与上天沟通，又可以向地球的每个角落发出指令的人。显然，"帝屋"不是树，而是外星人的

---

① 蘡薁：俗称野葡萄。
② 䔄草：与姑媱山的䔄草形状不一样，当是同名异物。

无线电装置，"叶状如椒"是说信号塔上的接收发射装置如树叶一样分布。当我们的手无意中接触电话线时，总有一种发麻感觉，"反伤"就是这种触电的感觉。红色是警戒之色，"赤实"说明信号塔涂上了红色，地球人是不能碰的。"可以御凶"是说，塔上能够监控很远很远，一旦发生紧急情况，比如外星人战俘暴动之类，塔上立刻通知"有关部门"做好应急准备。

又北三十里，曰婴梁之山，上多苍玉，錞于玄石。

再往北三十里是婴梁山，山上盛产苍玉，苍玉都依附在黑色的石头上。

苍玉中一定含有外星人需要的某种重要元素，不然文中不会一而再、再而三地提到苍玉。

又东三十里，曰浮戏之山，有木焉，叶状如樗而赤实，名曰亢木，食之不蛊。汜水出焉，而北流注于河。其东有谷，因名曰蛇谷，上多少辛①。

再往东三十里是浮戏山，山中有一种树，叶子像臭椿树，结红色的果子，名叫亢木，食用可以驱虫避邪。汜水发源于此，向北流入黄河。浮戏山东面有一道峡谷，因峡谷里有蛇而称蛇谷，峡谷上面生长许多细辛草。

外星人实验出了那么多药，治疗核战争、细菌战留下的疾病需要那么多药吗？其实不需要的，有两三种就差不多了，关键是每种草药种子有限，种植有限，野外生长有限……那么多患者，一种草药不够用，必须找出可以相互替代的草药。比如，亢木可以代替蒙木，细辛草可以代替秦艽等等。

又东四十里，曰少陉（xíng）之山，有草焉，名曰菌（gāng）草，叶状如葵，而赤茎白华，实如蘡薁，食之不愚。器难之水出焉，而北流注于役水。
又东南十里，曰太山，有草焉，名曰梨，其叶状如荻而赤华，可以已疽。太水出于其阳，而东南流注于役水；承水出于其阴，而东北流注于役。

---

① 少辛：即"细辛"，一种药草，主治风湿痹痛、痰饮咳喘、鼻塞、口疮。

再往东四十里是少陉山,这里有一种草叫茼草,叶子形状与葵菜相似,红茎,白花,果实像野葡萄,食用可使人变得聪明。器难水发源于此,向北流入役水。

再往东南十里是太山,山中有一种草名叫梨,叶子的形状像蒿草,开红花,可以治疗痈疽。太水从山的南麓流出,向东南流入役水;承水从这座山的北麓流出,向东北流入役水。

天下有使人变聪明的药吗?没有,但是有使人恢复神智的药,茼草便是。梨也不是我们平时吃的水果,而是一种蒿草,可以治疗皮肤病的蒿草。外星人不会用自己的同类做实验,今天喂这种药,明天喂那种草。于是,地球人就成了外星人实验的小白鼠。外星人先使地球人患上失忆症,再给地球人吃茼草,地球人很快恢复了记忆,仿佛由傻瓜变成了智者。再使地球人染上炭疽病毒,浑身生疮,外星人给地球人涂上梨叶汁,很快毒疮就痊愈了。在地球人身上看到了实验效果,外星人才把这些药用在他们的患者身上。

又东二十里,曰末山,上多赤金。末水出焉,北流注于没。
又东二十五里,曰没山,上多白金,多铁。没水出焉,北注于河。

再往东二十里是末山,山上有丰富的红色金属矿。末水发源于此,向北流入役水。

再往东二十五里是役山,山上有丰富的白色金属矿和铁矿。役水发源于此,向北流入黄河。

外星人的实验不是孤立的,他们往往在实验草药的同时也进行探矿、考察,更多地了解我们这个地球。这样不但可以了解宇宙的形成,还可提前N年以为他们的星球灭亡时找到第二故乡。

星球会灭亡吗?当然。一切事物都有开始和结束,诞生是起点,灭亡是终点。科学家认为,我们居住的地球是这样,太阳是这样,宇宙也是如此。就拿太阳来说,它的寿命在100亿年左右,现在已经是"人到中年"——50亿岁了。再过50亿年,它就要寿终正寝,变成一颗中子星。中子星是介于恒星和黑洞之间的星体,其密度为10的11次方千克/立方厘米,也就是说,葡萄大的一颗中子星,质量达一亿吨。中子星是一种引力极强的天体,就连光也不能逃脱。当外星人的星球灭亡来临时,他们一定会进行外星移民,我们的地球就是他们的选择之一。这就是科学家说的外星入侵,外星人真的会入侵我们的地球吗? 后面我们会详细分析。

又东三十五里,曰敏山,上有木焉,其状如荆,白华而赤实,名曰蓟柏,服者不寒。其阳多㻬琈之玉。

又东三十里,曰大騩(guī)之山,其阴多铁、美玉、青垩。有草焉,其状如蓍而毛,青华而白实,其名曰𦽦,服之不夭,可以为腹病。

再往东三十五里是敏山,山上有一种树,形状与牡荆相似,开白花,结红果,名叫蓟柏,食用者不怕寒冷。山南盛产㻬琈玉。

再往东三十里是大騩山,山北有丰富的铁矿、优质的玉矿、青色的垩土矿。山中有一种草,形状像蓍草,有绒毛,开青花,结白果,名叫𦽦,吃了它可延年益寿,还可以治疗肠胃疾病。

地球人在航天器中,往往带上一些植物种子及狗和猴子之类灵性较高的动物。我们的科技水平还不够,只能到太空中走上一遭,就得立刻往回跑。没有找到一个适合生物生长的星球,当然也不会把这些种子和动物与另一个星球的动植物杂交。不过,航天诱变育种已成为当今的重要科研项目。经选育而成的太空椒5号,平均单果重达250克,最大果达720克,大棚栽培亩产可达8000公斤。据专家介绍,经太空遨游的辣椒种子,大多数都发生了遗传基因突变,返回地面种植,不仅植株明显增高增粗、果型增大,品质提高,而且对病虫害的抵御能力也有所增强。蓟柏和𦽦草以及《山海经》中许许多多的植物就是外星植物与地球植物杂交出的物种,或许这两种植物就是传说中的仙草吧。

凡苦山之首,自休与之山至于大騩之山,凡十有九山,千一百八十四里。其十六神者,皆豕(shǐ)身而人面。其祠:毛牷(quán)用一羊羞,婴用一藻玉瘗(yì)。苦山、少室、太室皆冢也。其祠之:太牢之具,婴以吉玉。其神状皆人面而三首。其余属皆豕身人面也。

总计苦山山系,自休与山到大騩山共十九座,绵延一千一百八十四里。其中十六座山的山神都是猪身人面。祭祀这些山神时,在带毛的牲畜中,选一只纯色的羊用以祭祀,祭神的玉器用藻玉,将其埋入地下。苦山、少室山、太室山都是诸山的首领。祭祀这三座山的山神时,在带毛的牲畜中选用猪、牛、羊三牲做祭品,祀神的玉器用吉玉。这三个山神都长着人的面孔、三颗脑袋。另外那十六座山的山神是猪身人面。

这段话有点啰嗦,前面已经说了十九位山神中十六位是猪身人面,最后又说了一次。上古时期没有笔,字都是用刀刻在木板或竹简上,刀也不是现在的钢刀,而石刀或是青铜刀,字既不是繁体也不是简体,而是象形文字,困难程度可想而知。但《山海经》的作者还是刻上了。显然,这是在强调一个问题——"苦山、少室、太室皆冢也"。

苦山、少室山和太室山的神仙真有三颗脑袋吗? 非也。这是在说这三座山的"领导"智慧高超。如果把普通的"神仙"比为臭皮匠,那么,这三位"神仙"个个都是诸葛亮。这三尊"神仙"是外星人,另外十六座山就不是了。地球人在探索太空时,由于飞船载重所限,飞船上的人都不多,美国和俄罗斯合建的国际空间站也就6个人。就算外星人的科技水平是地球人的100倍,有600外星人光临地球,核战争和细菌战死亡一半,剩下300人,这300人中得顽症的100人左右,能在中国这片土地进行科学实验的也就是200人。《山海经》共记载了约550座山,平均每3座山才能分配到1个人,何况地球上的狼虫虎豹很多,1个人进行科学考察,那跟找死没什么两样,至少也应该2个外星人同行。可是书中的每个山都有山神,所以说,一大批"神仙"不是外星人,而是外星人制造出的智慧生命,换句话说,就是外星人的服务生,这些服务生时时处处听命于外星人。

第八节 中次八经

> 闷游三山，闲逛五岳，悠哉游哉。这不是神仙吗？不错，外星人就是神仙，其实他们没有我们想象的那样"潇洒"，他们每天都要工作，这是"天国"人民赋予他们的神圣使命。

〰〰〰〰〰〰〰〰〰〰

中次八经荆山之首，曰景山，其上多金玉，其木多杼①檀（zhù tán）。雎（jū）水出焉，东南流注于江，其中多丹粟，多文鱼。

中部第八列山系荆山山系的第一座山叫景山，山上有丰富的金属矿和玉石矿，这里的树木以柞树和檀树居多。雎水发源于此，向东南流入江水，水中有很多粟粒大小的丹砂，还有许多带斑纹的鱼。

此处仿佛是游记，看不出什么。

东北百里，曰荆山，其阴多铁，其阳多赤金，其中多犛（lí）牛②，多豹虎，其木多松柏，其草多竹，多橘櫾③（yòu）。漳水出焉，而东南流注于雎，其中多

---

① 杼：杼树，就是柞树。
② 犛牛：即"牦牛"。
③ 櫾：同"柚"。

黄金，多鲛（jiāo）鱼①。其兽多闾麋。

往东北一百里是荆山，山北有丰富的铁矿，山南有丰富的红色金属矿，山中有许多犛牛和豹、虎，这里的树木多见松柏，草类植物主要是小竹丛，还有很多的橘子树和柚子树。漳水发源于此，向东南流入雎水，水中有沙金，鲨鱼也很多。山中动物最多的是山驴和麋鹿。

这里外星人的基因库，矿多、兽多、树多、鲨鱼多、山驴和麋鹿多，外星人可以进行广泛的动植物实验。

又东北百五十里，曰骄山，其上多玉，其下多青䨼，其木多松柏，多桃枝鉤端。神䰆（tuó）围处之，其状如人面，羊角虎爪，恒游于雎漳之渊，出入有光。

再往东北一百五十里是骄山，山上有丰富的玉石，山下有丰富的青䨼，这里的树木以松树和柏树居多，桃枝和鉤端之类的小竹子也不少。神仙䰆围居住在这里，他长得是人面、羊角、虎爪，䰆围经常游弋于雎水和漳水的深处，出入水面闪闪发光。

䰆围是外星人制造出的服务生，他至少有人、羊、虎的基因，因为经常出入水中，所以，他还可能有鱼的基因，身上的鳞片在阳光照耀下闪闪发光。

又东北百二十里，曰女几之山，其上多玉，其下多黄金，其兽多豹虎，多闾麋、麖②（jīng）、麂③（jǐ），其鸟多白鷮④（jiāo），多翟，多鸩⑤（zhèn）。

再往东北一百二十里是女几山，山上有丰富的玉石矿，山下有丰富的黄色金属矿，山中的动物多见豹和虎，以及山驴、麋鹿、麖、麂。鸟类多见白鷮、长尾巴

---
① 鲛鱼：鲨鱼。
② 麖：马鹿（水鹿），体形高大，栗棕色，性机警，善奔跑，尾毛色棕黑蓬松。
③ 麂：一种小鹿。
④ 白鷮：也叫"鷮雉"，一种像野鸡而尾巴较长的鸟。
⑤ 鸩：鸩鸟，传说中的一种身体有毒的鸟，体形大小如鹰，羽毛紫绿色，长颈红喙。

野鸡和鸠鸟。

这是外星人的"动物园",聚焦着猛兽、鹿类、鸟类,只要用于外星人实验,只要工作需要,随时拉出去。

又东北二百里,曰宜诸之山,其上多金玉,其下多青䨼。𣵠(wéi)水出焉,而南流注于漳,其中多白玉。

再往东北二百里是宜诸山,山上有丰富的金属矿和玉石矿,山下有丰富的青䨼矿。𣵠水发源于此,向南流入漳水,水中有很多白色玉石。

这里是探矿、采矿。

又东北二百里,曰纶山,其木多梓、枏,多桃枝,多柤①(zhā)、栗、橘、櫾,其兽多闾、麈②(zhǔ)、麢③(líng)、㚟④(zhuò)。

再往东北二百里是纶山,山中多见梓树、楠木树、桃枝竹,以及山楂树、栗子树、橘子树、柚子树,山里的动物多见山驴、麈鹿、羚羊和㚟。

这里草木繁茂,品种甚多,动物之间和谐共处,这就是传说中的仙境。其实,仙境就是外星人的动植物基因库。

又东二百里,曰陆隗(guǐ)之山,其上多㻬琈之玉,其下多垩,其木多杻檀。

再往东二百里是陆隗山,山上有丰富的㻬琈玉石,山下有丰富的垩土,树木多见杻树和檀树。

---

① 柤:同"楂",山楂。
② 麈:鹿一类的动物,尾巴可以当作拂尘。
③ 麢:同"羚"。
④ 㚟:外形与兔子相似,鹿脚,皮毛呈青色。

外星人勘探的矿山。

又东百三十里，曰光山，其上多碧，其下多木。神计蒙处之，其状人身而龙首，恒游于漳渊，出入必有飘风暴雨。

再往东一百三十里是光山，山上有丰富的碧玉矿，山下树木很多。神仙计蒙居住在这里，计蒙人身龙首，他经常在漳水的深处游荡，出入水时，既刮大风，又下大雨。

计蒙不是神，而是外星人的水上飞船，"人身"是说透过飞船的窗口，可以看到外星人的身影。"龙首"是说飞船的驾驶舱前伸出两根天线像龙角或龙须。飞船起飞时，喷出的尾气像飓风一样，把水吹到半空，如下大雨一般。

又东百五十里，曰岐山，其阳多赤金，其阴多白珉①（mín），其上多金玉，其下多青雘，其木多樗。神涉蠱（tuó）处之，其状人身而方面三足。

再往东一百五十里是岐山，山南有丰富的红色金属矿，山北有丰富的白珉石，山上有丰富的金属矿和玉石矿，山下有丰富的青雘矿。这里的树木以臭椿树居多。神仙涉蠱住在这里，他长的是人身、方脸、三只脚。

涉蠱是一个标准的外星人，他的身材跟地球人差不多，一张"国"字脸，手里拿着一根类似于洛阳铲的勘探仪器，他在组织地球人开采矿石。"三足"不是说他长三只脚，而是说他手里拿的勘探设备像第三只脚。

又东百三十里，曰铜山，其上多金、银、铁，其木多穀、柞、柤、栗、橘、櫾，其兽多犳（zhuó）。

又东北一百里，曰美山，其兽多兕、牛，多闾、麈，多豕、鹿，其上多金，其下多青雘。

---

① 珉：一种似玉的美石。

又东北百里，曰大尧之山，其木多松柏，多梓桑，多机①，其草多竹，其兽多豹、虎、麢、臭。

再往东一百三十里是铜山，山上有丰富的金、银、铁矿，这里的树木多见构树、柞树、山楂树、栗子树、橘子树、柚子树，较多动物是长着豹子斑纹的狗。

再往东北一百里是美山，山中的动物多见兕、野牛，以及山驴、麈鹿、野猪、鹿。山上有丰富的金属矿，山下有丰富的青䨼矿。

再往东北一百里是大尧山，山中的树木多见松树和柏树，以及梓树和桑树和桤(qī)树，草类主要是竹丛，动物多见豹子、老虎、羚羊、臭等。

如果你是神仙，这三座大山是最好的修炼之所——虎、豹、鹿、牛随你骑，栗子、柚子、山楂、桑葚随你吃，有财宝供你享用，有风景供你游乐……这真是闷游三山，闲逛五岳，悠哉游哉。不错，外星人就是神仙，其实他们没有我们想象的那样"潇洒"，他们每天都要工作，这是"天国"人民赋予他们的神圣使命。

又东北三百里，曰灵山，其上多金玉，其下多青䨼，其木多桃、李、梅、杏。

又东北七十里，曰龙山，上多寓木②，其上多碧，其下多赤锡，其草多桃枝、钩端。

又东南五十里，曰衡山，上多寓木、穀、柞，多黄垩、白垩。

又东南七十里，曰石山，其上多金，其下多青䨼，多寓木。

又南百二十里，曰若山，其上多㻬琈之玉，多赭，多䤩石③，多寓木，多柘。

又东南一百二十里，曰彘山，多美石，多柘。

又东南一百五十里，曰玉山，其上多金玉，其下多碧、铁，其木多柏。

又东南七十里，曰讙山，其木多檀，多䤩石，多白锡④。郁水出于其上，潜于其下，其中多砥砺。

---

① 机：机木树，就是桤树。一种落叶乔木，木材坚韧，生长很快，容易成林。
② 寓木：又叫宛童，寄生树。有两种，叶子圆的叫蔦(niǎo)木，叶子像麻黄的叫女萝。因这种植物寄寓在其他树木上生长，像鸟站立树上，所以称作寄生、寓木、蔦木。俗称寄生草。
③ 䤩石：即封石，可作药用的矿物，味甜，无毒。
④ 锡：和本书中所记载的金、银、铜、铁等一样，未经提炼的矿石或矿砂。

> 又东北百五十里，曰仁举之山，其木多榖柞，其阳多赤金，其阴多赭。

再往东北三百里是灵山，山上有丰富的金属矿和玉石矿，山下有丰富的青䒵矿，这里的树木多见桃、李、梅、杏等。

再往东北七十里是龙山，山上多见寄生树，山上盛产碧玉石，山下有丰富的红色锡土，草类多见桃枝、钩端之类的小竹丛。

再往东南五十里是衡山，山上多见寄生树、构树、柞树，还丰富的黄垩土、白垩土。

再往东南七十里是石山，山上有丰富的金属矿，山下有丰富的青䒵矿，还有许多寄生树。

再往南一百二十里是若山，山上有丰富的璃玗玉石、赭石、封石，以及许多寄生树和柘树。

再往东南一百二十里是彘山，有很多漂亮的石头，还有很多柘树。

再往东南一百五十里是玉山，山上有丰富的金属矿和玉石矿，山下有丰富的碧玉、铁，这里的树木多见柏树。

再往东南七十里是讙山，这里有很多檀树，还有丰富的封石矿和白锡土矿。郁水发源于山顶，由石下潜流到山脚，水中有很多磨刀石。

再往东北一百五十里是仁举山，这里的树木多见构树和柞树，山南面有丰富的赤金属矿，山北面有丰富的赭石矿。

要探那么多矿山，如果没有X光般的眼睛，短时间内绝不可能完成，就是用现在的科技手段，至少要也三年五载。当时的地球人连填饱肚子都成问题，这些矿藏既不能吃，也不能喝，他们才不会做这种无用功，只有外星智慧生命才会对这些矿藏感兴趣，就像我们的宇航员到月球上取几块石头一样。上述9座山，山山都留下了外星人的光辉足迹。

> 又东五十里，曰师每之山，其阳多砥砺，其阴多青䒵，其木多柏，多檀，多柘，其草多竹。

又东南二百里，曰琴鼓之山，其木多榖、柞、椒①、柘，其上多白珉，其下多洗石，其兽多豕、鹿，多白犀，其鸟多鸩。

再往东五十里是师每山，山南有丰富的磨刀石，山北有丰富的青䕫矿，山中的树木多见柏树、檀树、柘树，草类大多是小竹子。

再往东南二百里是琴鼓山，这里的树木多见构树、柞树、椒树、柘树，山上有丰富的白珉石，山下有丰富的洗石，这里的动物多见野猪、鹿，以及白犀牛，鸟类多见鸩鸟。

探矿的同时勘察动植物，勘察动植物的同时探矿，外星人的工作就是这样。

凡荆山之首，自景山至琴鼓之山，凡二十三山，二千八百九十里。其神状皆鸟身而人面。其祠：用一雄鸡祈瘗，用一藻圭，糈用稌。骄山，冢也。其祠：用羞酒少牢祈瘗，婴毛一璧。

总计荆山山系，从景山到琴鼓山，共二十三座，途经二千八百九十里。诸山山神都是鸟的身子，人的面孔。祭祀山神时，选用一只公鸡为祭品，祭后埋入地下，并将一块藻圭玉献上。祀神的米用精稻米。骄山是诸山之首领。祭祀骄山时，要献上美酒和猪、羊，然后埋入地下，并将一块玉璧系在猪羊项上。

"鸟身而人面"，这是外星人用他们的基因与鸟类组合而实验出的灵长动物，这种灵长类动物在荆山山系中充当外星人的服务生，在地球人看来，他们就是神。骄山是外星人设在荆山山系的指挥部。

---

① 椒：椒树。相传，椒树矮小而丛生，它下面的草木都会被其刺死。此处的椒树与上文所记花椒树不同。

第九节 中次九经

> 战败的外星人十分清楚,能修好的飞船少之又少,胜者不可能把他们带回"天国",他们必定要被胜者扔在这个荒芜的地球上,与其老死在地球,不如铤而走险。

中次九经岷山之首,曰女几之山,其上多石涅,其木多杻橿,其草多菊、朮(zhú)。洛水出焉,东注于江①。其中多雄黄,其兽多虎、豹。

中部第九列山系岷山山系的第一座山叫女几山,山上有丰富的石涅,树木多见杻树、橿树,草类多见野菊、苍术或白术。洛水发源于此,向东流入长江。山里还有丰富的雄黄,动物多见虎、豹。

《中次八经》中也有座女几山,但那座山的"土特产"与本段中不同,也没有水系。按照《山海经》"错误定律"来看,两座山重名的可能性不大,应该是作者的错记。

又东北三百里,曰岷山,江水出焉,东北流注于海,其中多良龟,多鼍②(tuó)。其上多金玉,其下多白珉。其木多梅棠,其兽多犀、象,多

---

① 江:文中"江"或"江水"很多,多专指长江。下同。
② 鼍:扬子鳄。

夔（kuí）牛①，其鸟多翰②、鹭③。

再往东北三百里是岷山，长江发源于此，向东北流入大海，水中有许多品种优良的龟和鼍。山上有丰富的金属矿和玉石矿，山下盛产白色的珉石。山中的树木多见梅树和海棠树，动物多见犀牛、大象和夔牛，鸟类多见白翰和赤鹭。

这里也是外星人的基因库，他们利用这些基因，实验出各种各样的动物和植物。

又东北一百七十里，曰崃山，江水出焉，东流注于大江。其阳多黄金，其阴多麋麈，其木多檀柘，其草多薤（xiè）、韭，多药④、空夺⑤。

再往东北一百七十里是崃山，江水发源于此，向东流入长江。山南有丰富的金属矿，山北多见麋鹿和麈，这里的树木多见檀树和柘树，草类多见野薤菜和野韭菜，还有许多白芷和寇脱。

外星人在实验动植物的药性。

又东一百五十里，曰崌（jū）山，江水出焉，东流注于大江，其中多怪蛇⑥，多䲡（zhì）鱼。其木多楢⑦（yóu）杻，多梅、梓，其兽多夔牛、麢、犀、兕。有鸟焉，状如鸮（xiāo）而赤身白首，其名曰窃脂，可以御火。

再往东一百五十里是崌山，江水发源于此，向东流入长江，水中有许多怪蛇

---

① 夔牛：相传，一种重达几千斤的大牛。
② 翰：就是《西山经》所说的白翰鸟，野鸡的一种。
③ 鹭：赤鹭鸟，锦鸡。
④ 药：指白芷，一种香草。
⑤ 空夺：即前文所说的寇脱。
⑥ 怪蛇：相传，有一种钩蛇长达几丈，尾巴分叉，在水中钩取岸上的人、牛、马吞食。怪蛇就指这样的蛇。
⑦ 楢：一种木质刚硬的树木，可以用来制造车轮子。

和鳌鱼。树木多见楢树和杻树，以及梅树和梓树，动物多见夔牛、羚羊、犀牛和兕。山中有一种鸟，形体像猫头鹰，却是红色的身子，白色的脑袋，名叫窃脂，用它可以防御火灾。

目前，地球上UFO事件已经超过五十万次，其形状主要有两种：一种是碟形，一种是雪茄形，也就是棍形。这种大"怪蛇"就是雪茄形的飞船。外星人在飞船中进行动物基因实验，夔牛、羚羊、犀牛和兕以及地球人和牲畜经常被拉进去，这不就是"吞食"吗？鳌鱼是外星人的"水上飞机"，"红身白首"的窃脂是灭火器。

又东三百里，曰高梁之山，其上多垩，其下多砥砺，其木多桃枝、钩端。有草焉，状如葵而赤华、荚实、白柎，可以走马。

再往东三百里是高梁山，山上有丰富的垩土矿，山下丰富的磨刀石，树木多见桃枝竹和钩端竹。山中有一种草，形状像葵菜，开红花，结带荚的果实，白色的花萼，用这种草喂马，可使其奔跑如飞。

由于大量飞行器毁于战争，外星人一夜之间回到了万恶的旧社会，他们不得不驯马来为他们服务。这种如葵的草营养丰富，可使马膘肥体壮，箭一般奔驰。

又东四百里，曰蛇山，其上多黄金，其下多垩，其木多栒（xún），多豫章，其草多嘉荣、少辛。有兽焉，其状如狐，而白尾长耳，名狼（yǐ）狼，见则国内有兵。

再往东四百里是蛇山，山上有丰富的黄色金属矿，山下有丰富的垩土矿，这里的树木多见栒树和豫章树，草类多见嘉荣、细辛。山中有种动物，形体像狐狸，白尾巴，长耳朵，名叫狼狼，它出现在哪里，哪个国家就有兵灾。

蛇山当然有蛇，这里的蛇也是外星人的飞行器。战争之后，取得胜利的外星人在这里逼迫战俘维修宇宙飞船,以图早日返回"天国"。可是,战败的外星人十分清楚,能修好的飞船少之又少,胜者不可能把他们带回"天国",他们必定要被胜者扔在这个荒芜的地球上,与其老死在地球,不如铤而走险,如果侥幸,说不定还可驾驶飞船返回"天国"。狒狼是胜方外星人实验出的灵兽,用以传递信息。

这里的"兵"是被俘外星人的暴动行为。看管战俘的外星人发现苗头不对,立刻命数只狒狼到各个山头搬兵,镇压战俘。

又东五百里,曰鬲(gé)山,其阳多金,其阴多白珉。蒲鹰鸟(hōng)之水出焉,而东流注于江,其中多白玉。其兽多犀、象、熊、罴,多猿、蜼①。

再往东五百里是鬲山,山南有丰富的金属矿,山北有丰富的白珉石矿。蒲鹰鸟水发源于此,向东流入长江,水中有很多白玉石。山中的动物多见犀牛、大象、熊、罴,以及猿猴、长尾猴。

达尔文创造了进化论,按照这一理论,人类学家列出了生物进化顺序:无脊椎动物→有脊椎动物(鱼类时代)→两栖动物→爬行动物→哺乳动物→猿猴类动物→类人猿→人类。

人真是这么进化而来的吗?不仅我这么问,如今的许多科学家也这样问。在一个多世纪的时间里,考古学家发现了哺乳动物化石,发现了猿猴化石,就是找不到类人猿遗骸。考古学家踏遍万水千山,不得不无奈地宣布:人类进化有断层。也就是说,地球上的动物只进化到猿猴类动物,还没有进化到类人猿就修成了人形。打个比方,一个孩子昨天才二岁,一夜之间就二十岁了。这可能吗?看似不可能,其实完全可能!因为外星人把他们的基因和地球上的土著猿猴类动物的基因组合在一起,地球人便闪亮诞生了。

猿猴也许能进化成类人猿,也可能进化成人,但那需要千万年沧桑。

本段文字中的动物都是外星人的实验品,猿、蜼是制造地球人原料。当你翻到《山海经》第六卷《海外南经》时,你就会惊奇地发现,那里记载的就是外星人轰轰烈烈的造人运动。

---

① 蜼:一种体形较大的长尾猴,黄黑色,尾长数尺。

又东北三百里,曰隅阳之山,其上多金玉,其下多青雘,其木多梓桑,其草多苋。涂之水出焉,东流注于江,其中多丹粟。

又东二百五十里,曰岐山,其上多白金,其下多铁,其木多梅梓,多杻楢。减(jiǎn)水出焉,东南流注于江。

再往东北三百里是隅阳山,山上有丰富的金属矿和玉石矿,山下有丰富的青雘矿,这里的树木多见梓树和桑树,草类大多是紫草。徐水发源于此,向东流入长江,水中有许多粟粒大小的丹砂。

再往东二百五十里是岐山,山上有丰富的白色金属矿,山下有丰富的铁矿,这里的树木多见梅树和梓树,以及杻树和楢树。减水发源于此,向东南流入长江。

《山海经》只要记山,绝大多数都要提到水,为什么?山,外星人采矿;水,他们做什么呢?

外星人来到地球乘坐的是宇宙飞船,虽然飞船在哪里都能起飞,可水上滑行起飞却可以节省燃料,尤其是外星人战争后,燃料直接关系到他们能否返回"天国"。

又东三百里,曰勾檷(mí)之山,其上多玉,其下多黄金,其木多栎柘,其草多芍药。

再往东三百里是勾檷山,山上有丰富的玉石矿,山下有丰富的黄色金属矿,这里的树木多见栎树和柘树,草类多见芍药。

《山海经》记树也罢,记草也罢,绝大多数都是在记草药,用以医治战争的创伤。

又东一百五十里,曰风雨之山,其上多白金,其下多石涅,其木多椒(zōu)樿①(shàn),多杨。宣余之水出焉,东流注于江,其中多蛇。其兽多闾、麋,多麈、豹、虎,其鸟多白鷮(jiāo)。

---

① 樿:樿树,也叫白理木。木质坚硬,木纹洁白,可以制作梳子、勺子等器物。

再往东一百五十里是风雨山，山上有丰富的白色金属矿，山下有丰富的石涅矿，这里的树木多见椒树、榉树和杨树。宣余水发源于此，向东流入长江，水中有很多蛇。山中的动物多见山驴、麋鹿，以及麈、豹子和老虎，鸟类大多是白鹛。

《山海经》还有一个现象，即有蛇之山往往水系丰富。不用我说，你已经知道了其中的奥秘——因为蛇不是传统意义上的蛇，而是外星人的蛇形飞船，即雪茄形UFO。风雨山不但矿藏丰富，树木、动物的种类也很多，适宜外星人进行生物基因实验。外星人频繁往来于此，飞船起飞降落时喷出的尾气吹在水上，那便是像雾像雨又像风。也许就是这个原因，这座山才叫风雨山。

又东二百里，曰玉山，其阳多铜，其阴多赤金，其木多豫章、楢、杻，其兽多豕、鹿、麢、臭（zhuò），其鸟多鸩。

再往东二百里是玉山，山南有丰富的铜矿，山北有丰富的赤金属矿，这里的树木多是豫章树、楢树和杻树，动物较多的是野猪、鹿、羚羊和臭，鸟类多是鸩鸟。

这里也是外星人的一个基因库。

又东一百五十里，曰熊山，有穴焉，熊之穴，恒出入神人。夏启而冬闭。是穴也，冬启乃必有兵。其上多白玉，其下多白金。其木多樗柳，其草多寇脱。

再往东一百五十里是熊山，山中有个洞，那是熊的巢穴，神人经常出入此洞。洞穴夏季开启，冬季关闭。如果冬季开启，就一定有战争。山上有丰富的白玉矿，山下有丰富的白色金属矿。山里的树木多见臭椿树和柳树，草类多见寇脱。

神人经常出入熊洞，难道不怕熊吃了他们吗？不但不怕，熊还是神人的好朋友，因为洞里的熊也是"神人"，他就是黄帝。黄帝号有熊氏，姓公孙，系有熊部落的首领，生于轩辕之丘，所以后人也称其为轩辕黄帝，或轩辕氏。黄帝是远古时代华夏民族的共主，五帝中的第一位。

黄帝可不是地球人，他是外星人地球领导班子成员之一，当外星人撤回"天国"时，因为飞行器无法承载更多的外星人，他和炎帝、蚩尤等一批外星人留了下来，永久地留了下来。此处，我们先按下不表，后面我们要详细讲他们之间的分歧和战争。

夏天时，采集各种动植物标本的外星人经常出入"熊洞"，冬天他们在洞中进行生物实验。由于外星人之间发生了战争，在洞中实验的黄帝不得不出洞，与敌人进行殊死搏杀。这就是"冬启乃必有兵"。

战争的副产品是伤亡，既然有伤员，那就得医治，寇脱草就是治伤的药物之一。

又东一百四十里，曰騩山，其阳多美玉、赤金，其阴多铁，其木多桃枝、荆、芑。

又东二百里，曰葛山，其上多赤金，其下多瑊（jiān）石，其木多柤、栗、橘、櫾、楢、杻，其兽多麢、臭，其草多嘉荣。

又东一百七十里，曰贾超之山，其阳多黄垩，其阴多美赭，其木多柤、栗、橘、櫾，其中多龙脩①。

再往东一百四十里是騩山，山南有丰富的玉石和红色金属矿，山北有丰富的铁矿，这里的树木多见桃枝竹、牡荆树和枸杞树。

再往东二百里是葛山，山上有丰富的赤金属矿，山下有丰富的瑊石矿，这里的树木多见柤树、栗子树、橘子树、柚子树、楢树和杻树，动物多见羚羊和臭，花草大多是嘉荣。什么是嘉荣草？谁也说不清楚，但通过上面的分析，可以确定，这是一种草药。

再往东一百七十里是贾超山，山南有丰富的黄垩矿，山北有丰富的赭石矿，这里的树木多见柤树、栗子树、橘子树、柚子树，山中的草类多见龙须草。

这三座山有个共同的特点，矿藏丰富，植物种类繁多，大都可做药用。或许是用来医治战争中伤员吧。

---

① 龙脩：龙须草，具有清热解毒、利尿、止痛作用。

凡岷山之首,自女几山至于贾超之山,凡十六山,三千五百里。其神状皆马身而龙首。其祠:毛用一雄鸡瘗,糈用稌。文山①、勾檷、风雨、骢之山,是皆冢也。其祠之:羞酒,少牢具,婴毛一吉玉。熊山,席也。其祠:羞酒,太牢具,婴毛一璧。干儛,用兵以禳②(ráng);祈,璆③(qiú)冕④舞。

总计岷山山系,从女几山到贾超山,共十六座山,绵延三千五百里,诸山山神的相貌都是马的身子龙的脑袋。祭祀山神时,选带毛的公鸡一只做祭品埋入地下,祀神的米用精稻米。文山、勾檷山、风雨山、骢山是诸山的首领。祭祀这四座山时,要献美酒,用猪、羊二牲做祭品,祀神的玉器选一块吉玉。熊山是诸山首席执行官。祭祀这位山神时,不但要献美酒,还要用猪、牛、羊三牲做祭品,玉器中用一块玉璧。禳灾时,要手持盾牌兵刃跳舞;祈福时,要穿戴礼服持玉跳舞。

通常认为,古人的舞蹈来源于狩猎和战争,其实狩猎也是战争。在战争中,尤其是大规模作战,军队的队形非常重要,这就是我们平时所说的排兵布阵。地球人跳舞祭祀就是操练阵法的一种方式。如果把文山、勾檷山、风雨山、骢山四座山的首领比为大将,熊山的首领黄帝就是元帅。在黄帝的英明领导下,他们取得了胜利,但是,阶级敌人不甘心于他们的失败,战败方又进行了数次反扑,甚至把他们的服务生组织起来,与黄帝做最后一搏。他们失败了,黄帝一方惨胜,以致黄帝等一批外星人没能返回"天国"。

---

① 文山:即"岷山"。
② 禳:祈祷消灾。
③ 璆:同"球",美玉。
④ 冕:即"冕服",古代帝王、诸侯及卿大夫的礼服。这里泛指礼服。

第十节 中次十经

外星人进行了轰轰烈烈的大生产运动——炼矿，以修复飞行器。

他们探矿、采矿，把矿石集中到一起，即运矿。科技不是问题，问题是地球上的劳动力资源太匮乏了，没有工人，就连农民工也没有，怎么运？

中次十经之首，曰首阳之山，其上多金玉，无草木。

又西五十里，曰虎尾之山，其木多椒、椐①（jū），多封石，其阳多赤金，其阴多铁。

中部第十列山系的第一座山叫首阳山，山上有丰富的金属矿和玉石矿，没有草木。

再往西五十里是虎尾山，这里多见花椒树、椐树，封石资源丰富，山南有大量的红色金属矿，山北有丰富的铁矿。

最初，外星人来到地球也一定和地球人到月球一样，带几块石头就走。当发现地球有大量生命体存在时，他们就想观察地球，以找回他们逝去的进化过程。然而，地球人的进化太慢长了，而且，不确定因素很多，尤其是5000年前，地球曾经历了一个残酷的严冬，生命大量死亡。主观上，外星人打着拯救地球的幌子，来到我们这个星球，他们发射了九颗人造太阳，加上

---

① 椐：椐树，也叫灵寿木。树干多肿节，可用做手杖。

地球上原来的太阳，烤化了地球上的冰川，这就是十日并出；客观上是为了进行"天国"严令禁止的、包括人类在内的生物工程试验。同时，也不能排除要把地球开发成外星人旅游区的可能。

外星人苦干加巧干，若干年后，大功即将告成，可就在这时，外星人之间发生了残酷的战争，飞行器几乎全部被毁。没有飞行器，就算外星人安上翅膀也飞不回去。可是，外星人肩负着"天国"人民的重托和"天国"的科学使命，他们必须返回"天国"，于是，外星人进行了轰轰烈烈的大生产运动——炼矿，以修复飞行器。他们探矿、采矿，把矿石集中到一起，即运矿。科技不是问题，问题是地球上的劳动力资源太匮乏了，没有工人，就连农民工也没有，怎么运？只有通过水路，以最少的人，做最多的事。

外星人先伐树，把树制成筏或船之类的水上运输工具，再把矿石搬到筏上……《山海经》的作者不知这些"神仙"要干什么，但他知道"神仙"最关注什么，所以，当你翻开《山海经》时，文中首先记的是山，即矿山，然后才是树、水、草及各种动物。作者也不是什么草都记，记的都是有药用价值的草。

又西南五十里，曰繁缋（huì）之山，其木多楢杻，其草多枝、勾。
又西南二十里，曰勇石之山，无草木，多白金，多水。

再往西南五十里是繁缋山，这里的树木多见楢树和杻树，草类多见桃枝、鉤端之类的小竹丛。
再往西南二十里是勇石山，没有草木，有丰富的白色金属矿，水系较多。

白色金属主要有银、锡、钠、钾、钙、镁、铝、钛、铂、钯等，这些金属广泛用于航天领域，尤其是钛铝合金，比钢铁坚硬，却只有钢铁比重的三分之一左右。

又西二十里，曰复州之山，其木多檀，其阳多黄金。有鸟焉，其状如鸮，而一足彘尾，其名曰跂踵（qǐ zhǒng），见则其国大疫。

再往西二十里是复州山，这里的树木多见檀树，山南有丰富的黄色金属矿。山中有一种鸟，形体像猫头鹰，却一只爪子，而且长着猪一样的尾巴，名叫跂踵，它在哪里出现，哪里就会发生大瘟疫。

黄金不是我们做首饰的黄金，而是黄色金属，主要是铜和金。外星人的货币是不是用金我们不得而知，但铜也广泛用于航天领域。跂踵不是鸟，而是一种信号弹。在过去，战争和瘟疫是一对双胞胎，只要有战争，就会死人，死人不及时掩埋，就会腐烂变臭，腐烂变臭是细菌滋生的结果，细菌滋生就引发瘟疫。当一个地区出现瘟疫时，那里的外星人服务生便发射信号弹向外星人报警。

又西三十里，曰楮山，多寓木，多椒、椐，多柘，多垩。
又西二十里，曰又原之山，其阳多青䨼，其阴多铁，其鸟多鸜鹆[1]（qú yù）。
又西五十里，曰涿（zhuó）山，其木多榖柞杻，其阳多㻬琈之玉。
又西七十里，曰丙山，其木多梓、檀，多㪭（shěn）杻[2]。

再往西三十里是楮山，这里多见寄生树和花椒树、椐树及柘树，垩土矿丰富。
再往西二十里是又原山，山南有丰富的青䨼矿，山北有丰富的铁矿，这里的鸟类多见八哥。
再往西五十里是涿山，这里的树木多见构树、柞树、杻树，山南有丰富的㻬琈玉矿。
再往西七十里是丙山，这里的树木多见梓树、檀树及㪭杻树。

外星人在寻找合适的树木，砍伐后做船筏之类的水上交通工具，用以运送矿石。

凡首阳山之首，自首山至于丙山，凡九山，二百六十七里。其神状皆龙身而

---

[1] 鸜鹆：即"鸲鹆"，俗称"八哥儿"。
[2] 㪭杻：高而直的杻树，杻树多曲少直。

人面。其祠之：毛用一雄鸡瘗，糈用五种之糈①。堵山②，冢也，其祠之：少牢具，羞酒祠，婴毛一璧瘗。騩山，帝也，其祠羞酒，太牢具，合巫③祝④二人舞，婴一璧。

总计中部第十个山系，自首阳山到丙山，共九座山，绵延二百六十七里。诸山山神的相貌都是龙身人面。祭祀时，在带毛的牲畜中选用一只公鸡献祭后埋入地下，祀神的米要选五种。堵山是诸山的首领，祭祀这里的山神时，用猪、羊二牲做祭品，摆上美酒，在玉器中用一块玉璧，祭祀后埋入地下。騩山的神仙是这个山系的最高首领，祭祀他时，不但要进献美酒，还要用猪、牛、羊齐全的三牲作祭品，同时，女巫师和男祝师二人共舞，在玉器中选用一块玉璧祭祀。

本经之中的9座没有騩山，可"结束语"却说"騩山，帝也"，并记录了祭祀騩山山神的规模和礼仪。《中次九经》中也有騩山，那个騩山的祭祀规格与此騩山根本不在一个档次。显然，《中次十经》山系不归《中次九经》的騩山"代管"，两座山不是同一座山。

《山海经》中有一些山重名，重名最多的就是騩山，共7座，其中1座是大騩山。现实生活中，騩山是不存在的。騩的本意是毛色浅黑的马。"騩"左边是"马"，右边是"鬼"。在《西山经》中我们分析过，"鬼"是外星人战俘，他们被迫为胜者维修飞行器。"马""鬼"合一，即放马的鬼。

——噢，明白了！"鬼"在修飞行器时他们也在思索，就算把飞行器修好了，胜者也不会把他们带回"天国"。"鬼"的心里当然不平衡，你们想返回"天国"享福，留我们在地球上受罪，没门！于是，他们消极怠工，甚至把完好的飞行器部件也给修坏了。此事被胜者发现后，一些鬼被流放到山上放马。所以，有"鬼"放马的地方通通叫騩山。

---

① 五种之糈：指黍、稷、稻、粱、麦五种谷物。
② 堵山：指楮山。
③ 巫：古代原始宗教的一种，能请神送神、传达神鬼话语的人，即女巫。
④ 祝：古代在祠庙中主管祭礼的人，即男巫。

第十一节 中次十一经

虽然外星人的科技高度发达,但那是在他们的"天国",要人有人,要钱有钱,高精尖设备一应俱全。在地球上,他们一穷二白,甚至找根钉子都没有,他们只能因陋就简,在井中安装设备,发射人造卫星。这就是"天井"。

～～～～～～～～～～

中次一十一山经荆山之首,曰翼望之山,湍水出焉,东流注于济;贶(kuàng)水出焉,东南流注于汉,其中多蛟①。其上多松柏,其下多漆梓,其阳多赤金,其阴多珉。

中部第十一列山系荆山山系的第一座山叫翼望山,湍水发源于此,向东流入济水;贶水也发源于这里,向东南流入汉水,水中有很多蛟。山上多见松柏树,山下多见漆树和梓树,山南有丰富的赤色金属矿石,山北有丰富的珉石矿。

传说虺千年为蛟,蛟五百年为龙,龙五百年为角龙(头上长角),千年为应龙(有翼)。

龙不用解释,谁都知道,不过,《山海经》中的龙有两种:一种是动物龙,一种是机械龙。动物龙是外星人用狮、鹿、鱼、蛇、鹰等动物基因组合而成的灵兽,它们的角色是外星人的服务生。机械龙就是雪茄形UFO,是外星人的大型宇宙飞船。原始的地球人把雪茄形飞船比为龙,就像我们把火

---

① 蛟:蛟龙,一种能发洪水的动物。

车比为龙、把飞机比为鹰一样。蛟也是两种龙,一种是动物,一种是机械,机械的蛟就是由水上滑行起飞的UFO。

又东北一百五十里,曰朝歌之山,潕(wǔ)水出焉,东南流注于荥(xíng),其中多人鱼。其上多梓、枏,其兽多麢、麋。有草焉,名曰莽草①,可以毒鱼。

再往东北一百五十里是朝歌山,潕水发源于此,向东南流入荥水,水中有很多美人鱼。山上多见梓树和楠木树,这里的动物多见羚羊和麋鹿。山中有一种草,名叫莽草,可以毒死鱼。

美人鱼是外星人造出的水中动物,它似人非人,似鱼非鱼,生存空间有限,食物较为单一。作为人,它不能在陆上生存;作为鱼,水中的食物又少。这是外星人造人运动中产生的次品,当莽草果落水中时,美人鱼误食之,结果纷纷死去。

又东南二百里,曰帝囷(qūn)之山,其阳多瑊琈之玉,其阴多铁。帝囷之水出于其上,潜于其下,多鸣蛇。

再往东南二百里是帝囷山,山南有丰富的瑊琈玉矿,山北有丰富的铁矿。帝囷水发源于山顶,由石下潜流到山脚,水中有很多鸣蛇。

《中次二经》载:"其状如蛇而四翼,其音如磬,见则其邑大旱。"鸣蛇我们已经破译过,不再赘述。

又东南五十里,曰视山,其上多韭。有井焉,名曰天井,夏有水,冬竭。其上多桑,多美垩、金、玉。

---

① 莽草:即上文所说的芒草,有祛风止痛,消肿散结,杀虫止痒的功效,主治癣疥、秃疮等。其枝、叶、根、果均有毒,果壳毒性更大,可麻痹运动神经末梢,严重时损害大脑。

再往东南五十里是视山，山上生长很多野韭菜。山中有一眼井叫天井，夏天有水，冬天干涸。山上多见桑树，这里有丰富的优良垩土、金属矿和玉石矿。

1960年，美国搜寻地外文明的奥兹马计划开始实施，1972年，由美国的康奈尔大学教授卡尔·萨根和奥兹马计划的领导者德雷克和萨根夫人、艺术家琳达·萨根精心设计了一个地球人"名片"。这是一张15×22.5厘米的镀金铝片，它的下方为太阳和九大行星示意图，图上表明"名片"的来源，即太阳系第三颗星球，右面还有一对地球人男女的裸体像，男的举起右手，在向外星人打招呼，左面是氢原子结构及离地球最近的脉冲星的位置和周期。这张地球人信息的"名片"，由1972年的"先驱者10号"探测器和1973年的"先驱者11号"携带飞向太空，试图寻求外星人的回声。

外星人来到地球是进行科学实验的，谁也不想老死在这荒芜的星球上，何况他们还肩负"天国"的使命，他们必须回去。向"天国"求救就要发射飞行器，在地球上直接发射信号，"天国"难以接到，最好的办法是发射人造卫星，通过人造卫星把信号送到太空。

虽然外星人的科技高度发达，但那是在他们的"天国"，要人有人，要钱有钱，高精尖设备一应俱全。在地球上，他们一穷二白，甚至找根钉子都没有，他们只能因陋就简，在井中安装设备，发射人造卫星。这就是"天井"。

又东南二百里，曰前山，其木多楮（zhū），多柏，其阳多金，其阴多赭。

再往东南二百里是前山，这里的树木多见楮树和柏树，山南有丰富的金属矿，山北有丰富的赭石矿。

战争后的外星人举步维艰，就像家财万贯的富翁，一夜之间沦为乞丐一样，那种绝望的心情可想而知。为了维修飞行器，他们不停地探矿、选矿、炼矿，试图早日修复他们的飞船，早日回到"天国"。

又东南三百里，曰丰山，有兽焉，其状如猿，赤目、赤喙、黄身，名曰雍和，见则国有大恐。神耕父处之，常游清泠（líng）之渊，出入有光，见则其国为败。有九钟焉,是知霜鸣。其上多金,其下多榖、柞、杻、橿。

再往东南三百里是丰山,山中有一种动物,形体像猿猴,红眼睛,鸟一样的嘴,而且也是红色的,身子呈黄色,名叫雍和,它出现在哪里,哪里就发生重大的恐怖事件。神仙耕父居住在这座山上,他经常在清泠渊游玩,出入水时闪闪发光,它出现在哪里,哪里就会衰败。这座山还有九口钟,这九口钟在落霜的时候响起。山上有丰富的金属矿,山下多见构树、柞树、杻树和橿树。

1945年8月6日上午9时,美国向日本广岛投下一枚核弹,名叫"小男孩"。"小男孩"实在不小,身高3.05米长,比篮球明星姚明还高出近1米;直径0.711米,即腰围2.233尺;重4.09吨,相当于近3辆1.6升排量的小汽车。"其状如猿"的"雍和"就是原子弹,耕父是其承载者,确切地说是水上滑行起飞的飞行器。耕父把原子弹投到哪里,哪里便是一片废墟。九口钟是外星人计算天体运行周期的设备,当然也能计算地球的四季变化,它不但知霜,也知地震和海啸。

"神耕父"不是神仙耕父,而是神奇的耕父。

又东北八百里,曰兔床之山,其阳多铁,其木多藷藇,其草多鸡谷,其本如鸡卵,其味酸甘,食者利于人。

又东六十里,曰皮山,多垩,多赭,其木多松柏。

又东六十里,曰瑶碧之山,其木多梓枏,其阴多青雘,其阳多白金。有鸟焉,其状如雉,恒食蜚①,名曰鸩。

再往东北八百里是兔床山,山南有丰富的铁矿,山里多见藷藇树,草类多见鸡谷草,鸡谷草的根像鸡蛋一样,味道酸中带甜,吃这种草有益健康。

再往东六十里是皮山,山上蕴藏丰富的垩土,还有大量的赭石,这里的树木多见松树和柏树。

再往东六十里是瑶碧山,这里的树木多见梓树和楠木树,山北有丰富的青雘矿,山南有丰富的白色金属矿。山中有一种鸟,形状如野鸡,经常吃蜚虫,名叫鸩。

---

① 蜚:一种有害的小飞虫,形状椭圆,散发恶臭。

蘦蕵是药，鸡谷草也是药，有清热利湿功效，主治上呼吸道感染、急性胃肠炎等。此处的鸩鸟和上文所说的有毒鸩鸟不是一种，应是同名异物。

这三座山仍在记述外星人药理实验及探矿、勘察，他们日复一日、加班加点地工作，不敢懈怠。

又东四十里，曰支离之山，济水出焉，南流注于汉。有鸟焉，其名曰婴勺，其状如鹊，赤目、赤喙、白身，其尾若勺，其鸣自呼。多㸯牛、多羬羊。

再往东四十里是支离山，济水发源于此，向南流入汉水。山中有一种鸟，名叫婴勺，形体像喜鹊，红眼、红嘴、白羽毛，尾巴呈勺形，它的叫声就是它的名字。山中还有许多㸯牛、羬羊。

婴勺是外星人实验出的鸟，这种鸟灵性不强，不能为外星人提供服务。

又东北五十里，曰祑𥳐（zhì diāo）之山，其上多松、柏、机①、桓②。

再往东北五十里是祑𥳐山，山上多见松树、柏树、栘树、桓树。

想回"天国"不容易，外星人只能面对现实，没有饮料，他们就喝栘树叶；没有洗衣粉，他们就用无患子。外星人在地球，就像上海人被丢进深山老林，那才叫从河南到湖南，从湖南到海南，难（南）上加难（南）哪！

又西北一百里，曰堇（jǐn）理之山，其上多松柏，多美梓，其阴多丹雘，多金，其兽多豹虎。有鸟焉，其状如鹊，青身白喙，白目白尾，名曰青耕，可以御疫，其鸣自叫。

再往西北一百里是堇理山，山上多见松树、柏树及优良的梓树，山北有丰富的青雘矿和丰富的金属矿，这里的动物多见豹子和老虎。山中有一种鸟，形体像

---

① 机：栘（qī）树，落叶乔木，叶呈卵形，嫩叶可作茶的代用品。
② 桓：桓树，叶如柳，树皮黄白色。古人叫它无患子，可以用来洗衣服，除污垢。

喜鹊，灰毛、白嘴、白眼、白尾巴，名叫青耕，食用可以预防瘟疫，它的叫声就是它的名字。

外星人之间的战争非常残酷，死尸腐烂，瘟疫时有发生。当瘟疫的规模不大时，还可用药控制，可大面积瘟疫流行时，他们只能逃走，远离疫区。青耕是外星人实验出的灵鸟，充当给外星人的通讯员。

又东南三十里，曰依轱（gū）之山，其上多杻橿，多苴①（zhā）。有兽焉，其状如犬，虎爪有甲，其名曰獜（lìn），善駚②（yǎng）𧳆③（fén），食者不风。

再往东南三十里是依轱山，山上有很多杻树和橿树以及柤树。山中有一种动物，形体如狗，虎爪，有鳞，名叫獜，这种动物善于跳跃扑咬，食用可预防风湿。

把狗、老虎和穿山甲三种动物的基因组合在一起，很可能就会造出这种獜。獜虽然灵性不强，但药用价值很高。战后的外星人主要居住在山洞里，多数人患有风湿病，食用这种动物就可无忧了。

又东南三十五里，曰即谷之山，多美玉，多玄豹，多闾麈，多麢。其阳多珉，其阴多青雘。

再往东南三十五里是即谷山，这里的玉石丰富，品相较好，山中的动物多见黑豹、山驴和麈和羚羊。山南有丰富的珉石矿，山北有丰富的青雘矿。

无论生活如何艰辛，也不能摧毁外星人的意志，他们仍把地球当成了大实验室，坚持进行各种实验。

又东南四十里，曰鸡山，其上多美梓，多桑，其草多韭。

---

① 苴：通"柤"，山楂树。

② 駚：跳跃前扑。

③ 𧳆：撕食动物。

再往东南四十里是鸡山，山上的树木多见优质的梓树和桑树，草类主要是野韭菜。

过多食肉带来的问题是高血压、高血脂，外星人不会不知道，为了生存，为了返回"天国"，最重要的是健康。因此，他们要经常吃蔬菜，以补充维生素，野韭菜就是其中之一。

又东南五十里，曰高前之山，其上有水焉，甚寒而清，帝台之浆也，饮之者不心痛。其上有金，其下有赭。

再往东南五十里是高前山，山上有一条溪流，水温冰冷，清澈见底，这是神仙帝台的琼浆，饮用这种水可以预防心绞痛。山上有丰富的金属矿，山下有丰富的赭石矿。

高前山上的溪水含有丰富的矿物质，能够治疗血稠、血栓，防止心绞痛等心脏病发生。帝台是外星人之一，他是这里的主管，有丰富的医学知识。

又东南三十里，曰游戏之山，多䚢杻、檀、榖，多玉，多封石。

再往东南三十里是游戏山，这里多见杻树、檀树、构树，矿产资源主要是玉石和封石。

归纳起来，《山海经》的前半部主要记载5件事，即山、水、矿、动物和植物。记山是因为探矿，记树和水是因为运输，记动物、植物是实验。

又东南三十五里，曰从山，其上多松柏，其下多竹。从水出于其上，潜于其下，其中多三足鳖，枝尾，食之无蛊疫。

再往东南三十五里是从山，山上多见松树和柏树，山下多见竹丛。从水发源于山上，由石下潜流到山脚，水中有很多三足鳖，尾巴像树杈，食用可使人神清

气定，不产生幻觉。

身在异乡为异客，每逢佳节倍思亲。"天国"茫茫，归路无期，外星人在这荒芜的地球上风餐露宿，衣食无着，与没有开化的地球人为伍，精神不崩溃才怪呢！外星人实验出的三足鳖就是医治这种病的良药。

又东南三十里，曰婴硬（zhēn）之山，其上多松柏，其下多梓、櫄①（chūn）。

再往东南三十里是婴硬山，山上多见松树和柏树，山下多见梓树、櫄树。

外星人从九天之上，跌到十八层地狱。水路交通是有丰水期和枯水期的，一到枯水期，各种矿物都运不出来，外星人不得不用椿树制造马车、牛车，以运输矿石。

又东南三十里，曰毕山，帝苑之水出焉，东北流注于灢（qìn），其中多水玉，多蛟。其上多璕珲之玉。

再往东南三十里是毕山，帝苑水发源于此，向东北流入灢水，水中有丰富的水晶石，还有很多蛟。山上有丰富的璕珲玉矿。

这里的蛟是水上UFO，有时用来运送采挖的水晶石。

又东南二十里，曰乐马之山，有兽焉，其状如彙②（wéi），赤如丹火，其名曰㺢（lì），见则其国大疫。

再往东南二十里是乐马山，山中有一种动物，形体像刺猬，全身赤红如丹，名叫㺢，它在哪个地区出现，哪里就发生大瘟疫。

---

① 櫄：又叫杶树，形状像臭椿树，树干可制作车辕。
② 彙：通"猬"。

这种狌是食腐动物，就像乌鸦，别的动物吃了腐烂尸体会中毒而死，它却没问题。每当发生大瘟疫时，就是成群的狌大吃特吃的时候。不是"见则其国大疫"，而是"其国大疫则见"。

又东南二十五里，曰葴（zhēn）山，视水出焉，东南流注于汝水，其中多人鱼，多蛟，多颉①（jiá）。

再往东南二十五里是葴山，视水发源于此，向东南流入汝水，水中有很多人鱼和蛟，以及颉。

外星人乘坐蛟在水中捕美人鱼和水獭，美人鱼可以食用，水獭的皮毛是很好的防寒用品。

又东四十里，曰婴山，其下多青䨼，其上多金玉。
又东三十里，曰虎首之山，多苴、椆②（diāo）、椐。
又东二十里，曰婴侯（hóu）之山，其上多封石，其下多赤锡。
又东五十里，曰大孰之山，杀水出焉，东北流注于视水，其中多白垩。
又东四十里，曰卑山，其上多桃、李、苴、梓，多纍③（lěi）。

再往东四十里是婴山，山下有丰富的青䨼矿，山上有丰富的金属矿和玉石矿。
再往东三十里是虎首山，这里的树木多见楂树、椆树和椐树。
再往东二十里是婴侯山，山上有丰富的封石资源，山下有丰富的赤锡矿。
再往东五十里是大孰山，杀水发源于此，向东北流入视水，这条水系有丰富的白垩资源。
再往东四十里是卑山，山上多见桃树、李树、楂树、梓树，还有很多紫藤树。

有话则长，无话则短。这五座山记的仍是外星人探矿、运矿。

---

① 颉：形体像狗的动物，类似于水獭（tǎ）。
② 椆：一种耐寒而不凋落的树木。
③ 纍：又叫做縢，一种与虎豆同类的植物。虎豆是缠蔓于树枝而生长的，结荚，成熟后是黑色，有毛刺外露，像老虎爪，而荚中豆子有斑点，像老虎身上的斑纹，所以又叫虎纍，即紫藤。

又东三十里，曰倚帝之山，其上多玉，其下多金。有兽焉，状如獙（fèi）鼠①，白耳白喙，名曰狙如，见则其国有大兵。

再往东三十里是倚帝山，山上有丰富的玉矿，山下有丰富的金属矿。山中有一种动物，形体像獙鼠，白耳白嘴，名叫狙如，它在哪里出现，哪里就发生战争。

狙如不是动物，是外星人战争中使用的武器。"白耳"是指弹体上有短翼，"白喙"是弹头的引信或遥控接收装置。

又东三十里，曰鲵（ní）山，鲵水出其上，潜于其下，其中多美垩。其上多金，其下多青䨼。

东三十里，曰雅山，澧水出焉，东流注于视水，其中多大鱼。其上多美桑，其下多苴，多赤金。

再往东三十里是鲵山，鲵水从山顶上流出，由石下潜流到山脚，这里垩土资源丰富，品质优良。山上有丰富的金属矿，山下有丰富的青䨼矿。

再往东三十里是雅山，澧水发源于此，向东流入视水，水中有很多大鱼。山上多见粗壮的桑树，山下多见楂树，这里还有红色的金属矿石。

《山海经》的记录就像我们语法中的无主句。无主句省略主语，《山海经》就是这样。文中没有提及谁上了山，谁下了河，谁挖了矿，谁接近了动物，谁栽培了植物。这些"主语"无一不被省略。作为文学作品，可谓言简意赅，关键问题《山海经》不是文学作品，是《外星人史记》，这就给后人的研读带来了深重的灾难，以致让读者猜了几千年，庆幸的是，总算有个叫胡刃的人猜中了。

那么，《山海经》的"主语"是谁呢？通过上面的叙述，你已经非常清楚了，他们就是外星人。

又东五十五里，曰宣山。沦水出焉，东南流注于视水，其中多蛟。其上有桑

---

① 獙鼠：叫声像狗一样的鼠。

焉,大五十尺,其枝四衢,其叶大尺余,赤理、黄华、青柎,名曰帝女之桑。

再往东五十里是宣山,沦水发源于此,向东南流入视水,水中有很多蛟。山上有种桑树,树粗达五十尺,树枝交叉伸向四方,树叶有一尺大,红纹,黄花,青萼,名叫帝女桑。

《太平御览》引用《广异记》载,炎帝的二女儿向赤松子学道,修炼成仙后化为白鹊,在南洋愕山桑树上做巢。炎帝见爱女变成这模样,心里很难过,炎帝叫女儿下来,女儿不肯。情急之下,炎帝就放火烧树,逼女儿下来。可这个女儿十头牛都拉不回来,于是化作青烟升天了。后来,这棵树被命名为"帝女桑"。

读这个故事总给我一种感觉,似乎这棵树没有变成灰,甚至还活了下来。

炎帝的女儿真能化为白鹊吗?不能。既然不能化为白鹊,当然也就不能在桑树上做巢。传说中,桑树是太阳升起的地方,太阳是不能在桑树上升起的,可卫星却能从发射架上升空。如果把桑树比为发射架,把飞船比为太阳,那太阳不就可以从桑树上升起了吗?"大尺余"的桑树叶就是太阳能电池板,外星人没有在地球上建发电厂,动力来源主要靠太阳能发电。

可以这样理解,核战争之后,外星人费尽千辛万苦,克服了一个又一个困难,终于造成了一架山寨版的飞行器。外星人本想派人乘这艘飞船回"天国"求救,可怜的"炎帝二女儿",因终日想回"天国",以致精神错乱。她爬上发射架,钻进飞行器,无论谁劝,就是不下来。炎帝实在是没办法,只得点火,飞船腾空而起。

很熟悉吧?对了,这是嫦娥奔月的又一个版本。

又东四十五里,曰衡山,其上多青䨴,多桑,其鸟多鸜鹆。

又东四十里,曰丰山,其上多封石,其木多桑,多羊桃,状如桃而方茎,可以为①皮张②(zhàng)。

又东七十里,曰妪山,其上多美玉,其下多金,其草多鸡谷。

---

① 为:治疗。

② 张:通"胀",浮肿。

再往东四十五里是衡山,山上的矿藏主要是青雘,树木多桑树,鸟类多八哥。

再往东四十里是丰山,山上有丰富的封石矿,这里有很多桑树和大量的羊桃,羊桃的外形同一般的桃没什么差别,只是树干呈方形,可以医治皮肤肿胀病。

再往东七十里是妪山,山上的玉石矿丰富,而且品相很好。山下盛产金属矿,这里的草类多见鸡谷草。

今天的外星人,仍在重复昨天的故事。

又东三十里,曰鲜山,其木多楢、杻、苴,其草多亹(mén)冬①,其阳多金,其阴多铁。有兽焉,其状如膜犬②,赤喙、赤目、白尾,见则其邑有火,名曰狌(yì)即。

再往东三十里是鲜山,这里的树木多见楢树、杻树和苴树,草类多见蔷薇,山南有丰富的金属矿,山北有丰富的铁矿。山中有一种动物,形体像膜犬,红嘴、红眼、白尾巴,它在哪个地方出现,哪里就会有火灾,这种动物叫狌即。

显然,这种如膜犬的狌即比藏獒灵性还要高,它也是外星人实验出的服务生。哪个村里发生火灾,它立刻飞报外星人。

又东三十里,曰章山,其阳多金,其阴多美石。皋水出焉,东流注于澧水,其中多脃(cuì)石③。

再往东三十里是章山,山南有丰富的金属矿,山北有很多漂亮的石头。皋水发源于此,向东流入澧水,水中有许多脃石。

这里的美石是外星人最需要的、成色最好的矿石。脃石是石墨或含有轻金属的盐石。

---

① 亹冬:蔷薇。花、果、根都可入药。
② 膜犬:即西膜之犬,这种狗的体形高大,性情猛悍。
③ 脃石:一种又轻又软、易断易碎的石头。"脃"即"脆"。

又东二十五里，曰大支之山，其阳多金，其木多榖柞，无草木。

再往东二十五里是大支山，山南有丰富的金属矿，这里的树木多见构树和柞树，但没有草类。

"其木多榖柞，无草木"，没有草木，那构树和柞树是什么？这是一处明显的错误。

又东五十里，曰区吴之山，其木多苴。
又东五十里，曰声匈之山，其木多榖，多玉，上多封石。
又东五十里，曰大騩之山，其阳多赤金，其阴多砥石。
又东十里，曰踵臼之山，无草木。

再往东五十里是区吴山，这里的树木多见柤树。
再往东五十里是声匈山，这里的树木多见构树，玉矿也很丰富，还有较多的封石资源。
再往东五十里是大騩山，山南有丰富的红色金属矿，山北有丰富的磨刀石。
再往东十里是踵臼山，这里没有草木。

这四座山前面多有类似，不赘述。

又东北七十里，曰历石之山，其木多荆、芑，其阳多黄金，其阴多砥石。有兽焉，其状如狸，而白首虎爪，名曰梁渠，见则其国有大兵。

再往东北七十里是历石山，这里的树木多见牡荆和枸杞，山南有丰富的黄色金属矿，山北有丰富的磨刀石。山中有一种动物，形体像野猫，白脑袋，虎爪子，名叫梁渠，它在哪个地区出现，哪里就发生残酷战争。

外星人分散在各个山上进行科研实验，只有发生重大情况他们才会集中到一起。不能否认，最初他们是有尖端通讯设备的，然而，战争将其全部摧毁。没办法,他们只能用最原始的办法进行联络,地球人和灵性动物就成了他们的交通员,梁渠就是交通员之一。

东南一百里,曰求山。求水出于其上,潜于其下,中有美赭。其木多苴,多𥱽(méi)。其阳多金,其阴多铁。

再往东南一百里是求山,求水由山顶流出,由石下潜流到山脚,这里有很多优良的赭矿石。山中的树林多见山楂,也有很多𥱽竹。山南有丰富的金属矿,山北有丰富的铁矿。

仍在记外星人探矿。

又东二百里,曰丑阳之山,其上多椆椐。有鸟焉,其状如乌而赤足,名曰𪄲鵌(zhǐ tú),可以御火。

再往东二百里是丑阳山,山上多见椆树和椐树。山中有一种鸟,形体像乌鸦,却长着红色爪子,这种鸟叫𪄲鵌,用它可以防御火灾。

𪄲鵌,又是一种灭火器。

又东三百里,曰奥山,其上多柏、杻、檀,其阳多㻬之玉。奥水出焉,东流注于视水。

又东三十五里,曰服山,其木多苴,其上多封石,其下多赤锡。

又东百十里,曰杳山,其上多嘉荣草,多金玉。

再往东三百里是奥山,山上多见松树、杻树和檀树,山南盛产㻬琈玉。奥水发源于此,向东流入视水。

再往东三十五里是服山,这里的树木多见山楂树,山上有丰富的封石矿,山下有丰富的红锡矿。

再往东一百一十里是杳山,山上多见的是嘉荣草,有丰富的金属矿和玉矿。

此三山仍在记述外星人探矿。

又东三百五十里,曰几山,其木多楢、檀、杻,其草多香。有兽焉,其状如彘,黄身、白头、白尾,名曰闻獜(lín),见则天下大风。

再往东三百五十里是几山,这里的树木多见楢树、檀树和杻树,草类主要是各种香草。山中有一种动物,形体像猪,黄色的身子,白色的脑袋,白色的尾巴,名叫闻獜,它一出现天下就会刮大风。

炎帝女儿乘飞船走后杳无音讯,是这艘飞船在太空中解体了,还是因动力不足而坠落于茫茫太空,就连"鬼"也不知道。但是,外星人仍然期盼飞回"天国",把地球的情况原原本本地向"天国"禀报。他们待援的同时,又经过一番艰苦的努力,外星人再次拼凑出一艘飞船,这就是闻獜。外星人不敢有丝毫麻痹,他们反复实验,反复试飞。每次试飞时,飞船喷出的尾气都使方圆数十里刮起大风。

凡荆山之首,自翼望之山至于几山,凡四十八山,三千七百三十二里。其神状皆彘身人首。其祠:毛①用一雄鸡祈瘗(yì),用一珪,糈用五种之精。禾山,帝也。其祠:太牢之具,羞瘗,倒毛②;用一璧,牛无常。堵山、玉山,冢也,皆倒祠③,羞毛少牢,婴毛吉玉。

总计荆山山系,从翼望山到几山,共四十八座,绵延三千七百三十二里。诸山山神的相貌都是猪的身子人的脑袋。祭祀山神时,在带毛的动物中选用一只公鸡用以祭祀,之后将其埋入地下。在祀神的玉器中,用一块玉珪献祭,祀神用黍、稷、稻、粱、麦五种精米。禾山是这个山系的最高首领,祭祀禾山山神时,在带毛的牲畜中用猪、牛、羊齐全的三牲做祭品,进献后将其头朝下埋入地下;玉器用一块玉璧献祭,牛不必是整牛。堵山、玉山是诸山的首领,祭祀后都要将牲畜头

---

① 毛:祭品的牲畜。
② 倒毛:在祭礼之后,把猪、牛、羊三牲头朝下、毛朝上埋掉。
③ 倒祠:也是倒毛的意思。

朝下倒着埋掉，进献的祭品用猪、羊，在祀神的玉器中选一块吉玉。

48座山，每座山的山神都是猪身人首，禾山是众山神的总首领，堵山、玉山是禾山外星人的两大干将。《中次十一经》中，只有他们3位是外星人，其他的所谓"山神"都是外星人实验出的服务生。我相信，这些"猪身人首"神奇生物中，一定有外星人的"生活秘书"。

第十二节 中次十二经

有两个女外星人负责巡视各地，当她们的水上飞行器起飞或降落时，常常吹起大风，卷起雨雾。当飞行器离开水面时，地面上的人，透过飞行器的舷窗，甚至可以看到她们双手握着飞行器的操纵杆。

中次十二经洞庭山首，曰篇遇之山，无草木，多黄金。

中部第十二列山系洞庭山山系的第一座山是篇遇山，这里没有草木，却有丰富的黄色金属矿。

与前面类似，外星人开山采矿，生态遭破坏，环境被污染，使这里草木不生。

又东南五十里，曰云山，无草木。有桂竹①，甚毒，伤人必死。其上多黄金，其下多㻬琈之玉。

再往东南五十里是云山，这里没有草木，却有生长一种桂竹，毒性特别大，人被其划伤必死。山上有丰富的黄色金属矿，山下有丰富的㻬琈玉矿。

---

① 桂竹：竹子的一种。相传有四、五丈高，茎干合围二尺粗，叶大节长，形状像甘竹，皮是红色的。

没有草木，却有竹子，难道竹子不是草木吗？对了，这里的桂竹不是草木，而是飞船的发射架。现实中也有桂竹，秆高可达18米，直径可达14厘米，中部节间长达40厘米，无毒，笋可以食用。从这一点看来，彼桂竹不是此桂竹。既然桂竹是飞船发射架，为什么有毒呢？原因是"桂竹"被核战争严重污染，"桂竹"吸收了核放射物质，人近距离接触即遭放射物侵害，危及生命。

又东南一百三十里，曰龟山，其木多榖、柞、椆、椐，其上多黄金，其下多青、雄黄，多扶竹①。

又东七十里，曰丙山，多筀竹②，多黄金、铜、铁，无木。

再往东南一百三十里是龟山，这里的树木多见构树、柞树、椆树、椐树，山上有丰富的黄色金属矿，山下有丰富的石青、雄黄矿，还有很多扶竹。

再往东七十里是丙山，这里多见桂竹，还有丰富的黄色金属矿及铜铁矿，但没有树木。

外星人仍在坚忍不拔地进行他们的探矿、采矿、运矿、炼矿工作。

又东南五十里，曰风伯之山，其上多金玉，其下多痠（suān）石、文石，多铁，其木多柳、杻、檀、楮。其东有林焉，曰莽浮之林，多美木鸟兽。

再往东南五十里是风伯山，山上有丰富的金属矿石和玉石，山下有丰富的痠石和带有斑纹的石头，铁的储量也很丰富。这里的树木多见柳树、杻树、檀树、构树。山的东面有一片树林，叫莽浮林，其中有许多的优质木材和鸟兽。

痠石是什么石头无人知晓。
这是一座富饶的山，既是外星人的采矿之地，也是动植物基因库。

---

① 扶竹：即邛（qióng）竹。节秆较长，中间实心，可以制作手杖，所以又叫扶老竹。
② 筀竹：桂竹。

又东一百五十里，曰夫夫之山，其上多黄金，其下多青、雄黄，其木多桑、楮，其草多竹、鸡鼓①。神于儿居之，其状人身，而身操两蛇，常游于江渊，出入有光。

再往东一百五十里是夫夫山，山上有丰富的金属矿石，山下有丰富的石青、雄黄矿，这里的树木多见桑树、构树，草类多见竹子和鸡谷草。神仙于儿居住在这里，他的外形同人差不多，身上缠绕两条蛇，常常游玩于长江深处，出入水面时闪闪发光。

于儿是外星人的首领之一，他的待遇很高，有两架专用UFO供他使用，他经常到外星人的各个基地巡视。他的飞行器在水上起飞降落时，拖着长长的火焰，即"出入有光"。这是外星人战争前的情景，他们的生活条件很优越，当然，科研工作进展也很顺利。

又东南一百二十里，曰洞庭之山，其上多黄金，其下多银铁，其木多柤、梨、橘、櫾，其草多葌、蘪芜、芍药、芎䓖，帝之二女居之，是常游于江渊。澧沅之风，交潇湘之渊，是在九江之间，出入必以飘风暴雨。是多怪神，状如人而载蛇，左右手操蛇。多怪鸟。

再往东南一百二十里是洞庭山，山上有丰富的金属矿石，山下有丰富的银铁矿石，这里的树木多见山楂树、梨树、橘子树、柚子树，草类多见兰草、蘪芜、芍药、芎䓖等。天帝的两个女儿居住这座山中，她们常在长江深处游玩。从澧水和沅水吹来的风，在潇水和湘水的深处交汇，那是九条江水汇合的地方，她俩出入伴疾风和暴雨。洞庭山中还有很多怪神，相貌跟人差不多，身上缠绕着蛇，双手握着蛇。这里还有许多怪鸟。

"载蛇"被前人译为"缠绕着蛇"，谬矣！"载蛇"是个倒装句，即"蛇载之"，不是人载"蛇"，而是"蛇"载人，即"蛇"上乘坐着人。

这也是外星人发生战争之前的景象。此地是外星人的政治、经济和文

---

① 鸡鼓：鸡谷。

化中心之一。外星人不但在这里采矿,还在这里培植果树和草药。有两个女外星人负责巡视各地,当她们的水上飞行器起飞或降落时,常常吹起大风,卷起雨雾。当飞行器离开水面时,地面上的人,透过飞行器的舷窗,甚至可以看到她们双手握着飞行器的操纵杆。蛇和怪鸟都是UFO之类的飞行器。

又东南一百八十里,曰暴山,其木多棕、枏、荆、芑、竹、箭、䉋、箘(jùn),其上多黄金、玉,其下多文石、铁,其兽多麋、鹿、麂(jī)、就^①。

再往东南一百八十里是暴山,这里的树木多见棕树、楠木树、牡荆树、枸杞树以及箭竹、䉋竹、箘竹等各种竹子。山上有丰富的金属矿石和玉石,山下有丰富的纹石和铁矿,这里的动物多见麋鹿、鹿、麂,鸟类以老鹰为主。

鹰鹫不是兽类,而是鸟类,不过,古代也称"鸟"为"兽"。

这里植物种类繁多,动物资源丰富,很适合外星人进行动植物基因组合实验。

又东南二百里,曰即公之山,其上多黄金,其下多琈㻬之玉。其木多柳、杻、檀、桑。有兽焉,其状如龟,而白身赤首,名曰蛫(guǐ),是可以御火。

再往东南二百里是即公山,山上有丰富的金属矿石,山下有丰富的琈㻬玉。这里的树木多见柳树、杻树、檀树和桑树。山中有一种动物,形体像乌龟,却是白身子、红脑袋,名叫蛫,可以用它防止火灾。

蛫不是动物,而是又一种灭火器。

又东南一百五十九里,曰尧山,其阴多黄垩,其阳多黄金,其木多荆、芑、柳、檀,其草多藷藇、朮(zhú)。

又东南一百里,曰江浮之山,其上多银、砥砺,无草木,其兽多豕、鹿。

又东二百里,曰真陵之山,其上多黄金,其下多玉,其木多榖、柞、柳、杻,

---

① 就:鹫,一种大型猛禽,与雕、鹰同类。

其草多荣草。

又东南一百二十里，曰阳帝之山，多美铜，其木多櫄、杻、檿（yǎn）、楮，其兽多羚麝。

再往东南一百五十九里是尧山，山北有丰富的黄垩矿藏，山南有丰富的黄色金属矿，这里的树木多见牡荆树、枸杞树、柳树、檀树，草类多见山药、苍术或白术。

再往东南一百里是江浮山，山上有丰富的银矿和磨石，没有草木，动物以野猪和鹿居多。

再往东二百里是真陵山，山上有丰富的金属矿，山下有丰富的玉矿，这里的树木多见构树、柞树、柳树、杻树，草类主要是可以医治风痹病的荣草。

再往东南一百二十里是阳帝山，这里有丰富铜矿，矿石的含铜量很高。这里的树木多见櫄树、杻树、山桑树、楮树，动物多见羚羊和麝。

这4座山都是宝山，动植物大都可以入药，矿产也十分丰富。

又南九十里，曰柴桑之山，其上多银，其下多碧，多泠①（gàn）石、赭，其木多柳、芑、楮、桑，其兽多麋、鹿，多白蛇、飞蛇②。

再往南九十里是柴桑山，山上有丰富的银矿，山下有丰富的碧玉石，以及泠石、赭石，这里的树木多见柳树、枸杞树、楮树和桑树，动物多见麋鹿和鹿，还有许多白色的蛇和飞蛇。

对于《山海经》中的蛇，一定要仔细分析，绝大多数都是雪茄状UFO，这里的白蛇是停在地上的UFO，飞蛇则是空中的UFO。

又东二百三十里，曰荣余之山，其上多铜，其下多银，其木多柳、芑，其虫多怪蛇、怪虫。

---

① 泠：淦，石质柔软如泥。一说泠石是古代用作黑色染料的一种矿物。
② 飞蛇：螣（téng）蛇，也作"腾蛇"。传说中能腾云驾雾飞行的蛇，属于龙一类。

再往东二百三十里是荣余山，山上有丰富的铜矿，山下有丰富的银矿，这里的树木多见柳树、枸杞树，还有很多怪蛇、怪虫。

怪蛇是雪茄状UFO，怪虫是什么？我们不是把一些小汽车叫甲壳虫吗？《山海经》的作者发挥想象，称碟形的UFO为怪虫。

凡洞庭山之首，自篇遇之山至于荣余之山，凡十五山，二千八百里。其神状皆鸟身而龙首。其祠：毛用一雄鸡、一牝豚刉①（jī），糈用稌。凡夫夫之山、即公之山、尧山、阳帝之山，皆冢也，其祠：皆肆②瘗，祈用酒，毛用少牢，婴（毛）[用]一吉玉。洞庭、荣余山，神也，其祠：皆肆瘗，祈酒太牢祠，婴用圭璧十五，五采惠③之。

总计洞庭山山系，自篇遇山到荣余山，共十五座，绵延二千八百里。诸山山神长的都是鸟身龙首。祭祀这些山神时，在带毛的家禽中选一只公鸡、一头母猪，宰杀割下肉做祭品，祀神的稻米选精米。夫夫山、即公山、尧山、阳帝山的山神是诸山的首领。祭祀这四座山时，先将祭品摆上，然后埋入地下。祈神时要有酒，有猪、羊二牲的少牢，还要有一块吉玉。洞庭山和荣余山祭祀方式最为神圣，先摆祭品，包括美酒，猪、牛、羊齐全的太牢，十五块圭璧的玉器，再用青、黄、赤、白、黑五色彩绘描画，然后埋入地下。

"鸟身而龙首"已经出现不止一次了，即"那些神奇的飞行器像鸟一样飞翔，头部如同蛇形UFO"。洞庭山和荣余山的外星人是这个山系的最高首领，夫夫山、即公山、尧山、阳帝山四山是两位最高首领的四大金刚。

右中经之山志，大凡百九十七山，二万一千三百七十一里。

以上是中部各山的记录，总共一百九十七座山，绵延两万一千三百七十一里。

---

① 刉：同"刏"，切，割。
② 肆：陈设。
③ 惠：通"绘"。

大凡天下名山五千三百七十，居地，大凡六万四千五十六里。

禹曰：天下名山，经五千三百七十山，六万四千五十六里，居地也。言其《五藏》①，盖其余小山甚众，不足记云。天地之东西二万八千里，南北二万六千里，出水之山者八千里，受水者八千里，出铜之山四百六十七，出铁之山三千六百九十。此天地之所分壤树②谷也，戈矛之所发也，刀铩③（shā）之所起也，能者有余，拙者不足。封④于太山⑤，禅⑥（shàn）于梁父，七十二家，得失之数⑦，皆在此内，是谓国用⑧。

天下有名的山约有五千三百七十座，分布在大地的东西南北中，连起来共有六万四千零五十六里。

大禹曾经说：天下的名山，我走过五千三百七十座，途经六万四千零五十六里，分布在东南西北中五个方位。将这五个方位的山比为人的五脏，是因为这些山的重要，其他的小山太多了，无法统计。天地间，从东到西二万八千里，从南到北二万六千里。天下名山中，河流发源的山连起来八千里，河流流经的山也达八千里，出产铜的有四百六十七座，出产铁的山有三千六百九十座。这是天地划分疆土，种植谷物的分界，也是引发战争的原因。有能力的人丰衣足食，愚钝的人缺衣少食。最初随国君在泰山上筑坛祭天、在梁父山辟土祭地者共有七十二家诸侯。这七十二家诸侯的得失、荣辱、兴衰也是因为勤俭和奢侈的不同罢了。

从"禹曰"来看，《五藏山经》的作者是禹，至少禹是参与者。所以，从古到今，一直有人把禹当作《山海经》的作者，也有人认为作者是禹的得力助手伯益，到底作者是谁，学术界没有统一的说法。

① 五藏："藏"通"脏"，即"五脏"。五脏，指人的脾、肺、肾、肝、心等五种主要器官。这里把《五藏山经》中的山，比为大地的五脏。
② 树：种植，栽培。
③ 铩：古代一种兵器，大矛。
④ 封：古时把帝王在泰山上筑坛祭天的活动称为"封"。
⑤ 太山：即泰山。
⑥ 禅：古时帝王在泰山南面的小山梁父山祭地的活动称为"禅"。
⑦ 数：命运。
⑧ 国用：国家经费的支出。

右《五藏山经》五篇，大凡一万五千五百三字。

上面的《五藏山经》共五篇，一万五千五百零三个字。

下面记载的就是令人惊骇的、令人目瞪口呆的、令人瞠目结舌的、令人难以想象的、具体的、实在的外星人造人运动。外星人的造人运动都在哪里进行的呢？最初造出的人是什么样子呢？请往下看……

第六卷 海外南经

外星人又造出一种鸟人，这种鸟人长着鸟嘴，甚至可以捕鱼。外星人的造人实验没有成功前，却弄出一大堆怪物来。

古人认为中国疆土四面为海所环抱,因而称海内,海外当然就是国境之外了。不过,尧、舜、禹时期的国内是指中原地区。《山海经》的六、七、八、九卷分别是《海外南经》、《海外西经》、《海外北经》、《海外东经》,海外四经讲的都是中原以外的事。这四卷记录的主要是外星人造人时产生的各种怪胎。

地之所载,六合①之间,四海之内,照之以日月,经之以星辰,纪之以四时②,要之以太岁③。神灵所生,其物异形,或夭或寿,唯圣人能通其道。

大地所承载的、六合之间的、四海之内的万物,有太阳月亮普照,有无数星辰守护,有春夏秋冬轮换更替,还有太岁修正时差。神灵创造的万物形态不同,寿命不同,只有圣达贤人才能通晓其中的道理。

① 六合:东、西、南、北、上、下六个方位为六合。
② 四时:春、夏、秋、冬四季。
③ 太岁:木星的别称,古代用它围绕太阳公转的周期纪年,一周是十二年(实为11.86年),因将黄道分为十二等分,以岁星所在十二天干作为岁名,又配以十地支,组成六十干支,用以纪年。

这是作者的一番感慨。这段话认为，万物是神造的，与《圣经》所说的类似。神是谁呢？前面我们已经分析过了。

海外自西南陬①（zōu）至东南陬者——

海外从西南到东南的国家、地区如下——

结匈国在其②西南，其为人结匈③。

结胸国在灭蒙鸟栖息地的西南，那里的人都是鸡胸脯。

外星人的造人是经过反复实验的结果，因此，产生了大量的"残次品"，结胸国就是其中之一。

《山海经》的记载不是按照人的时间顺序，而是按方位记述，所以，看上去有点乱，甚至是颠三倒四，后面常常有之。

南山在其东南。自此山来，虫为蛇，蛇号为鱼。一曰南山在结匈东南。

南山地区在结胸国的东南。从这座山来的人，把虫叫做蛇，把蛇叫做鱼。也有一种说法认为南山地区在结胸国的东南方。

这里的"一曰南山在结匈东南"是笔误，因为与"南山在其东南"重复。下面这样的错误还不少，不一一赘述。

古代虫即是蛇，蛇即是虫，而这里把陆地上的蛇称为蛇，把水中的蛇称为鱼，为什么呢？因为蛇是雪茄状的UFO，只不过有的在陆地起落，有的在水上滑行起落。这是外星人首领往来于各实验区巡视的"专机"。

---

① 陬：即角落。
② 其：指邻近结胸国的灭蒙鸟栖息地。灭蒙鸟栖息地是个坐标点，在结胸国的北边，后面的《海外西经》将提到。
③ 结匈：指鸡胸。匈：同"胸"。

比翼鸟在其东，其为鸟青、赤，两鸟比翼。一曰在南山东。

比翼鸟的栖息地在南山地区的东边，这种鸟，一只青色，一只红色；一只有左翼，一只有右翼，所以两只鸟的翅膀合起来才能飞。也有一种说法，认为比翼鸟栖息在南山地区东面。

此处的比翼鸟与前面不同，前面的是比翼牌的信号弹，而此处是比翼牌的鸟。外星人在造人之前先造了鸟，结果造出的鸟一只眼，一只翅膀。不过，他们没有放弃，接着往下看……

羽民国在其东南，其为人长头，身生羽。一曰在比翼鸟东南，其为人长颊（jiá）。有神人二八，连臂，为帝司夜于此野。在羽民东，其为人小颊赤肩，尽十六人。

羽民国在比翼鸟栖息地东南部，那里的人脑袋偏长，身上长着羽毛。也有人说羽民国在比翼鸟栖息地的东南方，那里的人脸颊偏长。有位叫二八的神人，两只手臂连在一起，在旷野中为天帝值夜班。这位神人在羽民国的东方，那里的人小脸颊，裸着肩膀，总共有十六位。

外星人最初想造一种人鸟，看看肋生双翅的人，能不能像鸟一样在蓝天上翱翔。他们虽然造出了带羽毛的人类，但"羽民"身体较重，翅膀难以托起他们沉重的身体。同时，外星人还实验出十六个小脸颊的人。不过，这些人都有残疾，不能适应地球的环境。那位叫二八的神人，每天背着手，观察这两种"残疾人"的习性。

毕方鸟在其东，青水西，其为鸟人面一脚。一曰在二八神东。

毕方鸟的栖息地在羽民国东边、青水西边，这种鸟长着人的面孔，却是一只脚。也有人说毕方鸟的栖息地在二八神人的东面。

外星人造人的决心从没动摇，在鸟人的基础上，先后造出了比翼鸟、羽民，还出现了长着人脸的、一只脚的、似人非人、似鸟非鸟的怪物。

讙（huān）头国在其南，其为人人面有翼，鸟喙，方捕鱼。一曰在毕方东。或曰讙朱国。

讙头国在毕方鸟栖息地的南面，那里的人长着人面，有翅膀，鸟嘴，可以嘴捕鱼。也有人说讙头国在毕方鸟栖息地东面。还有人认为讙头国就是讙朱国。

外星人又造出一种鸟人，这种鸟人长着鸟嘴，甚至可以捕鱼。外星人的实验没有成功前，弄出一大堆怪物来。接着看……

厌火国在其国南，兽身黑色，生火出其口中。一曰在讙朱东。

厌火国在讙头国南，那里的人身体如动物一样，身子是黑色的，口中能生出火来。也有人说厌火国在讙朱国的东面。

以往，"生火出其口中"都译成"嘴里能吐火"，实则不然，这里的火不是燃烧的火，而是心火。这里是说，外星人造的厌火人先天残疾，天天上火，嘴上生疮，无法进食。这样的人当然难以生存。

三株树在厌火北，生赤水上，其为树如柏，叶皆为珠。一曰其为树若彗。

三株树在厌火国北，生长在赤水岸边，这种树很像柏树，叶子像粒粒珍珠。也有人说这种树像彗星的尾巴。

或许外星人想用"三株树"治疗厌火人嘴上的疮，试图改变其先天的不足。

三苗国在赤水东，其为人相随。一曰三毛国。

> 载（zhí）国在其东，其为人黄，能操弓射蛇。一曰载国在三毛东。

三苗国在赤水的东面，那里的人生活中常常是一个跟着一个地行走。三苗国也称三毛国。

载国在三苗国的东面，那里的人皮肤呈黄色，能用弓箭射蛇。也有人说载国在三毛国的东面。

看到三苗人，外星人造人离成功就不远了，他们开始对人类进行"野营拉练"。"其为人相随"说的就是这个意思。

载国人的特征与我们更接近了，而且这种人还能弯弓射蛇，真是射蛇吗？非也，是射UFO！是用弓箭射吗？非也，是用火箭。此处是说载国人参与了外星人之间的战争，这说明外星人的这批"产品"灵性很强，智力已经相当发达。

《山海经》按方位记录，不按造人的时间顺序记录，所以，读起来层次上有点儿乱。

> 贯匈国在其东，其为人匈有窍。一曰在载国东。
> 交胫（jìng）国在其东，其为人交胫。一曰在穿匈东。
> 不死民在其东，其为人黑色，寿，不死。一曰在穿匈国东。
> 反舌国在其东，其为人反舌。一曰在不死民东。

贯胸国在载国东边，那里的人胸膛有个洞。也有人说贯胸国在载国的东面。

交胫国在贯胸国东面，那里的人小腿交叉。也有人说交胫国在穿胸国的东面。

不死民在交胫国东面，那里人皮肤呈黑色，个个长寿，人人不死。也有人说不死民在穿胸国的东面。

反舌国在不死民东面，那里的人都是舌根在前，舌尖在后。也有人说反舌国在不死民的东面。

贯胸人的胸膛有洞，前后贯通，五脏露在外面。如果上树摘果子，一不小心就会扎破内脏，显然难以生存。交胫人两小腿交叉，是典型的X腿，一

旦摔倒，没人扶是站不起来的，走路比乌龟快不了多少，这样的人不要说打猎，就是耕种都不可能。不死民倒很成功，可是寿命太长。寿命长绝不是好事，如果人类平均寿命一百岁，地球上的人口就要增加30%；如果人类平均寿命150岁，地球上的人口就要增加100%。如果4000年前人类长寿不死，到现在地球的人口就多得将无法计算了，很可能是一步一个人，地球上的草木将全部被吃光。反舌国的人舌尖向内，进食说话都成问题。这四种人都是外星人生产出的"残次品"。

昆仑虚在其东，虚四方。一曰在反舌东，为虚四方。
羿①（yì）与凿齿战于寿华之野，羿射杀之。在昆仑虚东。羿持弓矢，凿齿②持盾。一曰持戈。

昆仑山在反舌国的东面，山基呈四方形。也有人说昆仑山在反舌国的东面，山基四方形。

羿与凿齿大战于寿华的荒野上，羿射死了凿齿。其地点就在昆仑山的东面。在那次交战中，羿手持弓箭，凿齿手拿盾牌。也有人说凿齿拿着戈。

羿与凿齿的征战是外星人之间的一次战役，羿不是一个人，凿齿也不是一个人。羿发射的是导弹、火箭，凿齿使用的是火枪，即"持戈"。羿进攻，凿齿防守，即"持盾"。双方的武器不是一个级别，胜负就已经注定了。

上段说造人，本段说战争，下段还是造人。层次上乱吧？《山海经》不按时间顺序写，而是按方位，不能不乱。

三首国在其东，其为人一身三首。
周饶国在其东，其为人短小，冠带③。一曰焦侥国④在三首东。
长臂国在其东，捕鱼水中，两手各操一鱼。一曰在焦侥东，捕鱼海中。

---

① 羿：神话传说中的天神。
② 凿齿：亦人亦兽的神人，一颗牙齿露在嘴外，有五、六尺长，形状像一把凿子，故名。
③ 冠带：这里作动词使用，即戴冠帽、系衣带。
④ 焦侥国：传说此国与周饶国人只有三尺高。"焦侥"、"周饶"都是"侏儒"的转音，侏儒是身材矮小的人，就是小人国。

三首国在昆仑虚东,那里的人一个身子三个脑袋。

周饶国在三首国东,那里的人身材矮小,他们戴帽子系腰带。也有人说周饶国在三首国东。

长臂国在周饶国东,那里的人善于在水中捕鱼,经常是两只手各抓一条鱼。也有人说长臂国在周饶国东面,那里的人在海中捕鱼。

一个身子三个脑袋,一个脑袋要吃肉,一个脑袋要喝水,一个脑袋要撒尿,三个脑袋不能统一思想,这个身了如何行动?

小人国的公民只有三尺高,如果按周朝的长度单位计算,一尺约19.91cm,三尺还不到60cm,不要说狮子老虎,就算是狗他们也干不过。

长臂人也必然有其致命的缺陷,否则他们肯定会生存下来。

狄山,帝尧葬于阳,帝喾①(kù)葬于阴。爰有熊、罴、文虎、蜼、豹、离朱②、视肉③。吁咽④、文王⑤皆葬其所。一曰汤山。一曰爰有熊、罴、文虎、蜼、豹、离朱、鸱(chī)久、视肉、虖交。其范林方三百里。

帝尧死后葬于狄山的南面,帝喾死后葬于狄山的北面。这里有熊、罴、斑斓虎、长尾猿、豹子、离朱鸟、视肉等动物。舜和文王也埋葬在这里。也有人说舜和文王葬在汤山,也有人说汤山也有熊、罴、斑斓虎、长尾猿、豹子、离朱鸟、鹞鹰、视肉和虖交。狄山的树木枝繁叶茂,面积达三百余里。

"熊、罴、文虎、蜼、豹、离朱、视肉"等等,都是外星人造人的"原料",他们取地球上的土著及外星人本身或"天国"动物的基因进行重新组合,造出了各种怪物。喾、尧、舜、文王都曾亲自抓过这项工作,当然,喾、尧、舜、文王都是外星人。不过,文王可不是周文王,因为《山海经》成书于4000年前,那时是尧、舜、禹时代,是夏朝开国之前,而周文王姬昌是周朝

---

① 帝喾:帝尧的父亲。
② 离朱:传说中的三足鸟。这种鸟在太阳上生存,与乌鸦相似,但长着三只爪子。
③ 视肉:传说中的怪兽,形体像牛肝,割下它身上的肉还能像韭菜一样长出来。
④ 吁咽:舜的转音,即"舜"。
⑤ 文王:一般认为是周文王姬昌,周朝的开国君主。

外星人的惊天秘密——打开《山海经》说外星人 /330

祝融神

第六卷 海外南经

的开国之君,他跟夏禹时代相差1000年,双方根本扯不到一起。周文王姬昌的年代,外星人已经回"天国"了,没有回"天国"的也死了。

*南方祝融*①*,兽身人面,乘两龙。*

南方的祝融神,体态与动物无异,却长着人的面孔,他乘坐两条龙。

《山海经》海外四经的结尾都有一个神,即南方神祝融,西方神蓐(rù)收,北方神禺彊(yú qiáng),东方神句芒,他们都是外星人雄霸一方的封疆大吏,他们的共同特点是"乘两龙"或"践两蛇"。"两龙"或"两蛇"不是两条"龙"或"蛇",而是只能乘坐两个人的"龙"或"蛇"。前面我们说过,龙、蛇都是雪茄状UFO。飞行器虽然小了点,但这是政治待遇,而且是"专机"级的政治待遇,可见这四位外星人的地位。

"兽身"是说祝融有猛兽一般难以接近,"人面"是说祝融的相貌,外星人是依照自己的模样造出的地球人,他们的长相当然是人面。

---

① 祝融:传说中的火神,主管南方。

第七卷 海外西经

"天国"终于来人了!而且来了一大批。他们所乘的是"飞船母舰",一些小型飞船从"飞船母舰"中出来,小型飞船排成两行,左手边的是红色UFO,右手边的是青色UFO。一些外星人从"飞船母舰"中出出入入。

海外自西南陬至西北陬者——

海外从西南到西北的国家、地区如下——

灭蒙鸟在结匈国北，为鸟青，赤尾。大运山高三百仞，在灭蒙鸟北。

灭蒙鸟的栖息地在结胸国北，那里鸟长着青色的羽毛、红色的尾巴。大运山高达三百仞，屹立在灭蒙鸟栖息地的北面。

外星人造人的时候以各种鸟兽的基因与他们的基因组合，这种鸟也是造人的原料之一，只是没有成功。如果成功，那地球人可就"肋生双翅"了。

大乐之野，夏后启①于此儛②《九代》，乘两龙，云盖三层。左手操翳③（yì），右手操环，佩玉璜④。在大运山北。一曰大遗之野。

大乐野是夏后启曾看《九代》舞的地方，他驾驶两条龙，在三重云雾之上，左手举着华盖，右手提着玉环，腰间佩挂着玉璜。大乐野就在大运山的北面。也有人说这件事发生在大遗野。

这段记述的是外星人飞行器试飞成功的激动场面。两艘龙形飞船修复之后，外星人高兴得又唱又跳，他们回"天国"终于有望了。启手持仪器，在地面上指挥龙形飞船试飞，飞船升入云层。龙形飞船就是雪茄状UFO，外星人最初就是驾驶这种飞船来到地球，人类也是在这种龙形飞船上被实验出来，所以，中华民族一直称自己为龙的传人。

以往，"乘"被译为"乘坐，驾驶"，谬矣！这里的"乘"是操控、指挥的意思。

上面写的是飞船升空，下面又回到造人实验。

三身国在夏后启北，一首而三身。

三身国在夏后启所在之地的大乐野北，那里的人一个脑袋，三个身子。

前文讲到三首国，三首国的人"一身三首"，三个脑袋各有思维，互不从属，造成"指挥系统"混乱，不能适应环境。三身人与之不同的是行动艰难。三个身子组合在一起，相当于把三个人背对背地捆在一起，一个身子往前，另外两个身子就得"侧斜着"后退。这种结构根本无法奔跑，不能奔跑就不能狩猎。在上古时期，不能狩猎就只能饿死。最困难的是夫妻生活

---

① 夏后启：禹的儿子启。尧把王位禅让给舜，舜禅让给禹，禹禅让给伯益，伯益谦虚一下，启趁势而上继承了王位，建立夏朝。自此，中国古代的禅让制度终结，帝王之位全部由其子孙承袭，国家不再是人人之天下，而成为一家一姓之天下了。

② 儛：同"舞"。

③ 翳：用羽毛做的伞状的华盖。

④ 璜：一种半圆形玉器。

没法过，三个身子该有三个生殖系统吧，不可能三套生殖系统同时进行，那么，哪套生殖系统有优先权呢……因此，三身人被淘汰是历史的必然选择。

一臂国在其北，一臂、一目、一鼻孔。有黄马，虎文，一目而一手。

一臂国在三身国北，那里的人一条胳膊，一只眼睛，一个鼻孔。那里有一种黄色的马，身上长着老虎一样的斑纹，也是一只眼睛，一条腿。

一目、一鼻孔已经残废了，又少一条胳膊，穿衣、吃饭、打猎、捕鱼、切割肉类，等等，都不能独立自主。这种"残次品"只能成为猛兽的美味。在造人运动中，外星人还以马为实验品，他们在改变马的基因时，造成了马的畸形。

奇肱（jī gōng）之国在其北，其人一臂三目，有阴有阳，乘文马。有鸟焉，两头，赤黄色，在其旁。

奇肱国在一臂国北，那里的人一条胳膊，三只眼睛，而且雌雄同体，一个人有两套生殖系统，他们骑着带有斑纹的马。那里还有一种鸟，长着两个脑袋，红黄色羽毛，常常守在他们身边。

一条胳膊，雌雄同体，外星人不知把基因进行了怎样的排列，才造出这样的怪物。人的爱心从哪里来的？是天上掉下来的吗？不是。是本身固有的吗？不是。是男人和女人交合之后产生的。男女交合产生下一代。换句话说，有男有女，才有亲情，有亲情才会有友情，有了亲情和友情，人们才有爱心。如果没有男女，都是二倚子，自己就能生孩子，人就不会与他人交往，必然都是孤僻的独行者，人与人之间就没有感情可言了。没有感情，当然也就没有爱心，没有爱心就不能团结战斗。人没有尖牙利爪，不团结战斗，就无法生存。显然，这也是外星人造人实验前期产生的"次品"。

造人时，外星人也用鸟做实验，双头鸟就是在这一时期诞生的。

夏后启

形天①与帝至此争神,帝断其首,葬之常羊之山。乃以乳为目,以脐为口,操干戚以舞。

刑天与天帝争夺神位,天帝砍下他的头,埋在常羊山。没有脑袋的刑天以乳头做眼睛,以肚脐为口,一手举盾牌,一手提斧子,仍要与黄帝决一死战。

造人没说完,又插叙战争了?非也!这可不是外星人之间的战争,而是外星人与他们造出的服务生之间的战争。外星人实验出一种动物,这种动物凶恶无比,以致外星人难以控制它,虽然外星人的首领砍掉了它的头,可这种动物却不死,仍向外星人反扑。

当今,地球人类也在进行动物基因实验,但人类必须以此为鉴,如果哪天地球人造出一种比人还聪明,比老虎还凶猛,比大象还强壮,比猴子还灵敏,那地球人必将遭受一场重大劫难!

女祭、女戚在其北,居两水间,戚操鱼觛②(dàn),祭操俎③(zǔ)。

女祭和女戚生活在刑天与天帝争斗之地北面的两条河流之间,女戚拿着小杯,女祭捧着托盘。

女祭和女戚都是造人运动的操作者,看!女戚拿着试管在进行仔细观察,女祭在一旁手捧托盘给她打下手。如果这里再介绍一下显微镜和育儿箱,那我们就更清楚了。可惜的是当时的地球人不懂显微镜,也不知育儿箱。

䳃(cì)鸟、鹯(zhān)鸟,其色青黄,所经国亡。在女祭北。次鸟鸟人面,居山上。一曰维鸟,青鸟、黄鸟所集。

有䳃鸟和鹯鸟两种鸟,它们都是青黄色,这两种鸟经过哪里,哪个国家就会

---

① 形天:刑天,此神原本无名,在被断首之后才叫刑天。
② 觛:圆形小酒器。
③ 俎:古代祭祀时放祭品的器物。

灭亡。两种鸟的栖息地在女祭居住地北。鸾鸟长的是一张人脸,生活在山上。也有人说,这两种鸟都叫维鸟,是青色鸟、黄色鸟聚集在一起的混称。

外星人对鸟类是偏爱的,造人之初,他们想让地球人如鸟一般在天上飞翔。鸾鸟、鹬鸟统称为维鸟,维鸟是两种鸟基因组合而产生的一个物种。"青鸟、黄鸟所集"不是两种鸟聚集在一起,而是两种鸟的基因组合在一起。

丈夫国在维鸟北,其为人衣冠带剑。

丈夫国在维鸟栖息地北,那里的人穿衣戴帽,佩带刀剑。

丈夫国就是男人国,后面还有女子国。这是外星人成功造出人之后的情景,他们在观察男人的生活习性和生存能力。

女丑之尸,生而十日炙杀之。在丈夫北。以右手障其面。十日居上,女丑居山之上。

女丑的尸体是生前被十个太阳烤死的,她居住的地方位于丈夫国之北,女丑的死尸用右手护着自己的脸,试图遮挡阳光的照射。十个太阳高挂在天上,女丑横尸山上。

女丑是外星人中的一位领导,这时,九颗太阳把地球变得十分灼热,在夸父逐日之前,她去某地考察,不幸被人造太阳烤死。后来外星人终于下决定毁掉这九颗人造太阳。后面还要介绍女丑的工作岗位。

巫咸国在女丑北,右手操青蛇,左手操赤蛇。在登葆山,群巫所从上下也。

巫咸国在女丑那座山的北面,那里的人是右手操控青蛇,左手操控红蛇。有座登葆山,是一群巫师来往于天上、人间的地方。

"天国"终于来人了！而且来了一大批。他们所乘的是"飞船母舰"，一些小型飞船从"飞船母舰"中出来，小型飞船排成两行，左手边的是红色UFO，右手边的是青色UFO。一些外星人从"飞船母舰"中出出入入。

这里的"操"往往被译为"拿着、缠绕"，这是错误的。操，即操控，驾驶。"蛇"是雪茄状UFO，不过，这是小型的，只能容纳两个人。

甲骨文的"巫"写作 ，如果把其中的"工"看作是飞船的驾驶舱，左右两个的"人"不就是主副驾驶吗？金文的"巫"写作 ，这是什么？这不是旋转着的飞碟嘛！

并封在巫咸东，其状如彘，前后皆有首，黑。

并封的栖息地在巫咸国东，并封是一种动物，形体像猪，前后都有脑袋，全身呈黑色。

看看吧，外星人造人时费多大周折，他们不但造出了三个脑袋的人，还造出了头尾都长脑袋的猪！

女子国在巫咸北，两女子居，水周之。一曰居一门中。

女子国在巫咸国的北面，有两个女子住在这里，四周都是水。也有人说她们住在一道门的里面。

女子国就两个人，怎么能称国？远古的国就是地区，甚至是村落。外星人把她们放在孤岛上，目的就是观察她们的生存能力和生活习性。

轩辕之国在此穷山之际，其不寿者八百岁。在女子国北，人面蛇身，尾交首上。

轩辕国在穷山的旁边，那里的人就算不长寿的也能活到八百岁。轩辕国在女子国北,那里的人长着人的面孔,蛇的身子,尾巴盘绕在头顶。

此处的蛇不是UFO,而是真正的蛇。外星人用鸟造人没有成功,他们又把蛇与猿或外星人的基因组合在一起,实验出了人面蛇身的动物。

穷山在其北,不敢西射,畏轩辕之丘。在轩辕国北,其丘方,四蛇相绕。

穷山在轩辕国北,那里的人不敢向西方射箭,他们敬畏轩辕丘,因为那是黄帝居住的地方。轩辕丘位于轩辕国北,轩辕丘呈方形,四条大蛇相互缠绕。

黄帝是外星人在地球上的领导班子成员之一,他居住的地方是外星人的指挥部,那里戒备森严,东南西北各安放一门大炮。"四蛇"就是四个能吐火蛇的武器。"相绕"不是相互缠绕,而是指"四蛇"围绕在轩辕丘四周。

此诸夭之野①,鸾鸟自歌,凤鸟自舞。凤皇卵,民食之;甘露,民饮之。所欲自从也。百兽相与群居。在四蛇北,其人两手操卵食之,两鸟居前导之。

有个叫沃野的地方,鸾鸟自由地歌唱,凤鸟自由地舞蹈;老百姓吃凤凰蛋,喝甘露。他们想干什么就干什么,各种动物与他们和谐共处。其位置在轩辕丘四蛇相绕之地的北面,那里的人常常是双手捧着凤凰蛋吃,两只鸟在前面引路。

好一派歌舞升平的景象!这是外星人在地球上大功告成的喜庆日子。这里的民不是地球上的百姓,而是外星人,他们就要离开地球了,他们实验出的那些有灵性的、一直为他们充当服务生的动物陪伴他们,外星人正准备把这些动物带回"天国",永远地为他们服务。

龙鱼陵居在其北,状如鲤。一曰鰕②(xiā)。即有神圣乘此以行九③野。

---

① 夭之野:沃野。
② 鰕:体形大的鲵(ní)鱼。鲵鱼是水陆两栖类动物,有四只脚,长尾巴,眼小口大,生活在山谷溪水中。因叫声如同小孩啼哭,所以又称娃娃鱼。
③ 九:表示多数。这里是广大的意思。

一曰鳘鱼在沃野北，其为鱼也如鲤。

龙鱼的栖息地在沃野北，这种鱼既可在水中游，又可在山陵间爬。它的形状像鲤鱼，也有人说像鳋鱼，神仙、圣人骑着它奔行于广阔的原野上。也有人说鳘鱼在沃野的北面，这种鱼的形体也与鲤鱼相似。

龙鱼不是鱼，而是一种水陆两栖UFO，外星人乘坐这种飞船巡视勘察地球各地。

白民之国在龙鱼北，白身被①发。有乘黄，其状如狐，其背上有角，乘之寿二千岁。

白民国在龙鱼所在地的北面，他们皮肤白皙，头发披散。有一种叫乘黄的动物，形体像狐狸，脊背上长着角，人骑上它能活到两千岁。

骑上乘黄就能活两千岁，神乎哉？不神也。按照爱因斯坦的广义相对论，当运动的速度小于光速时，人体机能呈衰减态势，即逐渐变老；当运动的速度等于光速时，人体机能相对静止，即长生不老；当运动的速度大于光速时，时光倒流，人不但不老，还会更加年轻。白民国是外星人实验出的人类，外星人把他们放进时光隧道车中，这种接近光速的车使他们长生不老。"乘黄"就是时光隧道车。

肃慎之国在白民北，有树名曰雄常，先入伐帝，于此取之。

肃慎国在白民国北，有一种树叫雄常，每当中原地区有圣明天子继位，那里的人就用雄常树的树皮做衣服，以示庆贺。

"先入伐帝"令人费解，因此，学者普遍认为是"圣人代立"的误写。相传肃慎国百姓不穿衣服，一旦中原地区有英明的帝王继立，那里的常雄树就

---

① 被：通"披"。

长出一种特殊的树皮，肃慎人就剥树皮做衣服穿。

我国东北原有三大族系，即肃慎、秽貊（huì mò）和东胡。秽貊和东胡先后被其他民族兼并，只有肃慎延续下来。肃慎是先秦时的称呼，汉魏称挹娄，北朝称勿吉，隋唐称靺鞨，其后的女真和满族与其一脉相承。肃慎亦作"息慎、稷慎"。舜、禹时代就与中原有了交往。舜时，肃慎曾向中原王朝进献弓矢，禹定九州，周边各族纷纷朝贡，肃慎也在其中。

外星人造出人类之后，人类不穿衣服，也没有衣服可穿，大家都不知道什么是羞耻。有一幅画，画上是一男一女两个四五岁的孩子，男孩褪下裤衩，女孩好奇地看男孩的小鸡鸡，童真情景尽现眼前。人类当初就是这样。后来，外星人把自己的文明传给地球人，教化地球人，穿衣、耕种和文字等都是外星人所授，后面我们会一一讲到。这段文字记录的是外星人引导我们的祖先穿衣服。

长股之国在雄常北，被发。一曰长脚。

长股国在生长雄常树地区的北面，那里的人个个都披散着头发，也有人称之为长脚国。

这也是外星人造出的次品。人的两条腿越长，重心越不稳，重心不稳就容易摔倒，不适应生产生活。不过，这已经很接近我们的形态了。别急，外星人还要对长股人进行"深加工"，我们的祖先就要横空出世了。

西方蓐收①，左耳有蛇，乘两龙。

西方的蓐收神，左耳有一条蛇，乘驾两条龙飞行。

蓐收是个典型的外星人。可是，他左耳上真的盘着一条蛇吗？非也，那是收发信号的天线。"乘两龙"就是乘坐只能容纳两个人的飞行器。

---

① 蓐收：传说中的金神，管理西方，人面、虎爪、白发，手执钺斧。

第七卷 海外西经

第八卷 海外北经

很多外星人都没有等到"天国"前来援救的那一天,他们长眠在地球上。有的虽然等到了,但由于飞船乘载能力有限,一些人走不了,颛顼选择留下来,他最终也死在了地球上。

海外自东北陬至西东北陬者——

海外从东北到西北的国家、地区如下——

无启①之国在长股东,为人无启。

无启国在长股国的东面,那里的人不生育子孙。

传说无启国的人住在洞穴中,以泥土为食,人不分男女,死了就埋,但他们的心不腐烂,死后一百二十年又重新化成人。

心不腐烂就能复活吗?当然不能,然而,科学家认为,如果把人瞬时冷冻起来,若干年解冻之后仍可生还。外星人是不是把无启人冷冻起来了?当需要时,再让他们复活。

按照生物学理论,杂交动物很难产生第二代,比如马与驴交配产生的

---

① 无启:无嗣。

骡子就不能生育。外星人把他们自己的基因与地球上猿的基因组合一起制造了人,所以,最初的地球人是不能生育的,但是,外星人一定要让地球人生育,不然,他们就得不到他们想要的实验数据。

钟山之神,名曰烛阴,视为昼,瞑为夜,吹为冬,呼为夏。不饮、不食、不息,息为风,身长千里。在无启之东。其为物,人面蛇身,赤色,居钟山下。

钟山的山神叫烛阴,他睁开眼睛是白天,闭上眼睛是黑夜,大口吹气是严冬,小口呼气是盛夏。他不喝水,不吃饭,也不喘气。可一旦他喘气,天下就刮起风,烛阴身长达千里。烛阴神主要在无启国东部活动。他长的是人面蛇身,全身红色,盘踞在钟山脚下。

一架飞机停在地上,机舱里没有开灯,里面漆黑一片。打开舱门,光线射了进来,这不就是白天吗?关上舱门,里面伸手不见五指,这不就是黑天吗?飞机试车,产生的风把地球人吹得直打哆嗦,犹如严冬一样残酷无情;飞机即将升空,随着发动机的高速运转,尾气热流使附近的空气温度骤然升高,犹如夏天一般火热……这只是说飞机,如果是大型飞船,其威力远远超过飞机。

"不饮、不食、不息",是说飞船停车熄火。"息为风"是说飞船发动,即试车。"钟山之神"不是说钟山上的山神,而是说钟山有个神奇的"家伙"。"身长千里"是说此物非常庞大。这不就是巨无霸形的UFO吗?

"其为物"可以解释为"那个东西",也可以翻译成"它造出的动物"。"人面蛇身"是说外星人在这艘UFO中进行造人实验——他们把人和蛇的基因组合在一起,产生了一种人面蛇身的怪物。

一目国在其东,一目中其面而居。一曰有手足。

一目国在钟山的东面,那里的人只有一只眼睛,而且长在脸的正中间。也有人说一目人有手脚。

外星人造人之初屡屡出现怪胎，这种独眼龙也是其中的一种。

柔利国在一目东，为人一手一足，反膝，曲足居上。一云留利之国，人足反折。

柔利国在一目国的东面，那里的人只有一只手、一只脚，膝盖朝后，脚心向上弯曲。也有人把柔利国叫做留利国，留利人也是脚心向上弯曲。

一般来说，人的脚心向下呈弧形，也就是说，如果把人的脚心比作碗，碗口朝下就是"曲足"。"曲足居上"是说"碗口"朝上。个别人的脚心没有弧度，即为"平足"。平足的脚不能长时间站立，也不能长距离行走，弹跳力不足，人也难以负重。

"一只手"，在当今社会生活都十分艰难，何况远古时期？"一只脚"，不能走，不能跑，只能蹦；蹦还不能往前蹦，只能向后蹦，因为柔利人的膝盖骨长在后面。

外星人把柔利人设计成这般惨况，他们只能等死了。

共工之臣曰相柳氏，九首，以食于九山。相柳之所抵，厥①（jué）为泽溪。禹杀相柳，其血腥，不可以树五谷种。禹厥之，三仞三沮（jǔ），乃以为众帝②之台。在昆仑之北，柔利之东。相柳者，九首人面，蛇身而青。不敢北射，畏共工之台。台在其东，台四方，隅有一蛇，虎色，首冲南方。

共工有个臣子叫相柳氏，相柳有九颗脑袋，分别在九座山上进食。相柳所到之处都被他掘成了沼泽和水流。大禹杀了相柳，相柳血流之地散发的腥气，连五谷都不能生长。大禹挖开相柳血染的那个地方，填上三次，塌陷三次。大禹因地制宜，把挖出来的土为诸帝筑了个高台。这件事发生在昆仑山北、柔利国东。相柳长着九颗人头，蛇身，青色。射箭的人不敢向北方弯弓，因为害怕共工台。共工台在相柳被杀的东边，这个台四方形，每个角上有条蛇，蛇身有老虎一样的

---

① 厥：通"撅"，掘。

② 众帝：指帝喾、帝尧、帝舜等传说中的上古帝王。

斑纹,蛇头朝南。

花开两朵,各表一枝。此处把外星人造人的事暂且放下,转而记录战争。

九个脑袋的相柳是碟形飞船,碟形飞船上有九个驾驶舱位。这九个舱位分别加注不同的燃料或润滑油。相柳经常在湖泊河流上起落,也就是说,相柳是水上飞船。在外星人的战争中,禹击落了相柳,飞船燃料大量泄露,流过的地方五谷不生。这场战争使禹非常痛心,每当回忆这件事,他眼中常常充满泪水。于是,就把这里作为外星人战争的遗址保存下来,以警示后人。当外星人再次发生争执时,他们以相柳之战为鉴,不敢轻易发射核弹。

"厥"是昏倒,不省人事,引申为降落、停泊。"仞"是充满,"洎"应该是"泪"字的误解。"蛇身而青"是说碟形飞船上的太阳能电池板像蛇的片片鳞甲。"隅有一蛇"中的"蛇"是火蛇,即发射炮弹的武器。

相柳不是战争的主角,而是马前卒,因为它是"共工之臣",即共工的武器。《淮南子》把这场战争记得更为详细。不过,《淮南子》中把禹换成了颛顼(zhuān xū)——

"昔者,共工与颛顼争为帝,怒而触不周之山,天柱折,地维绝。天倾西北,故日月星辰移焉;地不满东南,故水潦尘埃归焉。"从前,共工与颛顼争夺帝位,共工在大战中惨败,愤怒之下撞向不周山,造成支撑天的柱子折了,捆绑地的绳子断了,天向西北倾斜,所以太阳、月亮、星星都向西北方飘移;地向东南塌陷,所以流水泥沙都往东南方向流动。

《史记》载:"黄帝崩,葬桥山。其孙昌意之子高阳立,是为颛顼帝也"。有古籍认为,从黄帝轩辕氏到禹,共八世:禹的父亲鲧(gǔn),鲧的五世祖是颛顼,颛顼的父亲是昌意,昌意是嫘(léi)祖和黄帝的第二个儿子。上古的事太久远了,在没有文字记载的年代,人们只能口口相传,出现错误在所难免。不管是禹也好,颛顼也罢,反正留下了"共工怒触不周山"的故事,不周山就是外星人大战中的一次重大战役。

深目国在其东,为人举①一手一目,在共工台东。

---

① 举:全部。

深目国在禹杀相柳之地的东面，那里的人全部都是一只手，一只眼，也有人说深目国在共工台的东面。

放下战争，回过头来再说造人。外星人又造出了一种独臂、独眼的人。做任何事都是这样：九十九次失败才换来一次成功。外星人造人也是如此，他们坚忍不拔，一往无前，直到成功。

无肠之国在深目东，其为人长而无肠。

无肠国在深目国的东面，那里的人身材高大，肚子里却没有肠子。

《封神演义》中的比干被妲己剜去了心居然不死，还知道回家，途中遇到妲己变的卖空心菜的农妇。比干怀疑自己为什么不死，就问农妇："菜无心能活，人没心能活吗？"农妇狠狠地说："人无心必死！"比干顿时崩溃，一命呜呼。

人没有心到底能不能活？上个世纪前，人没心必死，现在却不一定，安个人工心脏问题就解决了。那么，没有肠子的人能活吗？也能，只要每天输营养液就能保命。上古时期，外星人就能让没有肠子的人活下来，由此可见，他们的科技水平至少领先我们4000年。

聂①（shè）耳之国在无肠国东，使两文虎，为人两手聂其耳。悬②（xuán）居海水中，及水所出入奇物。两虎在其东。

聂耳国在无肠国东，那里的人驱使两只斑斓虎，因为耳朵太大，他们在行走时只能用手托着自己的大耳朵。聂耳国居住在海水环绕的孤岛上，能接触到出入海水的各种怪物。还有两只老虎在岛的东面。

《三国演义》把刘备写成双手过膝，大耳垂肩，可与聂耳人相比，却是

---

① 聂：通"摄"，握持。
② 县：通"悬"，无所依倚。

第八卷 海外北经

小巫见大巫。如果耳朵大得都影响了走路，说明耳朵至少到膝盖。"文虎"一般译为长有条纹的老虎，实则不然。这里的"文"是"文静"，不是"纹"的通假字。"文虎"是温和的虎。其实"文虎"不是虎，而是外星人的运输车。就像"路虎"牌越野车，是虎还是车？如果聂耳人每天开着两辆"路虎"，那是不是"使两虎"？

聂耳人的智力已经跟我们没有什么差别了，作为外星人的服务生，聂耳人每天为外星人工作，主要是接收外星人在地球上的各个试验区，以及"天国"的无线电波。因为他们能听到万里之外的声音，我们的祖先不解其中的道理，就把他们叫做聂耳国。其实，他们的耳朵并不大。平时，我们挖苦一个人的偷听别人隐私时，常常说"你耳朵怎么那么长呢"，就是这个道理。"为人两手聂其耳"中的"耳"不是我们头上的"耳"，是监听设备，用现在最流行的话说，那不就是加长版的"耳"吗？

"及水所出入奇物"——他们总能看到外星人各种各样的飞船在水上起起落落。

此处说的是外星人战争之前的情景。

夸父与日逐走，入日。渴，欲得饮，饮于河渭，河渭不足，北饮大泽，未至，道渴而死。弃其杖，化为邓林。博父国在聂耳东，其为人大，右手操青蛇，左手操黄蛇。邓林在其东，二树木。一曰博父。

夸父追赶太阳，已追上了。这时夸父焦渴难耐，他想喝水，可黄河和渭河的水喝完了还不解渴，他又要去喝大泽里的水。然而，还没到大泽，夸父就渴死在路上了。他死前把手中的拐杖扔了，拐杖变成了邓林。博父国在聂耳国的东面，那里的人身体高大，右手握着青蛇，左手握着黄蛇。邓林在博父国的东面，那里是由两棵大树形成的林子。也有人把夸父国叫博父国。

这就是我们熟悉的夸父追日的故事。还有一个故事与此一脉相承，即后羿射日。相传远古时期，天上有十个太阳，地球像蒸笼一般。后羿力大无比，箭法高超，他射掉了九个太阳，剩下现在的一个太阳，从此，地球温度就适宜人类生活了。

外星人来到我们这个世界，他们在全球各地建了很多科学考察站。但是，地球的一个大冰期（也叫冰河时代）到来了，地球上的生物面临灭绝的厄运。不用说地球上的生物全部灭绝，就是有一部分消失，对外星人来说也是巨大的损失。眼看冰川范围不断扩大，地球上的物种一天天减少，外星人经过周密论证，决定改造地球。外星人利用地球上的资源，制造出九颗能够反射太阳光的人造卫星，使这九颗"假太阳"和天上那颗真太阳共"十日"一起普照大地。冰川溶化，地球变暖，草木重新吐出新芽，野鹿和斑马又在山间自由自在地奔跑了。

物极必反，否极泰来。随着温度不断上升，地球炽热难耐，"十个太阳"已经由利变害。"假太阳"的使命已经完成，如果不把这九颗人造卫星拆除，地球将成为焦土。这个任务交给了夸父。

"入日"就是接近人造太阳，"渴"也不是人渴，而是夸父驾驶的飞船"渴"，是飞船的冷却系统出了故障；"河渭"不是黄河和渭河，而是飞船里的"水箱"或冷却系统；"弃其杖"不是扔掉他的拐杖，"杖"是飞船的操纵装置，"弃"不是扔掉，是放弃；"化为邓林"不是变成了邓林，"化"是熔化，"为"是副词"在"的意思，"邓林"是地名。

现在你就一目了然了——夸父受命回收九颗人造太阳，他乘飞船向人造太阳飞去，在接近人造太阳的时候，灼人的高温使飞船的冷却系统发生了故障，夸父虽然打开了备用的冷却装置，但仍无法抵御高温。夸父想返回地面加注冷却液，可是，飞船却坠毁在邓林。

这里的"青蛇"、"黄蛇"都是通讯设备，夸父不停地向地面的"聂耳人"报告。至于"聂耳人"报没报告外星人，外星人采取了什么措施，《山海经》没有记载。

类似的事件我们地球也发生过。1970年4月11日，美国"阿波罗"13号飞船向月球飞去。56小时后，飞船接近月球。可是，就在这时，飞船的两个恒温器开关失灵，导致贮氧箱爆炸，氧气和水损失过半，一场太空灾难随时都可能发生。航天员们临危不乱，他们打开登月舱里的氧气和水，严格按地面指令操作。4月17日，这艘飞船成功返回地球，避免了船毁人亡的悲剧发生，创造了地球人航天史上的奇迹。

地球的"夸父"安然无恙，外星的"夸父"却身遭厄运。这事如果发生在

"天国",凭借他们的科技水平,在太空中与人造太阳对接不是什么难事,但这是地球,是极为原始的地球,人手不足,设备不够,原料奇缺。想完成这么大的太空作业,困难何等艰巨!

夸父虽然没有成功,但他的精神永远激励我们去探索宇宙,研究太空。

禹所积石之山在其东,河水所入。拘缨之国在其东,一手把缨。一曰利缨之国。寻木长千里,在拘缨①南,生河上西北。

"禹所积石山"在夸父国东,黄河由这里流向远方。拘瘿国在"禹所积石山"的东面,那里的人总是一只手托着脖子上的肉瘤。也有人把拘瘿国叫利瘿国。有种叫做寻木的树,高达一千里,在拘瘿国的南面,黄河的西北。

拘瘿人的基因发生突变,导致先天脖子长瘤,疼痛是必然的,生活是艰难的,这样的人当然不是优良人种。寻木不是树,而是卫星发射架。

跂踵②(qǐ zhǒng)国在拘缨东,其为人大,两足亦大。一曰大踵③。

跂踵国在拘瘿国东,那里的人身材高大,两只脚也很大。也有人把跂踵国叫大踵国。

我们走路脚跟是着地的,跂踵人的脚跟是跷起的;我们的脚趾是朝前的,跂踵人的脚趾是朝后的。跷着脚走路一定有病变,脚趾朝后更是病态,这样的人行动十分不便,这也是外星人造出的次品。

欧丝之野在大踵东,一女子跪据④树欧⑤丝。

---

① 缨:通"瘿",因脖颈细胞增生而形成的囊状赘肉。
② 跂踵:走路时脚跟不着地。
③ 大踵:古代学者认为,"大踵"是"反踵"误读。"反踵",即脚尖朝后,脚跟朝前。
④ 据:凭借,依靠。
⑤ 欧:同"呕"。

欧丝野地区在反踵国东,有一个女子跪在桑树下吐丝。

蚕吐丝,蜂酿蜜。亘古以来都是如此。然而,《山海经》里的女人居然能吐丝!除了《西游记》里的蜘蛛精,人世间是找不到这样怪物的。真是吐丝吗?不是,是外星人在制造通讯光缆;树也不是树,是生产光缆的机械。外星人制造光缆的目的是为修复在战争中毁掉的飞船。

三桑无枝,在欧丝东,其木长百仞,无枝。

三棵桑树没有枝干,在欧丝野东,这种树虽高达百仞,却没有树枝。

上世纪80年代,电视机刚刚走进寻常百姓家,那时没有有线电视,用户只能通过天线接收信号,家家弄根大杆子,把天线架上去收看电视节目。天线越高,信号相对越好一些。这三棵桑树就是外星人的"大杆子"和天线。在外星人战争中,通信设备是敌人的重点打击目标,一个个通讯站被摧毁后,外星人只能把几根山寨版的天线立起来,凑合着用。

范林方三百里,在三桑东,洲环其下。

范林方圆三百里,在三棵桑树东,沙洲环绕在范林周围。

这三根天线非常重要,《山海经》作者特别告诉后人它的具体位置和周围情况。

务隅之山,帝颛顼①(zhuān xū)葬于阳。九嫔②葬于阴。一曰爰有熊、罴、文虎、离朱、鸱(chī)久、视肉。

有座务隅山,帝颛顼埋葬在山南,他的九个嫔妃埋葬在山北。有人说山中有

---

① 颛顼:前面已经介绍了,他是黄帝的孙子,上古帝王。
② 九嫔:指颛顼的九个妃嫔。

熊、罴、斑斓虎、离朱鸟、鹞鹰、视肉怪兽等动物。

很多外星人都没有等到"天国"前来援救的那一天，他们长眠在地球上。有的虽然等到了，但由于飞船乘载能力有限，一些人走不了，颛顼选择留下来，他最终也死在了地球上。务隅山的这些动物，是颛顼生前进行新物种实验的"原料"。

悲惨吗？不是悲惨，是悲壮。探索太空的道路从来就不是平坦的，前人逝去，后人踏着他们的足迹继续前进，这就是外星人精神，这就是外星人的太空精神。地球人也是这样，到目前为止，我们的宇航员有173人次从地球出发，其中有22人殉难，约占总数的八分之一，他们是：

1961年3月23日，苏联航天员，邦达连科，1人；

1967年1月27日，美国航天员，格里索姆、怀特和查菲，3人；

1967年4月24日，苏联航天员，科马罗夫，1人；

1971年6月6日，苏联航天员，多勃罗沃尔斯基、帕查耶夫和沃尔科夫，3人；

1986年1月28日，美国"挑战者"号爆炸，弗朗西斯·斯科比、迈克尔·史密斯、朱迪恩·雷斯尼克、罗纳德·麦克奈尔、埃利森·鬼冢、格里高利·杰维斯和克里斯塔·麦考利夫（女），7人；

2003年2月1日，美国"哥伦比亚"号航天飞机失事，里克·赫斯本德、伊兰·拉蒙（女）、威廉·麦库尔、迈克尔·安德森、戴维·布朗、卡尔帕娜·乔娜和劳雷尔·克拉克（女），7人。

平丘在三桑东。爰有遗玉、青鸟、视肉、杨柳、甘柤、甘华，百果所生。有两山夹上谷，二大丘居中，名曰平丘。

平丘在三棵桑树的东面。这里有遗玉、青马、视肉怪兽、杨柳树、甘柤树、甘华树，以及各种各样的果子。在两座山间有一条山谷，谷中有两个山丘，名叫平丘。

航天员不是万里挑一，也不是百万里挑一，而是千万里挑一。"天国"虽然收到了来自地球的求救信号，可最优秀的航天员在地球，最优秀的科学家在地球,谁去施救,如何施救,必须考虑周密,万无一失。"天国"的施救飞船终于到达地球,但由于受飞船容量的限制,地球上的外星人不能全部撤回。谁都知道,留下来的很可能再也回不去了。既然是"平",就不能是"丘","平丘"这个词本来就是矛盾的。也许平丘是块大平地,"天国"的UFO就降落在此。

北海内有兽,其状如马,名曰騊駼(táo tú)。有兽焉,其名曰駮(bó),状如白马,锯牙,食虎豹。有素兽焉,状如马,名曰蛩蛩(qióng)。有青兽焉,状如虎,名曰罗罗。

北海内有一种动物,形体像马,名叫騊駼。还有一种动物,名叫駮,形状像白色的马,长着锯齿般的牙,能吃老虎和豹子。还有一种白色的动物,形体像马,名叫蛩蛩。还有一种青色的动物,形体像虎,名叫罗罗。

外星人在造人运动中,还造出了各种副产品,它们体魄强健,难以控制,《山海经》也把它们记录下来,上面的4种怪物就是其中的一部分。

北方禺彊①,人面鸟身,珥②(ěr)两青蛇,践两青蛇。

北方的禺彊神,长着人的面孔鸟的身子,耳朵上挂着两条青蛇,脚上踏着两条青蛇。

禺彊是外星人的重要领导之一,"珥两青蛇"是说他的耳朵上总是戴着耳机,"践两青蛇"是说他享受"专机"待遇,"专机"可容纳两个人乘坐,"人面"是说禺彊的相貌,"鸟身"是说他像鸟一样飞来飞去。

---

① 禺彊:也叫玄冥,传说中的水神,主管北方。
② 珥:悬挂。

禹彊

第九卷 海外东经

恭喜我们伟大的造物主——外星人,他们已经成功地造出了黑人。他们耳朵挂蛇也罢,手腕戴龟也罢,都是外星人的无线监测设备。

> 海外自东南陬至东北陬者——

海外从东南到东北的国家、地区如下——

> 嗟(jiē)丘，爰有遗玉、青马、视肉、杨柳、甘柤、甘华。甘果所生，在东海，两山夹丘，上有树木。一曰嗟丘。一曰百果所在，在尧葬东。

嗟丘有遗玉、青马、视肉怪兽、杨柳树、甘柤树、甘华树。甜美果子就生长在嗟丘，这里位于东海之滨，两座山夹着嗟丘，上面有树木。也有人说嗟丘就是嗟丘。还有一种说法认为，出产各种果子的地方在帝尧陵墓的东面。

外星人在进行人种实验的同时，也进行其他动植物实验，上面这些动植物就是他们成功培植出来的。大部分外星人返回"天国"，尧是留守在地球的外星人之一，他至死也没能回到"天国"，这是为什么呢？后面我们会揭开这个秘密。

大人国在其北，为人大，坐而削（shào）船①。一曰在䃚丘北。

大人国在䃚丘北，那里的人身材高大，他们经常坐着划船。一种说法认为大人国在䃚丘的北面。

外星人造出了身材高大的人，可这些"大人"太大，仿佛大象一般，四肢发达，头脑简单，外星人最终只得抛弃他们。

奢比②之尸在其北，兽身、人面、大耳，珥两青蛇。一曰肝榆之尸在大人北。

奢比神像在大人国北，奢比的身形似兽，面似人，大大的耳朵上挂着两条青蛇。也有人说肝榆神像在大人国的北面。

外星人的相貌和我们差不多，这种人面兽身的奢比不是外星人，而是外星人造出的灵性动物。"珥两青蛇"就像我们把人工繁育的老虎、狮子放归自然时，脖子上带的测控设备一样。

君子国在其北，衣冠带剑，食兽，使二大虎在旁，其人好让不争。有薰华草，朝生夕死。一曰在肝榆之尸北。

君子国在奢比神像的北面，那里的人穿衣戴帽，腰间佩剑，他们宰杀野兽为食，有两只虎在他们身旁。君子人品性谦让，不好争斗。那里有一种薰华草，生长期只有一天，早晨出生，傍晚死亡。也有人说君子国在奢比神像北面。

君子国人很君子，他们是被外星人驯化过的，看起来文明程度很高，但过于迂腐，惰性很强，大概是头脑有些残疾吧。

---

① 削：通"梢"，长竿。削船：用长竿子撑船。
② 奢比：也叫奢龙，传说中的神，黄帝的大臣，也称肝榆。

虹虹①（hóng）在其北，各有两首。一曰在君子国北。

虹虹的栖息地在君子国的北面，虹虹的头尾各有一个脑袋。也有人说虹虹在君子国的北面。

此处的彩虹是碟形UFO改装的移动实验室，有两个外星人在此负责。

朝阳之谷，神曰天吴，是为水伯。在虹虹北两水间。其为兽也，八首人面，八足八尾，皆青黄。

朝阳谷的神人叫天吴，也就是水伯，住在虹虹北面的两条水流中间。他身形如兽，八个脑袋都是人面，还有八只爪子、八条尾巴，都是青黄色。

八个脑袋的吴天是外星人造出的怪物，这种怪物只能生活在水中。这是外星人造人运动产生的又一个次品。

青丘国在其北。其狐四足九尾。一曰在朝阳北。

青丘国在朝阳谷北。那里有一种狐狸，四只爪子，九条尾巴。也有人说青丘国在朝阳谷的北面。

外星人造人之初，肯定是用动物做实验，狐狸的基因被改变之后，九尾狐诞生。《封神演义》的作者许仲琳先生不解其原由，将其写进了小说，九尾狐成为仅次于妲己的害人精。其实，造九尾狐的科技含量并不高，只要改变狐狸体内控制尾巴的DNA能成功，不信，请科学家试试。

帝命竖亥②步，自东极至于西极，五亿十选③九千八百步。竖亥右手把算④，

---

① 虹虹：彩虹。
② 竖亥：传说中一个走得很快的神人。
③ 选：万。
④ 算：通"筹"，竹制的筹，古代人计数用的筹码。

左手指青丘北。一曰禹令竖亥。一曰五亿十万九千八百步。

天帝命令竖亥用脚步测量大地，从最东端走到最西端是五亿十万九千八百步。竖亥右手拿着算筹，左手指着青丘国北。也有人说，是大禹命令竖亥测量大地，也是五亿十万九千八百步。

一步按80cm计算，上面说的50019800步合40015.84km，与我们今天测算出地球赤道周长40076km仅差60km，与子午线周长40008km仅差7.84km，天下间竟有如此巧合事！竖亥是外星人，他们要了解地球，必然要对地球进行测量。不过，他们测出的是4000年前的地球。宇宙是膨胀的，地球也是在长的，今天的地球比4000年前大一些非常符合天体运动理论。

黑齿国在其北，为人黑，食稻啖①蛇，一赤一青，在其旁。一曰在竖亥北，为人黑首，食稻使蛇，其一蛇赤。

黑齿国在竖亥居住地的北面，那里的人牙齿是黑色的，他们吃稻米和蛇肉，每个人身边都有一红一青两条蛇。也有人说黑齿国在竖亥居住地的北面，那里的人黑脑袋，以稻米为食，驯化驱使蛇，其中一条蛇是红色的。

"食稻啖蛇"一直被译为"吃稻米和蛇肉"。我以为"啖蛇"是给"蛇""啖"，即给"蛇"喂稻米。上面讲过N次了，《山海经》中绝大多数的蛇是雪茄状UFO。UFO中的外星人也要吃饭，他们的粮食是哪里来的呢？对了，是黑齿人送进去的。

"一赤一青，在其旁"说的是两艘UFO停在黑齿人身边，以便于黑齿人往UFO中送粮食。

下有汤谷②。汤谷上有扶桑，十日所浴，在黑齿北。居水中，有大木，九日居下枝，一日居上枝。

---

① 啖：吃。
② 汤谷：旸谷，太阳升起的地方。

下界有个汤谷，汤谷岸边有扶桑树，这是十个太阳洗浴的地方，其位置在黑齿国北。在汤谷的水中，有棵大树，九个太阳在树的下枝，一个太阳在树的上枝。

造人运动暂且不表，再说说外星人的其他工作。

汤者，水也；谷者，沟也；汤谷就是深海区。"十日"即前文说的九颗人造"假太阳"和一颗"真太阳"，"大木"即卫星发射架。"九日居下枝，一日居上枝"，即"真太阳"在天空，"假太阳"送上发射架，准备点火发射。

我们的祖先不知道什么是人造卫星，也不知道什么是人造太阳，更不知道卫星发射架。就像今天我们发射人造卫星，如果有几个猴子蹲在一旁，他们岂能明白地球人要干什么？我们的祖先就是这样，他们只是觉得十分奇怪，于是，他们用蒙昧的眼睛、粗糙的手和钝刀，把外星人的壮举记录下来。真千古奇功也！

雨师妾在其北。其为人黑，两手各操一蛇，左耳有青蛇，右耳有赤蛇。一曰在十日北，为人黑身人面，各操一龟。

雨师妾国在汤谷北，那里的人黑皮肤，两只手各持一条蛇，左耳挂着青色的蛇，右耳挂着红色的蛇。也有人说雨师妾国在汤谷的北面，那里的人黑身人面，两只手各握一只龟。

恭喜我们伟大的造物主——外星人，他们已经成功地造出了黑人。他们耳朵挂蛇也罢，手腕戴龟也罢，都是外星人的无线监测设备。

玄股之国在其北。其为人衣鱼食鸥，使两鸟夹之。一曰在雨师妾北。

玄股国在雨师妾国北。那里的人以鱼皮为衣，以鸥鸟为食，两只鸟一左一右站在人身旁，听从他们的驱使。也有人说玄股国在雨师妾国的北面。

远古时期，我们的祖先曾经用鱼皮做衣服遮羞取暖，至于以鸥鸟为食，那是再平常不过了。大概是玄股国人善跑，也不太听话，外星人就用两架在

战争中损毁的飞船像两道墙一样,把他们夹在中间,管教驯化他们,这就是"使两鸟夹之"。至于他们生理上有什么缺陷,这里没介绍。

毛民之国在其北。为人身生毛。一曰在玄股北。

毛民国在玄股国北。那里的人身上长毛。也有人说毛民国在玄股国的北面。

外星人虽然造出了玄股人和毛民人,但这两种人存在生理缺陷,外星人还不满意。

劳民国在其北,其为人黑。或曰教民。一曰在毛民北,为人面目手足尽黑。

劳民国在毛民国北,那里的人是黑皮肤。有人称劳民国为教民国。也有人说劳民国在毛民国的北面,他们的脸、眼、手、脚全是黑色的。

这不是典型的黑人嘛!黑齿国、玄股国、劳民国,《山海经》作者已经把我们带到了黑人区。这些地方的人只是皮肤较黑,生理上已经接近完善了,外星人的造人运动已现曙光。

东方句芒[①],鸟身人面,乘两龙。

主管东方的句芒神生的是鸟的身子,人的面孔,他平时乘坐两条龙出行。

句芒是位"区长",平时驾驶小型飞船往返于所辖的实验基地,并把了解到的情况向主要领导汇报。"鸟身",像鸟一样飞来飞去;"人面",其相貌跟我们地球人没什么两样;"两龙",只能容纳两个人乘坐的飞行器。

---

① 句芒:神话传说中的木神,主管东方。

第十卷 海内南经

战争后的外星人"一穷二白",吃饭穿衣都成了问题,他们不能总像原始地球人那样,身上整天裹着散发腥味的兽皮。于是,他们实验出一种树,这种树的皮既像丝织品,又像蛇皮,而且还能定期采揭,用这种树皮做的衣服穿上很舒适。

《山海经》十至十三卷分别是《海内南经》《海内西经》《海内北经》《海内东经》。海内四经主要讲外星人的生活和工作情况，以及他们所造出的人类或类人动物的栖息地。

海内东南陬以西者——

海内由东南往西的国家、地区如下——

瓯①居海中。闽②在海中，其西北有山。一曰闽中山在海中。三天子鄣山在闽西海北。一曰在海中。桂林八树，在番隅东。伯虑国、离耳国、雕题国、北朐（qú）国皆在郁水南。郁水出湘陵南海③。一曰相虑。

---

① 瓯：东瓯，古代浙江省南部沿海地区的别称。
② 闽：福建一带的泛称，今为福建省的简称。闽也称七闽。
③ 湘陵南海：一般认为是"湘陵南山"。"相"疑为"柏"的误写。

东瓯坐落在海中。七闽也坐落在海中,七闽地区的西北有山。也有人说七闽一带的山也在海中。三天子鄣山在七闽西、海北。也有人说三天子鄣山在海中。桂林八棵树地区位于番隅东。伯虑国、离耳国、雕题国、北朐国都在郁水的南岸。郁水发源于湘陵南岭。也有人把伯虑国叫做柏虑国。

本卷开篇先介绍几个地区的大致位置。下面就以这些位置为参照点,讲述外星人的活动。

枭阳国在北朐之西。其为人人面长唇,黑身有毛,反踵,见人笑亦笑,左手操管。

枭阳国在北朐国西。那里的人脸形与普通人一样,只是嘴唇较长,黑皮肤上长着毛,脚跟朝前,脚尖朝后,看见别人笑他就跟着笑,枭阳人通常是左手拿着一根竹筒。

一个人流着长长的口水,浑身脏兮兮,手里拿着竹棍,看见别人笑,他就笑……这不是智障就是神经有问题,外星人造出的这种枭阳人不但身体上有残疾,智力上也有残疾。

兕在舜葬东,湘水南。其状如牛,苍黑,一角。苍梧之山,帝舜葬于阳,帝丹朱葬于阴。

兕栖息在帝舜下葬地的东面,湘水的南面。兕的形体像牛,身体呈青黑色,一只角。帝舜下葬在苍梧山南,帝丹朱葬在山北。

兕的本义是雌犀牛,怎么还说"其状如牛"呢?对了,这也是外星人造的一种人,这种人的身体如牛一般强壮,但他四肢发达,头脑简单,脾气还挺大,跟牛魔王似的。显然,兕人与舜和丹朱有关,或许就是舜和丹朱的"作品"吧。

在古典文献中,舜是上古先贤,丹朱是尧的嫡长子。后世对丹朱有两种截然相反的说法，一种说他为人粗野，不学无术，常常危害他人；另一种说他智商特高，尧很喜欢他。尧在位七十年，到退位的时候，有人推荐丹朱继位，尧不想把大位传给自己的儿子。于是，就召开"全国人民代表大会"，在尧的提议下，舜为继承人，丹朱落选。

这里的丹朱前加了个"帝"字，说明当时的人对丹朱还是很认可的。

氾林①方三百里，在狌狌东。狌狌知人名，其为兽如豕（shǐ）而人面，在舜葬西。

氾林方圆三百里，在狌狌栖息地的东面。狌狌能知道人的名字，这种动物体形如猪，却长着一张人脸，活动范围在帝舜下葬地的西面。

《山海经》开篇第一个说的就是狌狌，"有兽焉，其状如禺而白耳，伏行人走，其名曰狌狌，食之善走。"狌狌形体像猿猴却长着白色的耳朵，既能四足爬行，又可像人一样直立行走，这种动物叫狌狌，食用它的肉可以使人奔跑如飞。此处的狌狌体形如猪，却长着人一样的面孔。两处记载大相径庭，原因是两种狌狌同名异物。第一种狌狌已经接近人了，但智力较差，第二种狌狌智力较高，你叫它名字，它立刻做出反应。

"知人名"不是知道人的名字，而是知道人给它起的名字。就像我们养的宠物狗，你给它起了名字，没几次，狗就知道你在叫它了。

狌狌西北有犀牛，其状如牛而黑。

狌狌栖息地的西北有一种犀牛，形体像牛，一身黑毛。

此处的犀牛是外星人造出的"类人动物"，即犀牛人。就像我们给孩子起名"虎子"、"牡子"一样。犀牛人与兕人一样强壮，就是智力差一些。

夏后启之臣曰孟涂，是司神于巴。人请讼（sòng）于孟涂之所，其衣有血

---

① 氾林：范林，意为树木茂密的丛林。

者乃执之，是请生。居山上，在丹山西。丹山在丹阳南，丹阳居属也。

夏朝国君启的臣子叫孟涂，是主管巴国诉讼的神。巴国人到孟涂那里去告状，孟涂发现谁的衣服有血，就把谁抓起来，以示孟涂有好生之德。孟涂住在一座山上，这座山在丹山西。丹山在丹阳的南面，丹阳归巴国管辖。

无论是鸟还是兽，关在一起总会打架的。刚刚诞生的地球人也是如此。孟涂是教化地球人的外星人，他发现地球人之间打架，就把打架的人关起来，以警告他人。这段记述的是外星人对地球人的教化和管理，是造人运动圆满成功之后的事。

窦窳龙首，居弱水中，在狌狌知人名之西，其状如龙首，食人。

窦窳长着龙一样的脑袋，住在弱水中，大致位于狌狌栖息地的西面，它的头像龙，吃人。

这是外星人实验出的一种水中猛兽，这种动物"传记"在下一卷。

有木，其状如牛，引之有皮，若缨、黄蛇。其叶如罗①，其实如栾②，其木若芘③（ōu），其名曰建木。在窦窳西弱水上。

有一种树木，形状像牛，一揭就脱一层皮，这种树皮既像帽子上的缨带，也像黄色的蛇皮。树叶呈网状，果实像栾树结的果，树干像刺榆，这种树叫建木。建木生长在窦窳栖息地西面的弱水岸上。

战争后的外星人"一穷二白"，吃饭穿衣都成了问题，他们不能总像原始地球人那样，身上整天裹着散发腥味的兽皮。于是，他们实验出一种树，

---

① 罗：捕鸟的网。
② 栾：也叫栾华、灯笼树。种子圆形黑色，叶子含鞣质，可制栲胶。花可提黄色染料，又可入药。
③ 芘：刺榆树。

这种树的皮既像丝织品，又像蛇皮，而且还能定期采揭，用这种树皮做的衣服穿上很舒适。

氐（dǐ）人国在建木西，其为人人面而鱼身，无足。

氐人国在种植建木地方的西面，那里的人长着人的面孔鱼的身子，没有脚。

外星人把他们的基因和鱼的基因组合在一起，造出了这种氐人。因为没有脚，氐人只能在水中生活，他们不能劳动，也不能创造财富。显然，氐人是外星人造人实验的败笔。

巴蛇食象，三岁而出其骨。君子服之，无心腹之疾。其为蛇青、黄、赤、黑，一曰黑蛇青首，在犀牛西。

巴蛇能吞下大象，当它吃完一头象后，三年才能吐出象的骨头。德品高尚的人吃了巴蛇的肉，肚子里的器官就不会生病。这种巴蛇的颜色集青、黄、红、黑四色为一体。也有人说巴蛇的身子是黑色的，脑袋是青色的，栖息在犀牛生长地的西面。

"人心不足蛇吞象"就是从这来的。现实生活中的蛇再大，也吞不了象。可是雪茄状UFO吞大象就跟我们吃花生米一样容易。外星人要了解这种庞然大物的生理机能，就要把大象拉到UFO之中解剖。当实验做完了，大象的骨架扔了出来。外星人不仅解剖活象，也解剖活人。当地球人看到大象和自己的同胞被外星人一个个做成标本的时候，他们大彻大悟，心中的一切杂念都抛到了九霄云外。就像火葬场，每每有人到火葬场送别亲友之后都会发出感慨：荣华富贵是过眼烟云，谁都要到这里报到。每到一次火葬场，人的心灵就得到一次净化。因此有人建议，定期把当官的拉到火葬场转转，一定会对反腐有积极作用。"君子服之，无心腹之疾"说的就是这个道理。

第十卷 海内南经

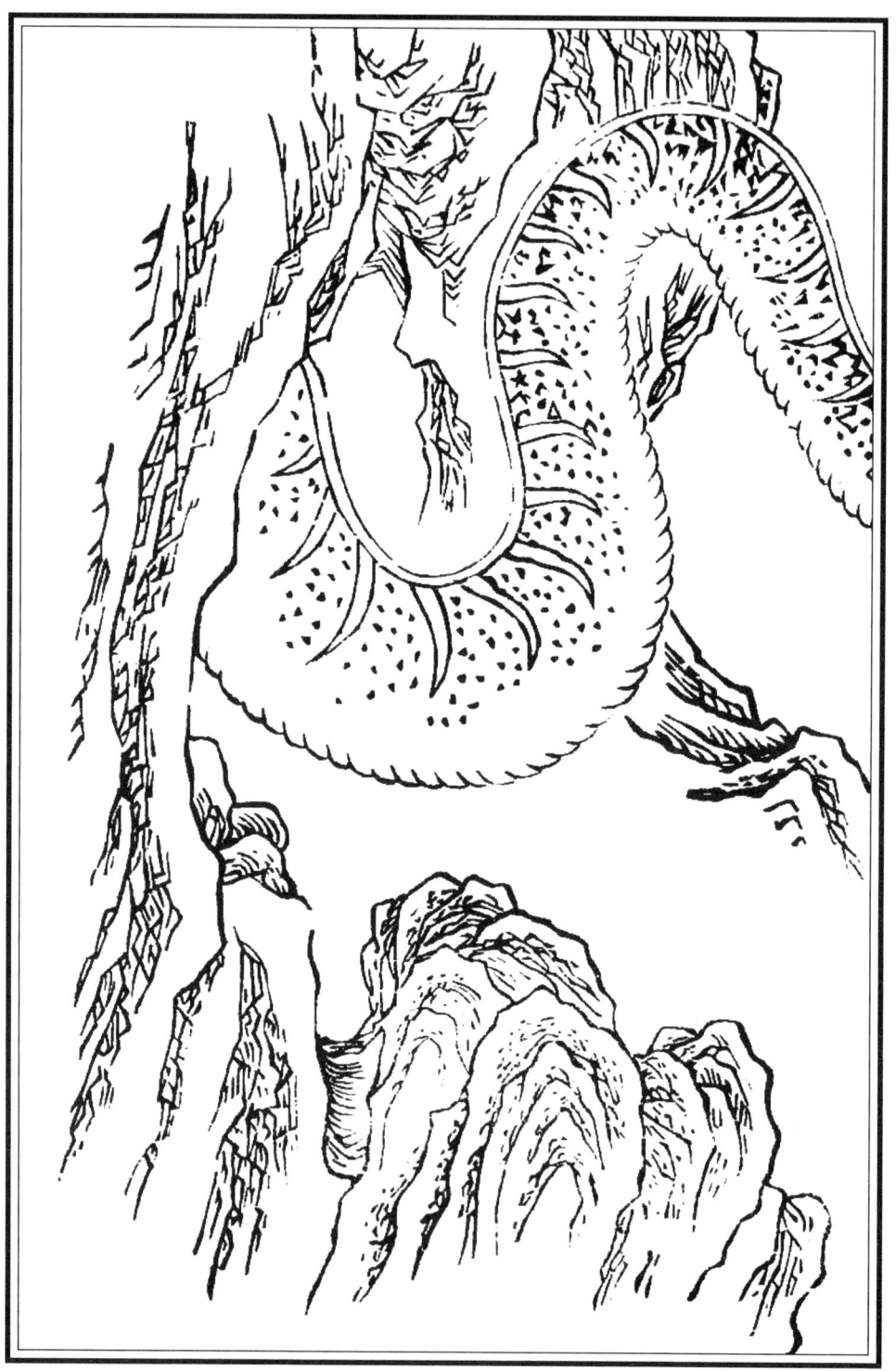

旄（máo）马，其状如马，四节有毛。在巴蛇西北，高山南。

旄马的体态像普通的马，只是四条腿的关节上有毛。旄马的栖息地在巴蛇所在地的西北，一座高山的南面。

只要是马，不但关节上长毛，全身都长毛，还用得着特别提到关节长毛吗？对了，旄马不是马，而是像马一样的人，即旄马人。旄马人像马一样有耐力，但智力较差，这种人也是外星人造人运动中产生的次品。

匈奴、开题之国、列人之国并在西北。

匈奴国、开题国、列人国都在旄马栖息地的西北。

文中没有介绍这三个国的情况，这说明这三个地区的人类已经具备了我们地球人的特征，外星人造人运动大功告成。

第十一卷 海内西经

凤凰、鸾鸟是外星人实验出的灵鸟，它们带着外星人的监控设备飞往各个实验区，外星人通过灵鸟携带的设备监控各地。

海内西南陬以北者——

海内由西南往北的国家、地区如下——

贰负①之臣曰危,危与贰负杀窫窳。帝乃梏②之疏属之山,桎③其右足,反缚两手与发,系之山上木。在开题西北。

贰负的臣子叫危,危与贰负一同杀了窫窳。天帝因此把贰负拘禁在疏属山,铐上他的右脚,用他的头发反绑他的双手,拴在山上的一棵树下。这个地方在开题国的西北。

窫窳又做猰貐,传说窫窳是天神烛龙的儿子。窫窳老实善良,却被危谋

---

① 贰负:神话传说中的天神,人面蛇身。
② 梏:古代木制的手铐。这里是拘禁的意思。
③ 桎:古代给罪人两脚戴的刑具。

杀。天帝不忍心看烛龙伤心，就让窫窳复活了。可没想到，复活后的窫窳，变成了一个凶残的怪物。关于窫窳的外貌说法很多：人面龙身、人面牛身马腿、龙头虎身、蛇头人身等。由于窫窳总是吃人，尧帝就命后羿射杀了它。

还有一种传说：黄帝时代，蛇身人面的天神贰负受危的挑唆，谋杀了蛇身人面的窫窳。黄帝十分震怒，就处死了危，重罚了贰负。又命天神把窫窳抬上昆仑山，几位巫师救活了它。谁知窫窳起死回生后，竟神智错乱，掉进昆仑山下的弱水河里，变成了形体像牛，红身、人脸、马足，叫声如同婴儿啼哭的猛兽。十日并出时期，它跳上岸残害百姓，被后羿用神箭射死。

窫窳是外星人实验出的一种类似于刑天的凶猛动物，因为它总是伤害其他动物，包括人，危和贰负没经请示，就把它除掉了。黄帝认为危和贰负太不拿领导当干部了，就惩处了危和贰负。黄帝、危和贰负都是没能回"天国"的外星人。

> 大泽方百里，群鸟所生及所解。在雁门北。
> 雁门山，雁出其间。在高柳北。
> 高柳在代北，后稷之葬，山水环之。在氐国西。
> 流黄酆（fēng）氏之国，中方三百里，有涂①四方，中有山。在后稷葬西。
> 流沙出钟山，西行又南行昆仑之虚②，西南入海，黑水之山。
> 东胡在大泽东，夷人在东胡东。
> 貊（mò）国在汉水东北。地近于燕，灭之。
> 孟鸟在貊国东北，其鸟文赤、黄、青，东乡③（xiàng）。

大泽方圆一百里，是各种鸟类孵化幼鸟和脱换羽毛的地方，其位置在雁门的北面。

雁门山是大雁的栖息地，大雁都是从那里飞出来的，此地在高柳的北面。

高柳在代北，是后稷下葬的地方，那里山水环绕，大致位置在氐人国的西面。

流黄酆氏国的疆域方圆三百里，道路通向四方，中间有一座大山。流黄酆氏

---

① 涂：通"途"。
② 虚：山丘。
③ 乡：通"向"。

国在后稷下葬地的西面。

流沙源于钟山，向西再向南流经昆仑山，继续往西南流入西海，直到黑水山。

东胡国在大泽东，夷人生活在东胡国的东面。

貊国在汉水东北，那里靠近燕国边界，后来被燕国灭掉了。

孟鸟栖息在貊国东北，这种鸟羽毛的花纹有红、黄、青三种颜色，它总是面向东方。

上述这几段文字是地理志，记述的是外星人曾经生活战斗的地方。

海内昆仑之虚，在西北，帝之下都。昆仑之虚，方八百里，高万仞①。上有木禾，长五寻，大五围。面有九井，以玉为槛。面有九门，门有开明兽守之，百神之所在。在八隅之岩，赤水之际，非仁羿②莫能上冈之岩。

海内的昆仑山屹立在西北方，那是天帝在人间的都城。昆仑山方圆八百里，高达万仞。山顶有一种树木，高达五寻，有五人合抱那么粗。昆仑山的四面各有九眼井，每眼井都是用玉石做的围栏；昆仑山的四面各有九道门，每道门都有开明兽守卫着，那是众多天神聚集的地方。众多天神分别把守着通往昆仑山的八方山崖和赤水河，没有后羿那样本领高超的人是不能攀上山冈岩石的。

昆仑山是中国人的神山、圣山，只要一提到昆仑，就有一种神圣的感觉。帝就是外星人的最高领导，他的驻地就在昆仑山上，"木禾"是卫星发射架，"井"不是水井，而是飞船发射井。"开明兽"是外星人造出的灵兽，由于外星人人手不足，命这种灵兽看守各个重要的地方。分散在各地的外星人经常到这里向"帝"汇报工作，如果不是后羿那种身份的外星人，根本没有资格向"帝"汇报。

赤水出东南隅，以行其东北，西南流注南海，厌火东。

河水出东北隅，以行其北，西南又入渤海，又出海外，即西而北，入禹所导

---

① 一仞：就是一寻，一寻八尺。
② 仁羿：后羿，神话传说中的英雄人物，善于射箭，曾经射掉九个太阳，射死毒蛇猛兽，为民除害。

积石山。

> 洋水、黑水出西北隅，以东，东行，又东北，南入海，羽民南。
> 弱水、青水出西南隅，以东，又北，又西南，过毕方鸟东。

赤水发源于昆仑山东南，流到昆仑山东北，又转向西南流入厌火国东边的南海区域。

黄河水发源于昆仑山东北角，流经昆仑山北，然后转向西南流入渤海，流向海外，又由西转向北，一直流到大禹所疏导过的积石山。

洋水、黑水发源于昆仑山西北，向东流一段后转向东北，又向南流入大海，入海口在羽民国南。

弱水、青水发源于昆仑山西南，向东流一段后转向北，又转向西南，流经毕方鸟栖息地的东部。

此处介绍几条水系，表面上看不出外星人的足迹，但这些水系在那个交通极为原始的年代却是外星人运输的大动脉，运载着外星人所需要的各种物资。

> 昆仑南渊深三百仞。开明兽身大类虎而九首，皆人面，东向立昆仑上。

昆仑山的南面有个深达三百仞的水潭，开明神兽的身形大小同老虎差不多，不同的是它有九颗脑袋，每颗脑袋都跟人一样，开明兽面朝东站在昆仑山上。

开明兽是外星人实验出的灵兽、瑞兽，它是外星人忠实的"服务生"。"身大类虎"说明其十分勇猛；"九首"不是说它有九个脑袋，而是说开明兽反应机敏；"人面"是说它有人一样的品德。

> 开明西有凤皇、鸾鸟，皆戴蛇践蛇，膺有赤蛇。

开明兽的西面有凤凰、鸾鸟栖息，凤凰、鸾鸟头上戴着蛇，脚上踩着蛇，胸前挂着红色的蛇。

凤凰、鸾鸟是外星人实验出的灵鸟,它们带着外星人的监控设备飞往各个实验区,外星人通过灵鸟携带的设备监控各地。"戴蛇"是说凤凰、鸾鸟身上戴着天线信号发射装置;"践蛇"是说凤凰和鸾鸟也搭乘UFO随外星人到各地巡视;"膺"是"鹰"的通假字,做动词使用;"膺有赤蛇"是说喷着红色火焰的UFO像鹰一样在各地飞来飞去。

开明北有视肉、珠树①、文玉树②、玗琪(yú qí)树③、不死树④、凤凰、鸾鸟皆戴瞂⑤(fá),又有离朱⑥、木禾、柏树、甘水⑦、圣木曼兑⑧。一曰挺木牙交。

开明兽的北面有视肉怪兽、珠树、文玉树、玗琪树、不死树,那里的凤凰、鸾鸟都戴着盾牌似的桂冠,还有离朱、木禾、柏树、甘水、圣木曼兑。也有人把圣木曼兑叫做挺木牙交。

树上能结珍珠吗?能结玉石吗?植物的树当然不能,可机械设备能。此处是说外星人在生产他们的飞船部件。外星人的飞船在战争中损毁,珍珠、文玉、玗琪都是外星人飞船必不可少的部件。不死树是提炼麻醉药的主要原料,外星人为了解人和动物的生理机能,在解剖实验时,给人和动物服用麻醉药,使人和动物处于昏迷状态,实验完之后,人和动物"死而复生"。曼兑与麻醉药相反,处于麻醉中的人和动物,吃了它立刻清醒过来。

开明东有巫彭、巫抵、巫阳、巫履、巫凡、巫相,夹窫窳之尸,皆操不死之药以距⑨之。窫窳者,蛇身人面,贰负臣所杀也。

---

① 珠树:结珍珠的树。
② 文玉树:结五彩美玉的树。
③ 玗琪树:生长红色玉石的树。
④ 不死树:亦称甘木,寿木,传说中的长生树,即可使人长生不死,亦可使死者复活。
⑤ 瞂:盾。
⑥ 离朱:即太阳里的踆鸟,也叫三足鸟。
⑦ 甘水:即醴泉,甜美的泉水。
⑧ 圣木曼兑:一种叫做曼兑的圣树,食用可使人变聪明。
⑨ 距:通"拒",与死亡抗争。

开明兽东有巫彭、巫抵、巫阳、巫履、巫凡、巫相等巫师,他们围在窫窳尸体周围,各自拿着自己的不死神药救窫窳。窫窳蛇身人面,他是被贰负和他的臣子危联手谋杀的。

前面介绍了,"巫"是飞碟的"象形文字",是两个人乘坐的飞船,彭、抵、阳、履、凡、相六位外星人,各自乘着"巫"型UFO为救治窫窳来到昆仑山。这说明黄帝对窫窳的生死高度关注,可见窫窳这种灵兽对外星人是何等的重要。这里再次提到窫窳被贰负和危所杀。这里说的是外星人之间的分歧,如果窫窳是外星人之间战争的导火索,此处就不应该是黄帝,而是天帝,是黄帝的上司。

服常树,其上有三头人,伺琅玕(láng gān)树①。

有一种树,叫服常树,树上生活一种人,这种人长着三颗头,他们总是看着附近的琅玕树。

"三首国……为人一身三首",现在又出现了三颗脑袋的人,他们都是外星人实验出的同一类人种,虽然他们三颗头的思维不一致,但灵性极强,外星人把他们当作服务生,命他们守着琅玕树。琅玕树不是树,而是能够生产出滚珠一类的机器。这种滚珠,对修复飞船必不可少。

开明南有树鸟、六首蛟、蝮蛇、蜼、豹、鸟秩树,于表池树木;诵鸟②、鶽③(sǔn)、视肉。

开明兽的南面有一种鸟,名叫树鸟;还有六首蛟、蝮蛇、长尾猿、豹子、鸟秩树,树木环绕于水池四周;这里还有诵鸟、鶽鸟、视肉怪兽。

---

① 琅玕树:结满珠玉的宝树。
② 诵鸟:不详何种禽鸟。
③ 鶽:雕鹰。

这么多动物有的是外星人捕捉驯养的，有的外星人造出来的。这里的池，有人认为是传说中王母娘娘的瑶池。

本卷的三分之二都在写昆仑山，《山海经》用这么大篇幅写昆仑山，为什么？因为外星人的最高指挥中心就设在这里，这里就是外星人在地球的北京，外星人的所有指令都从这里发出。

第十二卷 海内北经

原来宵明和烛光两位美女是飞船的导航员,两个人无论白天还是黑夜,都为外星人的事业添砖加瓦,即便是夜里,两位美女也不辞辛劳,为飞船导航。

海内西北陬以东者——

海内由西北往东的国家、地区如下——

蛇巫之山，上有人操柸①（bàng）而东向立。一曰龟山。

蛇巫山上有人拿着棍棒面向东方站着，也有人称蛇巫山为龟山。

蛇是大型飞船，巫是小型飞船，外星人手持仪器正在检测风向和风的级别，以确定飞船何时起飞，何时发射。

---

① 柸：即"棓"，同"棒"。

西王母梯①几②而戴胜③。其南有三青鸟,为西王母取食。在昆仑虚北。

西王母靠着小桌,头上戴着玉胜。西王母面前有三只青鸟,专门为西王母取送食物。西王母的驻地在昆仑山北部。

三青鸟有两种说法,一种说它是凤凰的前身,共三只,本为猛禽,后为色泽亮丽、体态轻盈的小鸟,是具有神性的吉祥鸟。另一种说三青鸟是长有三足的神鸟,是王母娘娘的使者,每当王母娘娘出巡的时候,它都先去打前站,以便于当地的神仙前去迎接。

西王母就是我们平时所说的王母娘娘。王母娘娘是外星人的女领导,她负责抽查修复飞行器部件,三青鸟把部件送到她面前,她检验是否合格。"梯几"是检测设备,"戴胜"是可视通讯设备,王母娘娘把检测情况通过视频传到生产部件的外星人那里,告诉他们部件的不足。

有人曰大行伯,把戈。其东有犬封国。贰负之尸在大行伯东。

有个人叫大行伯,手握长戈。他的东面是犬封国。贰负的尸体葬在大行伯那个地方的东面。

大行伯不是人,而是一个类似于铁架、铁塔之类的通讯设备;"戈"不是兵器,而是天线,这根天线立在铁架上。

犬封国曰犬戎国,状如犬。有一女子,方跪进杯④(bēi)食。有文马,缟身朱鬣(liè),目若黄金,名曰吉量,乘之寿千岁。

犬封国也叫犬戎国,那里的人身材像狗。犬封国有一个女子,正跪举杯盘

---

① 梯:倚,靠。
② 几:矮小的桌子。
③ 胜:玉制的首饰。
④ 杯:是多音字,古同"杯"。

服侍另一个人用餐。这里生长着带有斑纹的马,马身呈白色,脖子长有红色鬃毛,眼睛像黄金一样闪亮,名叫吉量,骑上人能活一千年。

外星人把他们的基因和狗的基因组合在一起,造出了犬封人,作为外星人的服务生,犬封人十分忠诚。文马不是马,而是一种时间机器,就像我们在影视中看到的时空隧道,在时空隧道中,千年不过是一瞬。

此处的犬戎国与中国历史上同名的北方少数民族有无关系,还需进一步考证。

鬼国在贰负之尸北,为物人面而一目。一曰贰负神在其东,为物人面蛇身。

鬼国在埋葬贰负的北面,那里有一种动物长着人的面孔,一只眼睛。有人说贰负神在鬼国的东面,贰负也是个人面蛇身的怪物。

鬼国是外星人的战俘营,是战败外星人被囚禁的地方。"鬼"作为阶下囚,被迫为胜者修复飞行器之后,又被迫帮助胜者进行生物实验,他们造出了一只眼睛的人类。当然,这种人是不成功的。"人面蛇身"即"人面蛇心",是对贰负的贬称,此处的蛇不是UFO,而是动物,意在以蛇的狠毒比喻贰负和危联手谋害窫窳。

蜪(táo)犬如犬,青,食人从首始。穷奇状如虎,有翼,食人从首始。所食被[①]发。在蜪犬北。一曰从足。

蜪犬的形体跟狗差不多,它全身呈青色,吃人时从脑袋开始。穷奇的形体像虎,而且生有翅膀,穷奇吃人也是从脑袋开始,它吃的人都披散着头发。穷奇在蜪犬北部活动,也有人说穷奇吃人从脚开始。

蜪犬和穷奇都是外星人造出的凶猛动物,两种动物都吃人,蜪犬不管什么人,一律通吃。穷奇则不然,它吃人是有选择的,只吃一些身体或神经

---

① 被:通"披"。

有残疾的人。显然，穷奇是经过外星人驯化的。"被发"即披头散发，引申为神经有残疾的人。

帝尧台、帝喾台、帝丹朱台、帝舜台，各二台，台四方，在昆仑东北。

帝尧台、帝喾台、帝丹朱台、帝舜台，各有两个台，每个台都是四方形，位于昆仑山的东北。

台是外星人的指挥塔。只要是飞行器必然有监测台，飞机的起飞与降落都必须听从监测台的指令。大部分外星人返回天国，只有尧、喾、丹朱、舜等留在地球上。此处记录的是这四位外星人的工作室。

大蜂，其状如螽①（zhōng）；朱蛾②（yǐ），其状如蛾。

有一种体形较大的蜂，形体像螽斯；有一种朱蛾，形体像蚂蚁。

这两种虫类都有治疗风湿的药性，此处孤零零记录这么两种小昆虫，说明了其有着非同寻常的用途。可能是外星人在地球上患有严重的风湿病吧。

蟜（jiǎo），其为人虎文，胫有䠿③（qǐ）。在穷奇东。一曰状如人，昆仑虚北所有。

阘（tà）非，人面而兽身，青色。

据比之尸，其为人折颈披发，无一手。

环狗，其为人兽首人身。一曰猬状如狗，黄色。

袜④（mèi），其为物人身、黑首、从⑤（zòng）目。

戎，其为人人首三角。

---

① 螽：螽斯，一种昆虫，体呈绿色或褐色，样子像蚂蚱。
② 蛾：古同"蚁"。蚂蚁。
③ 䠿：小腿肚子。
④ 袜：即"魅"，鬼魅、精怪。
⑤ 从：通"纵"。

蟜国人都长着老虎一样的斑纹，腿上有强健的肌肉。蟜国在穷奇栖息地的东面。也有人说蟜国人形体像人，生活在昆仑山的北部。

阘非国人长着人的面孔、动物的身子，全身呈青色。

据比的尸体脖子是断的，披散着头发的，没有一只手。

环狗国的人长着动物脑袋、人的身子。也有人说环狗人既像刺猬又像狗，全身呈黄色。

袜的身子像人，黑脑袋，眼睛是竖着的。

戎国人头上有三只犄角。

这些都是外星人造出来的"类人动物"，包括"据比"，它们有人的特征，有一定的灵性，但没有人的智力，没有人的生存本领。物竞天择，没有生存本领当然要被自然界淘汰。这是外星人造人没有成功前的大致情形。

林氏国有珍兽，大若虎，五采毕具，尾长于身，名曰驺（zōu）吾，乘之日行千里。

林氏国有一种珍贵的动物，像老虎那么大，身上有五种颜色的斑纹，尾巴比身子长，名叫驺吾，骑上它可以日行千里。

驺吾的确很珍贵，也很稀少，因为它不是动物，而是古代版的"路虎"牌越野车。文中只说"尾长于身"，没说尾巴是翘着的，还是拖着的，不过，我认为是翘着的，因为那是外星人的通讯天线。

昆仑虚南所，有氾林方三百里。

昆仑山南面某地，有一片方圆三百里的茂密丛林。

远古时期，地球到处都有丛林，有必要记这个吗？可《山海经》却记录下来，其中有什么玄机需进一步研究。

第十二卷 海内北经

从极之渊,深三百仞,维冰夷①恒都焉。冰夷人面,乘两龙。一曰忠极之渊。

从极渊深达三百仞,那是冰夷神日常起居的宫殿。冰夷神长着人的面孔,乘坐两条龙。也有人把从极渊叫做忠极渊。

两龙就是可容纳两个人乘坐的小型飞船,也就是上面所说的"巫",不过,这种小型飞船是在水中滑行之后才能起飞,相当于水上飞机。透过飞机的舷窗,地球人可以看到冰夷的脸,冰夷跟我们长得差不多。

阳汙(yū)之山,河出其中;凌门之山,河出其中。王子夜之尸,两手、两股、胸、首、齿,皆断异处。

阳汙山是黄河的发源地,凌门山也是黄河发源地。王子夜的尸体两只手、两条腿、肋骨、脑袋、牙齿分散在不同地方。

有个外星人叫夜,他的地位如同王子一样高贵,然而,在外星人的战争中他捐躯了,身体各部被炸成碎片。

舜妻登比氏生宵明、烛光,处河大泽,二女之灵能照此所方百里。一曰登北氏。

舜的妻子登比氏生了宵明和烛光两个女儿,她们住在黄河流域中的一个大水塘里,两位神女的神光能照亮方圆百里。也有人说舜的妻子叫登北氏。

宵明和烛光本身都有光照的意思。什么能光照四方?除了日月星辰就是灯火。原来宵明和烛光两位美女是飞船的导航员,两个人无论白天还是黑夜,都为外星人的事业添砖加瓦,即便是夜里,两位美女也不辞辛劳,为飞船导航。"灵能照此所方百里"是说她们手中拿着灯具,就像当年铁路工人手提信号灯一样,指挥过往列车。

---

① 冰夷:河伯,传说中的水神。

盖国在钜①燕南,倭北。倭属燕。

朝鲜在列阳东,海北,山南。列阳属燕。

盖国在大燕国的南面、倭国的北面。倭国隶属于燕国。

朝鲜在列阳河的东面、大海北面、山的南面。列阳也隶属于燕国。

盖国是先秦文献中记载的一个国度。周成王(公元前1042～公元前1021年)时期,盖国反叛周朝,被周成王平定,其大致位置在朝鲜半岛南部。1784年,日本九州发现一枚赤金方印,0.8厘米厚,2.8厘米见方,上刻"汉倭奴国王"五字。据考证,东汉光武帝时期,倭奴国使者来汉朝拜,这枚印为光武帝所赐。三国时期,倭国的君主被魏国皇帝封为亲魏倭王。倭国的位置就是现在日本的九州岛。此处的记载与历史基本吻合。

列姑射在海河州中。射姑国在海中,属列姑射。西南,山环之。大蟹②在海中。

列姑射山在海中的沙洲上。射姑国在海中,系列姑射山的一部分。射姑国的西南高山环绕,海里有种巨蟹。

"方圆千里"是形容"大蟹"很大,是个估算数。蟹再大也不过十几斤,显然,这种"大蟹"不是动物,而是在水中起落的碟形UFO。

陵鱼人面,手足,鱼身,在海中。

陵鱼长着人的面孔,有手有脚,只是身子像鱼,它生活在海里。

陵鱼是外星人实验出的一种鱼,与娃娃鱼不同。娃娃鱼因叫声像婴儿啼哭,人们才称其为"娃娃鱼",娃娃鱼是两栖动物,全长1米以上,体重最

---

① 钜:通"巨"。
② 大蟹:一种方圆千里的大蟹。

重的可超百斤,外形类似蜥蜴。可是陵鱼有手有脚,更奇怪的是它有一张人脸。对了,这是外星人用人和鱼的基因造出的人鱼,即美人鱼的一种。

大鯾①(biān)居海中。明组邑②居海中。蓬莱山③在海中。大人之市在海中。

大鯾鱼生活在海中。明组邑生活在海中。蓬莱山屹立在海中。大人的集市在海中。

这里介绍的是海中情况,有鱼,有城,有山,有人。大鯾鱼是外星人的一种水艇,明组邑是外星人海上维修中心,蓬莱山是外星人居住的地方,大人之市是飞船基地,停着许多飞船,外星人来来往往,如集市一般热闹。

---

① 鯾:同"鳊"。鲂鱼,与武昌鱼相似。
② 明组邑:生活在海岛上的部落。
③ 蓬莱山:传说中的仙山。

第十三卷　海内东经

雷神非神也，而是一种炮，在外星人战争中，这种炮发挥了很大作用。"龙身"是指炮管是很长，"人头"是以"人"为"头"，即听人的指挥。"鼓其腹"不是鼓肚子，而是把炮弹装进炮膛。

这是《山海经》中记录最乱的一卷，明明是“东经”，说的却是西方，而且还把秦代的《水经》照搬到卷中。或许本卷失传，后人为凑数补写了这一卷。

海内东北陬以南者——

海内由东北往南的国家、地区如下——

鉅燕在东北陬。

国在流沙中者埻（dūn）端、玺㬇（huàn），在昆仑虚东南。一曰海内之郡，不为郡县，在流沙中。

国在流沙外者，大夏、竖沙、居繇（yáo）、月支之国。

西胡[1]白玉山在大夏东，苍梧在白玉山西南，皆在流沙西，昆仑虚东南。昆仑山在西胡西。皆在西北。

① 西胡：西域。

大燕国在海内的东北方。

流沙中的国家有埻端国和玺㬇国,两国都位于昆仑山的东南。也有人说埻端和玺㬇是海内建置的郡县,不把它们称为郡县是因为它们处在流沙中的缘故。

在流沙以外的国家有大夏国、竖沙国、居繇国、月支国。

西域有座山叫白玉山,白玉山在大夏国的东面,苍梧国在白玉山国的西南,白玉山和苍梧国都在流沙西、昆仑山东南方。昆仑山位于西域的西部。白玉山和苍梧国都在海内的西北。

明明记录的是东方,而此处说的全是西方。你说乱不乱?

雷泽中有雷神,龙身而人头,鼓其腹。在吴西。

雷泽中有个雷神,他长着龙的身子人的脑袋,雷神一鼓起肚子就打雷。雷泽在吴地西。

雷神就是传说中的雷公。

雷神非神也,而是一种炮,在外星人战争中,这种炮发挥了很大作用。"龙身"是指炮管是很长,"人头"是以"人"为"头",即听人的指挥。"鼓其腹"不是鼓肚子,而是把炮弹装进炮膛。

都州在海中。一曰郁州。
琅邪台在渤海间,琅邪之东。其北有山。一曰在海间。
韩雁在海中,都州南。
始鸠在海中,韩雁南。
会稽山在大楚南。

都州国在海中,有人把都州叫做郁州。

琅邪台位于渤海中,在琅邪山的东面。琅邪台的北面有座山。也有人说琅邪山在海中。

韩雁国在海中,位于都州的南面。

始鸠国在海中，位于韩雁国的南面。

会稽山在大楚国的南面。

这几段仅从字面上看不出外星人，但仔细分析一下便知，这些地方一定聚集着不少地球人，他们都是外星人造人运动中的成品。

下面这一大段都不是《山海经》原文，而是秦代的《水经》，描述26条水道的发源和走向。

岷三江：首大江，出汶山，北江出曼山，南江出高山。高山在城都西，入海在长州南。

浙江出三天子都，在其东，在闽西北，入海，馀暨南。

庐江出三天子都。入江，彭泽西。一曰天子鄣。

淮水出馀山，馀山在朝阳东，义乡西，入海，淮浦北。

湘水出舜葬东南陬，西环之，入洞庭下。一曰东南西泽。

汉水出鲋鱼之山。帝颛顼葬于阳，九嫔葬于阴，四蛇卫之。

濛水出汉阳西，入江，聂阳西。

温水出崆峒。崆峒山在临汾南，入河，华阳北。

颍水出少室，少室山在雍氏南，入淮西鄢北。一曰缑氏。

汝水出天息山，在梁勉乡西南，入淮极西北，一曰淮在期思北。

泾水出长城北山，山在郁郅、长垣北，北入渭，戏北。渭水出鸟鼠同穴山，东注河，入华阴北。

白水出蜀，而东南注江，入江州城下。

沅水出象郡镡城西，又东注江，入下隽西，合洞庭中。

赣水出聂都东山，东北注江，入彭泽西。

泗水出鲁东北而南，西南过湖陵西，而东南注东海，入淮阴北。

郁水出象郡，而西南注南海，入须陵东南。

肄水出临晋西南，而东南注海，入番禺西。

潢水出桂阳西北山，东南注肄水，入敦浦西。

洛水出洛西山，东北注河，入成皋之西。

汾水出上窳北，而西南注河，入皮氏南。

沁水出井陉山东，东南注河，入怀东南。

济水出共山南东丘，绝钜鹿泽，注渤海，入齐琅槐东北。

潦水出卫皋东，东南注渤海，入潦阳。

虖沱水出晋阳城南，而西至阳曲北，而东注渤海，入章武北。

漳水出山阳东，东注渤海，入章武南。

因为不是《山海经》的内容，在此就不多说了。

第十四卷 大荒东经

外星人战争之后,地球上的外星人无法回"天国",他们一边向"天国"求救,一边教化地球人。

《山海经》十四至十七卷分别是《大荒东经》《大荒南经》《大荒西经》《大荒北经》，无论是"山经"还是"海经"，都是由"南"开始顺时针讲起，即《南山经》《西山经》《北山经》，最后是《东山经》……只有"荒经"从"东"开始，逆时针讲起，其中的原因耐人寻味。大荒四经仍在讲外星人的造人运动，这项工程改变了地球，因此，作者不惜重笔，不厌其烦地介绍。同时，也讲了大批外星人返回"天国"之后，留在地球上的外星人之间的分歧和战争。

　　东海之外大壑，少昊①之国。少昊孺②帝颛顼③于此，弃其琴瑟④。有甘山者，甘水出焉，生甘渊。

---

① 少昊：上古帝王，传说中东夷的首领，名挚，号金天氏。
② 孺：通"乳"。用奶水喂养。这里是抚育、养育的意思。
③ 颛顼：传说中的上古帝王，号称高阳氏，黄帝的后代。
④ 琴瑟：古时两种拨弦乐器。

东海之外有个大深谷,那就是少昊国。少昊曾在这里抚养帝颛顼成长,也是在这里把帝颛顼幼年用过的琴瑟扔掉。有座山叫甘山,甘水发源于此,汇成甘渊。

少昊是负责东部科研实验的外星人,颛顼是他培养成长起来的首领。

大荒①东南隅有山,名皮母地丘。东海之外,大荒之中,有山名曰大言,日月所出。

大荒东南部有座山,名叫皮母地丘。东海之外,大荒之中,有座山叫做大言山,那里是太阳和月亮升起的地方。

《山海经》"荒经"中类似于"日月所出"的记载有7次,分别从9座山上升起。其实,无论是山还是土丘,清晨,只要人站在其的西侧,都会给人太阳由此升起的感觉;同样,只要人站在其的东侧,傍晚都会给人太阳由此降落的感觉。为什么书中仅仅记录这些山才是太阳月亮升起、降落的地方呢?这是"十日并出"造成的。前面我们讲了十日并出,十日中有九颗是人造太阳。外星人在七座山上发射了九颗人造太阳即"日之所出"。人造太阳被后羿发射导弹打下去后,残片坠落的地方即"日之所入"。十个太阳轮流普照大地,是分不清太阳、月亮的。所以文中把日月混为一谈。大言山就是发射人造太阳的基地之一。

有波谷山者,有大人之国,有大人之市,名曰大人之堂②。有一大人踆③(cūn)其上,张其两耳④。

有座山叫波谷山,大人国就在这座山中。大人国里有个大人集市叫做大人堂。有位大人蹲在山上,张开他的双臂。

---

① 大荒:指极其边远荒凉的地方。
② 大人之堂:本是一座山,因为山的形状就像是一座堂屋,所以称作大人堂。
③ 踆:通"蹲"。
④ 耳:疑为"臂"。

外星人像母鸡一样孵化出很多原始人，他们要对这些原始人进行临床观察。"踆"也可以解释为走走停停。"大人"就是外星人。外星人像妇产科里的医护人员查房一样监护每个原始人。"张其双耳"就是外星人像老母鸡张开翅膀呵护小鸡一样呵护地球人。"市"像集市一样热闹，很多人外星人往来于此看他们的"小鸡"，了解"小鸡"们的习性。

有小人国，名靖人①。有神，人面兽身，名曰犁䰠（líng）之尸。

有个小人国，那里的人被称为靖人。有个神像，长着人的面孔动物的身子，神像的名字叫做犁䰠。

犁䰠是外星人的服务生，他们也像上段的"大人"一样，观察看护小人国的国民。

有潏（yù）山，杨水出焉。有蒍（wěi）国，黍②食，使四鸟：虎、豹、熊、罴。

有座山叫潏山，杨水发源于此。有个国叫蒍国，那里的人以黄米为食，能驱使四种野兽：老虎、豹子、熊、罴。

"蒍国"是外星人的驻地，"黍食"是外星人的日常食物，"使四鸟"是指外星人驱使乘坐的四种飞行器，这四种飞行器分别是——虎牌、豹牌、熊牌、罴牌，就像英国"鹞"式垂直起降战斗机和美国的大黄蜂战斗机一样，只不过是型号不同。

"使四鸟"在文共出现11次，都是外星人的飞行器，即虎牌"鸟"、豹牌"鸟"、熊牌"鸟"、罴牌"鸟"。

大荒之中，有山名曰合虚，日月所出。

---

① 靖人：传说的一种人，身高只有九寸。
② 黍：一种黏性谷物，主要在北方种植，去皮就是黄米。

在大荒之中，有座山叫做合虚山，是太阳和月亮升起的地方。

"日月所出"第二次出现，合虚山也是卫星发射基地。

有中容之国。帝俊生中容，中容人食兽、木实，使四鸟：豹、虎、熊、罴。

有个国家叫中容国。帝俊生了中容的始祖，中容国的人以动物肉和树上的果子为食，他们驱使四种野兽——豹子、老虎、熊、罴。

"帝俊"在后面出现的频率很高，大部分学者认为，帝俊是上古帝王，或指颛顼，或指帝喾，或指帝尧等等。其实"帝俊"就是"俊帝"，即英明伟大的君主，是外星人在地球上的总指挥，无论是黄帝还是颛顼、帝喾，都是帝俊的属下。

中容国也是外星人驻地。

有东口之山，有君子之国，其人衣冠带剑。

有个东口山，山中有个君子国，那里的人穿衣戴帽，腰间佩带宝剑。

穿衣戴帽就是君子吗？不错。在那原始的年代，地球人是不穿衣戴帽的，最多也就是弄块兽皮围在腰上遮羞。能穿衣戴帽的人，都是受过启蒙教育的，相比那些赤身裸体的人，你说他们是不是君子？那么，谁教化了君子们呢？是外星人。

有司幽之国。帝俊生晏龙，晏龙生司幽，司幽生思土，不妻；思女，不夫。食黍，食兽，是使四鸟。

有个司幽国。帝俊生了晏龙，晏龙生了司幽，司幽生了儿子思土，思土不娶；司幽还生了女儿思女，思女不嫁。司幽国人以黄米为食，也吃肉，能驱使四种动物。

我们说过，帝俊不是黄帝，而是黄帝的上司，外星人的总指挥。帝俊既是领导，又是科技工作者。司幽国也是外星人的驻地，帝俊在这里设置了一男一女两个隔离区，一个是"男儿国"思土部，一个是"女儿国"思女部。外星人为了实验需要，人为地把男人和女人分开，就像今天我们养殖肉牛肉羊一样，根本不让它们交配，而是人工从雄性体内取出精子，稀释后分别注射到多只雌性体内。以羊为例，在自行交配下，每只公羊每年仅可使30多只母羊受孕。在人工授精条件下，可使300多只母羊怀胎。自行交配，30只母羊就需1只公羊；人工授精，300只母羊才需要1只公羊。此举不但能大大提高畜群的繁殖能力，还可大批宰杀雄性，节省饲料。

有大阿之山者。大荒中有山，名曰明星，日月所出。

有座山叫做大阿山。大荒之中还有一座山，叫做明星山，是太阳和月亮升起的地方。

"日月所出"第三次出现。

有白民之国。帝俊生帝鸿，帝鸿生白民，白民销姓，黍食，使四鸟：虎、豹、熊、罴。

有个白民国。帝俊生了帝鸿，帝鸿的后代是白民国的始祖，白民人姓销，他们以黄米为食，并驱使四种野兽：老虎、豹子、熊、罴。

中国古代帝王都称自己是天子，即上天之子，代替天来管理百姓，以示自己是根红苗正的统治者，因此，他吃喝嫖赌、杀人放火都是应该的，如果有人反对他，就是逆天而行，就是大逆不道。其实，天就是从飞船里走出的外星人，天子是外星人后代的统称。就像我们平时说的，我们是中华民族子孙，是炎黄子孙，道理是一样的。外星人绝大部分返回"天国"，只有一少部分留在了地球，他们就成了远古时期的帝王，地球人把他们当成"天子"加以膜拜十分正常，可把历朝历代的帝王当成天子，那就是张冠李戴了。

白民国也是外星人的驻地。

有青丘之国。有狐,九尾。有柔仆民,是维嬴土①之国。

有个青丘国,青丘国有一种狐狸,这种狐狸长着九条尾巴。有个部落叫柔仆民,他们国家的土地很肥沃。

前面已经三次是到了青丘国或青丘山,九尾狐是其中的特产,这里是前文的重复。土地肥沃的地方太多了,不知所指。

有黑齿之国。帝俊生黑齿,姜姓,黍食,使四鸟。

有个国家叫黑齿国。帝俊的后代是黑齿国的祖先,黑齿人姓姜,他们以黄米为食,能驱使四种野兽。

前面讲过黑齿人的特点,这里讲的是黑齿国的由来,即黑齿国是帝俊实验出的人种。"使四鸟"是指帝俊可以驱使四种UFO。

有夏州之国。有盖余之国。有神人,八首人面,虎身十尾,名曰天吴。

有个夏州国。还有一个盖余国。这两个国中都有一种神人,他们长着八个脑袋,人面,虎身,十条尾巴,名叫天吴。

我们形容一个人本能高超,常常称其项长三头,肩生六臂,虎背熊腰……"八首人面,虎身十尾"就是其原始股。这位神仙是外星人的"服务生",其的相貌可能与众不同,但不至于八颗脑袋,十条尾巴。

大荒之中,有山名曰鞠陵于天、东极、离瞀(mào),日月所出。名曰折丹,东方曰折,来风曰俊,处东极以出入风。

---

① 嬴土:肥沃的土地。

在大荒之中，有鞠陵于天山、东极山、离瞀山三座高山，三座山都是太阳和月亮升起的地方。有个神人名叫折丹，东方人称他为折，风口处的人称他为俊，他在大地最东方，主管风起风停。

折丹是外星人的首席工程师，他主管人造太阳发射。人造太阳由飞船送入太空。每次飞船试车时，都排出巨大的风。不久前在网上看到一则消息，英国有位女士从海里游泳出来，见不远处飞机正要起飞，她想利用飞机的尾气把自己头发吹干，哪知飞机尾气的风太大了，女士根本无法站立。她试图双手抓住身边的铁栅栏，可根本抓不住，被飞机吹得滚出近百米远。飞机尾气的风都这么大，何况飞船试车的风！

东海之渚中，有神，人面鸟身，珥两黄蛇，践两黄蛇，名曰禺䝞。黄帝生禺䝞，禺䝞生禺京。禺京处北海，禺䝞处东海，是惟海神。

东海的岛屿上有位神仙，长的是人面鸟身，耳朵上挂着两条黄蛇，脚下踏着两条黄蛇，这位神仙名叫禺䝞。黄帝生禺䝞，禺䝞生禺京。禺京住在北海，禺䝞住在东海，他们都是海神。

如果把飞机比为鸟，我们透过飞机的窗口看见了飞行员的脸，这不就是"人面鸟身"嘛。前面我们已经讲了"北方禺疆，人面鸟身，珥两青蛇，践两青蛇"，"珥两黄蛇，践两黄蛇"与之类似。外星人的UFO母舰停在海中，禺䝞的专机也不大，只能乘坐两个人。每次执行任务时，禺䝞头上戴上耳机，耳机天线呈螺旋状，如小蛇一般。

有招摇山，融水出焉。有国曰玄股，黍食，使四鸟。

有座招摇山，融水发源于这里。有个国家叫玄股国，那里的人以黄米为食，能驱使四种野兽。

玄股也是外星人的一个基地，这个基地上停着四种UFO。

有困①民国,勾姓而食②。有人曰王亥,两手操鸟,方食其头。王亥托于有易、河伯仆③牛。有易杀王亥④,取仆牛。河念有易⑤,有易潜出,为国于兽,方食之,名曰摇民。帝舜生戏,戏生摇民⑥。

有个国家叫因民国,那里的人姓勾,以黄米为食物。有个人叫王亥,他双手抓着一只鸟,正在吃鸟的脑袋。王亥把一群牛寄养在有易族人和水神河伯那里。有易族人杀了王亥,占有了他的牛。河伯却同情有易族人,他帮助有易人逃走,在野兽出没的地方建立一个国家,他们以野兽为食,这个国家叫摇民国。也有人说帝舜生了戏,戏的后代就是摇民。

这一段是介绍摇民国的来历。地球人诞生不久,野性难驯,各部落之间为争食物,相互抢夺仇杀。这是远古时期,部落争斗的写照。

海内有两人,名曰女丑⑦。女丑有大蟹⑧。

海内有两个神人,其中一个叫女丑。女丑有一只听从她调遣的大螃蟹。

外星人女丑的工作岗位在海中的"大蟹"上,在十日当空不停地照射下,地球温度很快变得灼热难耐,外星人令女丑去考察九颗人造太阳还有没有存在的必要,女丑却在这次出行中被十日烤死。关于女丑之死,前面我们已经讲过了。"大蟹"就是碟形UFO。

---

① 困:疑为"因"的误笔。
② 而食:疑为"而黍食"。
③ 仆:通"朴",大。
④ 有易杀王亥:传说王亥对有易族人奸淫暴虐,有易族人愤恨而杀了他。
⑤ 河念有易:传说王亥的继承者率兵为王亥报仇,残杀了许多有易族人,河伯同情有易族人遭遇,就帮助残存的有易族人悄悄逃走。
⑥ 摇民:即"因民"。
⑦ 女丑:就是上文所说的女丑之尸,本是一个女巫。
⑧ 大蟹:就是上文所说的方圆千里的大螃蟹。

大荒之中，有山名曰孽摇頵羝（jūn dī）。上有扶木①，柱三百里，其叶如芥。有谷曰温源谷②。汤谷上有扶木，一日方至，一日方出，皆载于乌③。

在大荒之中，有座山名叫孽摇頵羝山。山上有棵扶桑树，高达三百里，它的叶子犹如芥菜。有道山谷叫做温源谷。汤谷上也有棵扶桑树，一个太阳刚刚落到汤谷，另一个太阳就从扶桑树上升起，这两个太阳都由三足乌驮着。

"扶木"是卫星发射架。这里是外星人重要的后方基地，外星人极力保护这里。"一日方至，一日方出"是说，一个像太阳般耀眼的飞船刚落下，另一个像太阳般耀眼的飞船就升起来了，飞船起飞频率相当高。这是外星人战争期间的真实写照。参战的飞船一个接一个，战争异常激烈，双方都使出了杀手锏，把最高端的武器用到了战场。

有神，人面、犬耳、兽身，珥两青蛇，名曰奢比尸。

有个神像，这个神像是人一样的面孔、狗一样的耳朵、动物般的身子，耳朵上盘着两条青色的蛇，这就是奢比。

奢比是外星人造出的灵性动物，受外星人役使，他身上的高端通讯设备，把战争的情况及时传递到指挥部。敌方发现了奢比，炸死了他。为了纪念他，外星人命地球人塑了奢比的神像，立了奢比神位。这就是前面讲过的"奢比之尸在其北，兽身、人面、大耳，珥两青蛇。"

有五采之鸟④，相乡⑤弃沙⑥。惟帝俊下友。帝下两坛，采鸟是司。

---

① 扶木：扶桑树。
② 温源谷：就是上文所说的汤谷，谷中水很热，太阳在此洗澡。
③ 乌：就是上文所说的踆乌、离朱鸟、三足乌，三只爪子，形体像乌鸦。
④ 五采之鸟：鸾鸟、凤凰之类的灵鸟。
⑤ 乡：通"向"。
⑥ 弃沙：有些学者认为是"婴婆"二字的讹误。

有种长着五彩羽毛的鸟，它们相对跳舞，帝俊把它们当作下界的朋友。帝俊在下界有两座祭坛，由这种五彩鸟管理。

凤凰、鸾鸟都是外星人实验出的具有很高灵性的鸟，一直为外星人服务。奢比阵亡之后，外星人的通讯设备被毁，指挥部成了聋子、瞎子，无法指挥前线战斗。指挥部只得采取"飞鸽传书"的方式，令凤凰、鸾鸟飞临战场传递战报和命令。"坛"相当于驿站。凤凰、鸾鸟各有分工，比如，凤凰把战报传给驿站的鸾鸟，再由鸾鸟把战报传到另一个驿站，直到指挥中枢。

大荒之中，有山名曰猗天苏门，日月所生。有壎（xūn）民之国。

在大荒之中，有座山名叫猗天苏门山，是太阳和月亮升起的地方。那附近有个壎民国。

第四次出现"日月所出"，即人造卫星或人造太阳的发射基地。

有綦（qí）山。又有摇山。有䰿（zèng）山。又有门户山。又有盛山。又有待山。有五采之鸟。东荒之中，有山名曰壑明俊疾，日月所出。有中容之国。

綦山、摇山、䰿山、门户山、盛山、待山，这些山上都有五彩鸟。东部荒凉的地方还有座壑明俊疾山，那也是太阳和月亮升起的地方。那里还有个中容国。

外星人驯养了很多凤凰和鸾鸟，分布在各个山上。
"日月所出"第五次出现。

东北海外，又有三青马、三骓、甘华。爰有遗玉、三青鸟、三骓、视肉、甘华、甘柤。百谷①所在。

东北海外，有三青马、三骓马、甘华树，还有遗玉、三青鸟、三骓马、视肉怪

---

① 百谷：泛指各种农作物。百，表示很多，不是实指。

兽、甘华树、甘柤树。是各种庄稼生长的地方。

这是大部分外星人返回"天国"之后地球的情况，留在地球上的外星人知道，他们可能永远也回到"天国"了，于是，他们不再高高在上，而是把自己视为地球人的同类，教地球人驯养动物，种植庄稼，甚至与地球人通婚。在他们的带领下，地球人从蒙昧走向文明。

有女和月母之国。有人名曰鹓（wǎn），北方曰鹓，来风曰狻（yǎn），是处东极隅以止①日月，使无相间②出没，司其短长。

有个国家叫女和月母国。有位神人叫鹓，北方把他叫鹓，北方以外的人称他狻，他处在大地最东部的一个角落，控制太阳和月亮运行，使日月出升降落不发生错乱，管理它们升起落下时间的长短。

这里的"日月"也是人造太阳，为防止人造太阳不与地球同步运行，外星人鹓时刻监控，及时修正轨道。

东海中有流波山，入海七千里。其上有兽，状如牛，苍身而无角，一足，出入水则必风雨，其光如日月，其声如雷，其名曰夔（kuí）。黄帝得之，以其皮为鼓，橛③（jué）以雷兽④之骨，声闻五百里，以威天下。

东海之中有座流波山，离海岸线七千里。山上有种动物，形体像牛，青灰色的身子，没有犄角，仅有一只蹄子，出入海水时总是风雨相随。它发出的光如同太阳月亮一般明亮，它声音如雷鸣一般震耳，这种动物叫夔。黄帝捕获了夔，用它的皮制成了鼓，用雷兽的骨头做鼓槌，鼓声可传到五百里外，以此震慑敌兵，威服天下。

---

① 止：控制的意思。
② 间：错乱、杂乱的意思。
③ 橛：通"撅"，敲，击打。
④ 雷兽：雷神。

大批外星人撤回"天国",留下来的外星人之间又发生了矛盾,面对矛盾的不断升级,黄帝拆除了大海中的UFO,造出了射程很远的重炮,以威慑来犯之敌。那么这个来犯之敌是谁?以至于黄帝不惜血本,把压箱底的设备都用了?我郑重地告诉你,来犯之敌绝对是超一流的重量人物,现在他还没出场,我也只能给你留个悬念。这里的"夔"不是动物,而是水上飞船。"雷兽之骨"不是骨,而是炮弹。

大荒东北隅中,有山名曰凶犁土丘。应龙①处南极,杀蚩尤②与夸父,不得复上,故下数旱。旱而为应龙之状,乃得大雨。

在大荒的东北,有座山叫凶犁土丘山。应龙的驻地在这座山的最南端。因为他杀了蚩尤和夸父,再也不能回到天庭了,天上因没有应龙兴云布雨,下界旱灾频繁。不过,每当大旱时,人们就装扮成应龙的样子求雨,大雨纷纷而降。

外星人战争之后,地球上的外星人无法回"天国",他们一边向"天国"求救,一边教化地球人。应龙是主管农田水利的外星人,在教化地球人中,他起了很大作用,尤其抗旱工作成绩突出。"天国"的飞船终于飞到地球,但由于飞船容不下所有的外星人,必须有一部分人留守在地球上。应龙为了返回"天国",他杀了蚩尤和夸父,外星人首领大怒,责令他不得登上飞船。应龙绝望了,从此,他连本职工作也不干了,也许是疯了,也许是死了。当大旱来临时,曾经随应龙一起工作的地球人,就按照应龙的套路抗旱,把旱灾降到最低。

有人不禁要问,黄帝战蚩尤,蚩尤不是被黄帝杀的吗?夸父逐日,他不是飞行器冷却系统出现故障而死的吗?这里怎么都是被应龙所杀?蚩尤和夸父不是人名,而是官职或工作岗位的名称,包括应龙。原始的地球人把人名和外星人的官职混为一谈。此处的蚩尤是黄帝杀的那个蚩尤的前任,此处的夸父是逐日那个夸父的继任。"为应龙之状"是说人们学应龙的样子操作水泵之类的设备。

---

① 应龙:传说中生有翅膀的龙。
② 蚩尤:传说中东方九黎族首领,以金作兵器,能唤云呼雨,与黄帝大战于涿鹿,失败被杀。

第十五卷 大荒南经

外星人战俘暴动了,他们在修复飞船时偷偷地造出一种武器,类似我们的老式猎枪,火药前灌入铅砂,一打一面子。他们不甘心自己的失败,经常用这种枪袭击外星人。

南海之外，赤水之西，流沙之东，有兽，左右有首，名曰跊（chǔ）踢。有三青兽相并，名曰双双。

南海之外，赤水西岸，流沙东部，那个地方有种野兽，左右各有一个脑袋，这种动物叫跊踢。还有三青兽两两成对，名称是双双。

两个脑袋的跊踢，两两成对的三青兽，都是外星人实验出的动物，这两种动物没有任何"特长"，外星人在回"天国"之时将其抛弃。

有阿山者。南海之中，有汜天之山，赤水穷焉。赤水之东，有苍梧之野，舜与叔均①之所葬也。爰有文贝②、离俞③、鸱久、鹰、贾④、委维⑤、熊、罴、象、

---

① 叔均：叔均是黄帝的孙子，他继承父辈的事业，播种百谷，并最先用牛耕地。
② 文贝：即上文所说的紫贝。
③ 离俞：即上文所说的离朱鸟。
④ 贾：乌鸦之类的禽鸟。
⑤ 委维：委蛇。

虎、豹、狼、视肉。

有座山叫阿山。还有一座山叫氾天山，位于南海之中，赤水流到此就到了尽头。在赤水的东岸，有个地方叫苍梧野，帝舜与叔均都葬在那里。这里有花斑贝、离朱鸟、鹞鹰、老鹰、乌鸦、两头蛇、熊、罴、大象、老虎、豹子、狼、视肉怪兽。

上述这些动物由舜和叔均驯养，两个人临终前仍念念不忘他们的事业，地球人为了怀念舜和叔均，就把这些动物放养在苍梧野，日夜陪伴着两个人的陵寝。

有荣山，荣水出焉。黑水之南，有玄蛇，食麈（zhǔ）。

有座荣山，荣水发源于此。在黑水的南岸，有一条大黑蛇，它以麈鹿为食。

人心不足蛇吞鹿？非也。这是外星人正在把麈鹿拉进"玄蛇"中做生理机能实验。

有巫山者，西有黄鸟①。帝药②，八斋。黄鸟于巫山，司此玄蛇。

有座巫山，西面有雌凤。天帝的长生不死神药存放一间叫八斋的屋中，雌凤在巫山上看管神药，监视着那条大黑蛇。

相对于地球人来说，"天国"人是长生不死的。前面我们讲过爱因斯坦的广义相对论，即运动的速度达到光速后，人就长生不老。UFO的速度可达到光速。长生不死药不是药，而是控制飞船起飞的关键性燃料，没有这种燃料，飞船只能原地踏步，所以，"帝药"十分重要，由灵性极强的雌凤负总责。"八斋"不是一个屋子，而是八个屋子。这种燃料由八种原料配成，缺一不可。"玄蛇"就是UFO。

---

① 黄：通"皇"。黄鸟即皇鸟，传说中的雌凤。
② 药：指神仙药，即长生不死药。

大荒之中，有不庭之山，荣水穷焉。有人三身。帝俊妻娥皇，生此三身之国。姚姓，黍食，使四鸟。有渊四方，四隅皆达，北属黑水，南属大荒。北旁名曰少和之渊，南旁名曰从渊，舜之所浴也。

大荒之中，有座不庭山，荣水最终流到这里。这里的人长着三个身子。帝俊的妻子娥皇生育了三身国的始祖。三身国人姓姚，以黄米为食，能驱使四种野兽。这里有一个四方形的深潭，在水下，深潭的四个角延伸很远很远，北边可达黑水，南边可至大荒。这个潭的北侧有个少和渊，南侧有个从渊，都是帝舜曾经洗澡的地方。

相传，娥皇、女英是舜的两个妃子，据此，后人都认为这里的帝俊应是舜。实则不然，帝俊是外星人在地球上的一把手，娥皇是其中的一个负责人。"四鸟"仍是指四种小型飞行器，外星人的交通工具。

又有成山，甘水穷焉。有季禺之国，颛顼之子，食黍。有羽民之国，其民皆生毛羽。有卵民之国，其民皆生卵。

还有一座成山，甘水流到这就到了尽头。有个季禺国，那里的人是颛顼的后代，他们以黄米为食。有个羽民国，那里的人身上都长羽毛。有个卵民国，那里的人都下蛋。

人像蛇、龟、鸟一样破壳而出，这太不可思议了。没什么，这是外星人在进行人类实验，实验出的人就像鸡一样产蛋，然后孵化。

大荒之中，有不姜之山，黑水穷焉。又有贾山，汔（qì）水出焉。又有言山。又有登备之山①。有恝恝（jiá）之山。又有蒲山，澧（lǐ）水出焉。又有隗（wěi）山，其西有丹，其东有玉。又南有山，漂水出焉。有尾山。有翠山。

大荒之中，有座不姜山，黑水最终流到这里。有座贾山，汔水发源于此。有

---

① 登备之山：即上文所说的登葆山。

第十五卷 大荒南经

座言山。有座登备山。有座恝恝山。有座蒲山,澧水发源于此。有座隗山,它的西面有丰富的丹雘,东面有丰富的玉石。往南有座山,漂水发源于此。有座尾山。有座翠山。

这段文字中没有时间,没有人物,没有事件,只有几个地点,我不能凭空杜撰外星人做了什么,只能说这几座山对外星人不太重要。

> 有盈民之国,於姓,黍食。又有人方食木叶。
> 有不死之国,阿姓,甘木①是食。

有个盈民国,这里的人姓於,以黄米为食,也有人吃树叶。
有个不死国,这里的人姓阿,以甘木果为食。

古代人一般只有三四十岁的寿命,甘木果有强身健体作用,吃了这种果子人可活到六十七。在短命的人看来,长寿的人就是长生不老了。

> 大荒之中,有山名曰去痓②(zhì)。南极果,北不成,去痓果。

大荒之中,有座山叫做去痓山。"南极果,北不成,去痓果"。那里流传这样的歌谣。

去痓山就是能治疗痉挛的山。远古的地球人经常采食野果,中毒抽搐在所难免,去痓山有种果子,能化毒祛痓。于是外星人告诉他们,南方有种果子可以治疗痉挛,但不能在北方种植,去痓山的果子也有治疗痉挛病的作用,它可以代替南方的那种果子。这就是"南极果,北不成,去痓果"。

> 南海渚中,有神,人面,珥两青蛇,践两赤蛇,曰不廷胡余。
> 有神名曰因因乎,南方曰因乎,夸风曰乎民,处南极以出入风。

---

① 甘木:不死树,人食用它能长生不老。
② 痓:痉挛。

在南海的岛屿上，有位神人，长着人的面孔，耳朵上挂着两条青色的蛇，脚下踏着两条红色的蛇，这位神人叫不廷胡余。

有个神人名叫因乎，南方人称他为因乎，南极风口处的人称他为乎民，他住在大地南极主管风起风停。

"珥两青蛇，践两赤蛇"和风与外星人的关系我们讲过多次，此不赘述。

有襄山。又有重阴之山。有人食兽，曰季厘。帝俊生季厘，故曰季厘之国。有缗（mín）渊。少昊生倍伐，倍伐降处缗渊。有水四方，名曰俊坛。

有座襄山，还有一座重阴山。两山之间有人天天吃肉，这个人叫季厘。帝俊生了季厘，所以季厘的部落就叫季厘国。有个缗渊，少昊生了倍伐，倍伐被贬到缗渊。那里有个四方形的水池，名叫俊坛。

类似的问题已讲过多次，不赘述。

有载（zhí）民之国，帝舜生无淫，降载处，是谓巫载民。巫载民盼（fén）姓，食谷，不绩①不经②，服也；不稼③不穑④（sè），食也。爰有歌舞之鸟，鸾鸟自歌，凤鸟自舞。爰有百兽，相群爰处。百谷所聚。

有个载民国，帝舜生了无淫，无淫被贬在载这个地方，他的子孙后代就成了巫载民。巫载人姓盼，以谷物为食，他们不纺织，却有衣服穿；不耕种，却有粮食吃。这里还有能歌善舞的鸟，鸾鸟自由自在地歌唱，凤鸟自由自在地跳舞。还有各种动物，它们和谐相处。这里什么农作物都有。

实验室里养的小动物当然不需要自己觅食，有人定时喂养，它们往往被

---

① 绩：捻搓麻线。这里泛指纺线。
② 经：经线，即丝、棉、麻、毛等织物的纵线，与纬线即各种织物的横线相交叉，织成丝帛、麻布等布匹。这里泛指织布。
③ 稼：播种庄稼。
④ 穑：收获庄稼。

养得肥肥胖胖。当进行某项实验时，人们将其拉出来，或把药注入它们体内，或拌在食物里给它们吃下去，观察它们的生理反应。载民国就是外星人圈养用于实验的。

大荒之中，有山名曰融天，海水南入焉。有人曰凿齿，羿杀之。

大荒之中，有座山叫融天山，海水从南面流进这座山。这座山有位神人叫凿齿，是后羿射杀了他。

这里记述的是外星人在融天山的一场局部冲突，凿齿也是个叛逆，外星人由后羿捉刀，清理门户。

有蜮①（yù）山者，有蜮民之国，桑姓，食黍，射蜮是食。有人方扜②（yū）弓射黄蛇，名曰蜮人。

有座蜮山，山下有个蜮民国，这里的人姓桑，以黄米为食，他们也把蜮射死食用。有个指挥拉弓射黄蛇的人，人们叫他蜮人。

外星人战俘暴动了，他们在修复飞船时偷偷地造出一种武器，类似我们的老式猎枪，火药前灌入铅砂，一打一片。他们不甘心自己的失败，经常用这种枪袭击外星人。外星人带地球人捕捉他们，甚至把他们杀死，吃他们的肉。蜮民就是外星人战俘。

有宋山者，有赤蛇，名曰育蛇。有木生山上，名曰枫木③。枫木，蚩尤所弃其桎梏④，是为枫木。

---

① 蜮：传说中一种在水里暗中害人的怪物，其口含沙射人或射人的影子，被射中者生疮，被射中影子者生病。蜮也称鬼蜮。

② 扜：指挥，持。

③ 枫木：即枫香树。

④ 桎梏：脚镣手铐。传说蚩尤被黄帝捉住后给他的手脚戴上刑具，后又杀了蚩尤将刑具丢弃，刑具化成了枫香树。

有座宋山,山中有一种红颜色的蛇,名叫育蛇。山上有一种树,名叫枫木。枫木是蚩尤死后丢弃的手铐脚镣,这些刑具就化成了枫木。

在与黄帝的战争中,蚩尤虽败但他坚贞不屈,最终黄帝处死了他。然而蚩尤也是一个深得人们爱戴的外星人,地球人就在他死的地方种下了一棵枫树,以示纪念。

中华的一些少数民族把蚩尤、炎帝、黄帝并称中华三祖。苗族、瑶族、黎族、畲族、羌族等都把蚩尤当作先祖祭祀,不光是南方,在北方蚩尤也有广泛的群众基础,关于蚩尤的遗迹、遗俗、传说,千年不衰。今天,北至河北涿鹿,西至山西运城,东到山东东平,南至江苏沛县的广大地区有许多蚩尤庙,人们每年都祭祀蚩尤。

有人方齿虎尾,名曰祖状之尸。有小人,名曰焦侥之国,几姓,嘉谷是食。

有个人形塑像,牙齿呈方形,长着老虎的尾巴,名叫祖狀。有个矮人国叫焦侥国,那里的人姓几,以优质谷物为食。

这两种人也是外星人实验出的次品,尤其是小人国里的人,外星人像宠物一样养着他们,用于各种生理和药理实验。

大荒之中,有山名㐬(xiǔ)涂之山,青水穷焉。有云雨之山,有木名曰栾。禹攻①云雨,有赤石焉生栾,黄本,赤枝,青叶,群帝焉取药②。

大荒之中,有座山叫㐬涂山,青水流到这里就到了尽头。还有座云雨山,山上有种树叫栾树。大禹在云雨山砍伐树木,发现栾树生长在红色岩石上,黄色的树干,红色的枝条,青色的叶子,诸帝就到这里取栾树的花果配制长生不死神药。

岩石上长树,这不是天方夜谭吧?当然不是。不过,岩石上长出的树不

---

① 攻:从事某项事情。这里指砍伐林木。
② 取药:传说栾树的花和果都可以制作长生不死的仙药。"取药"指采摘可制药的花果。

是植物树，而是铁树，是台像树一样的机器。这种机器生产强身健体、延年益寿的良药。

有国曰颛顼，生伯服，食黍。有鼬（yòu）姓之国。有苕（sháo）山。又有宗山。又有姓山。又有壑山。又有陈州山。又有东州山。又有白水山，白水出焉，而生白渊，昆吾①之师所浴也。

有个国家叫颛顼国，伯服国从属于颛顼国，伯服人以黄米为食。鼬姓国也是颛顼国的属国，鼬姓国多山，有苕山、宗山、姓山、壑山、陈州山、东州山、白水山，白水发源于白水山，流下来汇聚成白渊，这是昆吾的师傅洗澡的地方。

《山海经》中记载洗澡的地方不少，这是其中的一处。其实洗澡不是外星人洗澡，也不是地球人洗澡，而是飞船"洗澡"，即飞船在水中滑行，蒙昧的地球人以为是洗澡。显然，"昆吾之师"不是"昆吾的老师"，而是昆吾的军队，确切地UFO方阵。

有人曰张宏，在海上捕鱼。海中有张宏之国，食鱼，使四鸟。有人焉，鸟喙，有翼，方捕鱼于海。

有个人叫张宏，在海上捕鱼。海里有个张宏国，那里的人以鱼为食，能驱使四种野兽。张宏国还有一种人，鸟嘴，有翅膀，在海上捕鱼。

外星人实验出了张宏人包括鸟嘴人，外星人把他们控制在海上，观察他们的生活习性。那么鸟嘴人是怎么来的呢？请往下看。

大荒之中，有人名曰驩（huān）头②。鲧妻士敬，士敬子曰炎融，生驩头。

---

① 昆吾：上古时的一个诸侯，名樊，号昆吾。
② 驩头：又叫讙头、驩兜、讙朱、丹朱，不仅名称多，而且故事版本也多，这里只是其中之一。

驩头人面鸟喙,有翼,食海中鱼,杖①翼而行。维宜芑苣②(qǐ jǔ)、穋③(lù)杨是食。有驩头之国。

大荒之中,有人名叫驩头。鲧的妻子叫士敬,士敬的儿子叫炎融,炎融生了驩头。驩头人面鸟嘴,有翅膀,以海里的鱼为食,利用双翅飞行。他也喜欢把芑、苣、穋、杨树当食物。还有个以驩头为名的国家,即驩头国。

此处的驩头人就是上段的鸟嘴人,相传禹的父亲是鲧,按文所说,士敬是鲧的妻子,士敬的儿子炎融造出了驩头人。炎融既然是士敬的儿子,就应该禹的兄弟、鲧的儿子,但文中没说,难道士敬嫁给鲧是二婚?炎融是士敬前夫的骨肉?这样理解可就进入了误区。此处的"子"不是"儿子",我们平时说"子公司","子目录",难道公司和目录有母子之分?非也。这是人为给他们定的"辈分",不是真正意义上的"血缘"关系。此处的"子"是"下属"的意思,"妻"是"从属"的意思。士敬是鲧的副手,士敬分管炎融,鲧是禹的直接领导。禹、鲧、士敬、炎融他们都是外星人。几千年来,人们一直把禹视为鲧的儿子,大谬矣!

帝尧、帝喾、帝舜葬于岳山④。爰有文贝、离俞、鸱久、鹰贾、延维⑤、视肉、熊、罴、虎、豹;朱木、赤枝、青华、玄实。有申山者。

帝尧、帝喾、帝舜都葬在岳山。那里有花斑贝、三足乌、鸱鹰、老鹰、双头蛇、视肉怪兽、熊、罴、老虎、豹子,还有种朱木树,这种树红枝、青花、黑果。附近有座申山。

尧、喾、舜都葬在狄山,地球人为了纪念他们,把他们生前实验出的各种动物放养在山中,让长眠在地下的三位圣贤看着他们的科研成果,同时

---

① 杖:通"仗",凭借。
② 芑苣:两种蔬菜类植物。
③ 穋:一种谷类植物。
④ 岳山:即上文所说狄山。
⑤ 延维:即上文所说的委蛇、委维。

还种下了朱木树,让后人永远怀念这几位留在地球上的外星人。

大荒之中,有山名曰天台高山,海水入焉。东南海之外,甘水之间,有羲和之国。有女子名曰羲和,方日浴于甘渊。羲和者,帝俊之妻,生十日。

大荒之中,有座山叫天台山,海水灌入山中。在东海之外,甘水之间,有个羲和国。这里有位叫羲和的女子在甘渊中给太阳洗澡。羲和是帝俊的妻子,生了十个太阳。

十日并出的传说在这里找到了出处。其实,此处的"生"不是生育,而是生产,制造。羲和不是造了十颗太阳,而是九颗,那颗朝升夕落的太阳是我们今天看到的"真太阳",羲和造的那九颗是"假太阳"。"假太阳"反射"真太阳"的光,形成了十颗太阳。羲和也不是在水中给九颗太阳洗澡,而是九颗太阳是由水上飞机一类的航天器发射到太空。

有盖犹之山者,其上有甘柤,枝干皆赤,黄叶,白华,黑实。东又有甘华,枝干皆赤,黄叶。有青马。有赤马,名曰三骓。有视肉。有小人,名曰菌人。

有南类之山。爰有遗玉、青马、三骓、视肉、甘华。百谷所在。

有座山叫盖犹山,山上长有甘柤树,这种树是红枝干,黄叶,白花,黑果。这座山的东部还有甘华树,红枝,黄叶。山中有青马和红马,红马名叫三骓。又有视肉怪兽。还有一种小矮人,名叫菌人。

有座山叫南类山,山上有遗玉、青马、红马、视肉怪兽和甘华树,那里拥有天下间所有的谷物。

盖犹山和南类山都是外星人的动植物实验基地。

第十六卷 大荒西经

不周山是外星人的高科技产业园,也是外星人的中心,这里有火箭发射架、卫星导航台、对空指挥塔等高科技设备,人们形象地把这些设备称之为擎起航天事业的砥柱。

西北海之外，大荒之隅，有山而不合，名曰不周负子，有两黄兽守之。有水曰寒暑之水。水西有湿山，水东有幕山。有禹攻共工国山。

在西北海外，大荒的一个角落，有座山断裂缺损，叫不周负子山，简称不周山，有两头黄色的野兽守山。山中有一条河叫寒暑水。寒暑水的西面有座湿山，寒暑水的东面有座幕山。还有一座禹攻共工国山。

不周山的故事流传了几千年。相传，颛顼是黄帝的孙子，号高阳氏，他规定女人在路上遇到男人必须避让，否则就被当众痛打一顿，这种大男子主义遭到共工氏的反对。共工是一个部落的首领，姓姜，炎帝的后代，他与颛顼的矛盾还不止如此。共工十分注重解决百姓的米袋子问题，他和儿子后土带领百姓筑堤灌溉，开荒种地。颛顼认为这样会触怒鬼神，引来灾祸。尚未开化的百姓不怕得罪自己的肚子，却怕得罪鬼神。共工氏失去了他的部众，在与颛顼的战争中，牺牲在不周山。当人们饿得头昏眼花之时，终于想起了共工先生，一些善男信女烧香把共工供奉起来，尊为水神，共工的儿子后土被尊为土地神，就是我们平时所说的土地老。

《淮南子·天文训》载："昔者共工与颛顼争为帝，怒而触不周之山。天柱折，地维绝。天倾西北，故日月星辰移焉；地不满东南，故水潦尘埃归焉。"这段话的大意是：很久以前，共工与颛顼争夺部落的统治权，因打不过颛顼一头撞向不周山。结果支撑天的柱子被撞断，天地失去了平衡。天向西北倾斜，日月星辰都飘到那里；地向南方陷了下去，河水和泥沙流了过去。

其实，不周山是外星人的高科技产业园，也是外星人的中心，这里有火箭发射架、卫星导航台、对空指挥塔等高科技设备，人们形象地把这些设备称之为擎起航天事业的砥柱，即"天柱"。在与颛顼战斗到最后一刻时，共工见无法取胜，他毅然驾驶飞船撞向载有火箭的发射架，随着天崩地裂的巨响，产业园发生了连环爆炸，这里几乎成为焦土。

有国名曰淑士，颛顼之子。

有神十人，名曰女娲之肠，化为神，处栗广之野，横道而处。

有个国家叫淑士国，这里的人是颛顼的后代。

有十位神人，统称女娲肠，他们是女娲肠子变成的神人，他们生活在栗广的原野上，横在路上居住。

《说文解字》道："娲，古之神圣女，化万物者也。"女娲是古代的神圣女性，她抟土造人的故事几乎家喻户晓。《圣经》中称，上帝用泥土按自己的形状捏成个泥人亚当，然后吹一口气，亚当便有了生命。为了解决亚当的生理需要，上帝取其第七肋骨造了个女人，即夏娃。

造人的传说中外惊人地相似。这更有力地证明了造人运动的存在。可能是地球上的造人运动分几个区，中国是各个区的中枢。

女娲是外星人生物基因组合工程的最高指挥者和实施者，换句话说，她就是造人运动的总工程师，在她的主持下，实验出奇奇怪怪的人。"肠"不是女娲的肠子，而是女娲实验人类的试管。"化为神"不是变成神仙，而是说试管里的变化非常神奇。

有人名曰石夷,西方曰夷,来风曰韦,处西北隅以司日月之长短。

有位神人名叫石夷,西边的人称其为夷,外地传闻说他叫韦,他的驻地在西北。石夷主管太阳、月亮升起坠落时间的长短。

太阳和月亮是人能管得了的吗?不是。是神能管得了的吗?也不是。不过,外星人来到地球,他一定会观测记录日出月落。在地球人看来,这就是"司日月之长短"。

有五采之鸟,有冠,名曰狂鸟。
有大泽之长山,有白氏之国。
西北海之外,赤水之东,有长胫①之国。

有种长着五彩羽毛的鸟,头上有冠子,名叫狂鸟。
有座大泽长山,那里有一个白氏国。
西北海以外,赤水东岸,有个长胫国。

长胫人走路如同踩着高跷,重心必然不稳。还有上面的狂鸟、白氏国,这些被外星人制造出的生物都有生理缺陷,所以没有生存下来。

有西周之国,姬姓,食谷。有人方耕,名曰叔均。帝俊生后稷②,稷降以百谷。稷之弟曰台玺,生叔均。叔均是代其父及稷播百谷,始作耕。有赤国妻氏。有双山。

有个西周国,这里的人姓姬,以谷物为食。有个人研究出了耕种的方法,他叫叔均。帝俊生了后稷,后稷把各种谷物的种子从天上带到人间。后稷的弟弟叫台玺,台玺生了叔均。叔均代替父亲和叔叔后稷播种各种谷物,从他开始,人间才开始广泛耕种。此外,西周国还有个人叫赤国妻氏,还有座双山。

---

① 胫:小腿。长胫就是小腿很长。
② 后稷:周朝王室的祖先,姓姬氏,号后稷,曾在尧舜时代当过农官,教民耕种。

大部分外星人返回"天国"之后,留在地球上的外星人和他们实验出的地球人面临最主要的问题是怎样填饱肚子。外星人当然不会以打猎为食,那种饥一顿饱一顿的生活太艰辛了,于是,他们开始教化地球人耕种。

西海之外,大荒之中,有方山者,上有青树,名曰柜格之松,日月所出入也。

西海以外,大荒之中,有座山叫方山,山上有青色的树,名叫柜格松,是太阳和月亮升起降落的地方。

"日月所出"第六次出现,这里还是说外星人发射人造太阳。柜格松就是发射架。

西北海之外,赤水之西,有先民之国,食谷,使四鸟。

西北海外,赤水西岸,有个先民国,这里的人以谷为食,能驱使四种野兽。

以谷为食,就是外星人教化的结果,"四鸟"是四种飞船。

有北狄之国,黄帝之孙曰始均,始均生北狄。有芒山。有桂山。有榣山,其上有人,号曰太子长琴。颛顼生老童,老童生祝融,祝融生太子长琴,是处榣山,始作乐风。

有个北狄国,黄帝的孙子叫始均,始均是北狄的始祖。那里有三座山,分别是芒山、桂山和榣山。榣山上有个人,号称太子长琴。颛顼生了老童,老童生了祝融,祝融生了太子长琴,太子长琴就住在榣山,他开创了音乐的先河,从此在人间流传。

人类实验成功之后,外星人开始教化人类,在解决地球人的吃饭问题后,又教地球弹琴唱歌,以音乐方式启蒙我们的先人。

有五采鸟三名：一曰皇鸟，一曰鸾鸟，一曰凤鸟。
有虫①状如菟②，胸以后者裸不见，青如猿状。

那种长着五色羽毛的鸟有三个名字：其一叫凰，其二叫鸾，其三叫凤。
有种动物，它的形体很像兔子，胸以下没有毛，却又看不出裸露的皮，因为它的皮和毛都像猿猴一样呈青色。

凤、凰、鸾是三种灵鸟，包括这种很像兔子的动物，都是外星人的产品。

大荒之中，有山名曰丰沮玉门，日月所入。

大荒之中，有座山叫丰沮玉门山，是太阳和月亮降落的地方。

后羿发射导弹打掉九颗人造太阳，其中的一颗落到了这里。

有灵山，巫咸、巫即、巫盼、巫彭、巫姑、巫真、巫礼、巫抵、巫谢、巫罗十巫，从此升降，百药爰在。

有座灵山，巫咸、巫即、巫盼、巫彭、巫姑、巫真、巫礼、巫抵、巫谢、巫罗十个巫师由此山往返于天地之间，灵山上生长着各种各样的草药。

巫也叫巫医，本意是指有特异功能的人。我说过，巫是两个人乘坐的飞船。远古时期，巫医乘坐小型飞船，奔走出外星人的各个实验区，观察他们所实验出的生灵，同时，给地球人和外星人看病。

西有王母之山、壑山、海山。有沃之国，沃民是处。沃之野，凤鸟之卵是食，甘露是饮。凡其所欲，其味尽存。爰有甘华、甘柤、白柳、视肉、三骓、璇

---

① 虫：古人把人及鸟兽等动物通称为虫——鸟类称羽虫，兽类称毛虫，龟类称甲虫，鱼类称鳞虫，人类称裸虫。
② 菟：通"兔"。

瑰、瑶碧、白木、琅玕、白丹、青丹，多银、铁。鸾鸟自歌，凤鸟自舞，爰有百兽，相群是处，是谓沃之野。

大荒之西，有王母山、壑山、海山。有个沃国，沃国百姓在这里繁衍生息。在沃国的大地上，人们吃的是凤鸟蛋，喝的是甘露，凡是他们想要的美味都有。那里还有甘华树、甘柤树、白柳树，以及视肉怪兽、三骓马、璇玉瑰石、瑶玉碧玉、白木树、琅玕树、白丹、青丹，还有大量的银和铁。在沃国，鸾鸟自由地歌唱，凤鸟自由地跳舞，各种动物和睦相处，这就是人们所说的沃之野。

这段文字说的是外星人的动植物基因库情况，各种动物作为外星人的实验品被外星人分别养在几个山上，虽然它们过着无拘无束的生活，但外星人随时都可能把它们拉出去做实验，只是它们不知道罢了。

有三青鸟，赤首黑目，一名曰大鵹（lí），一名少鵹，一名曰青鸟。
有轩辕之台，射者不敢西向射，畏轩辕之台。

有三只青色大鸟，红脑袋，黑眼睛，一只叫大鵹，一只叫少鵹，一只叫青鸟。
有座轩辕台，射箭的人不敢向西射，因为敬畏轩辕台上黄帝的圣灵。

轩辕台是秘密机关，三只青鸟是外星人三架威力强大的战斗机，红脑袋警示所有人不得靠近，黑眼睛表示敏锐，有一点风吹草动都能发现。

大荒之中，有龙山，日月所入。有三泽水，名曰三淖，昆吾之所食也。有人衣青，以袂蔽面，名曰女丑之尸。
有女子之国。有桃山。有虻山。有桂山。有于土山。
有丈夫之国。有弇（yǎn）州之山，五采之鸟仰天，名曰鸣鸟。爰有百乐歌儛之风。
有轩辕之国。江山之南栖为吉，不寿者乃八百岁。
西海陼中，有神，人面鸟身，珥两青蛇，践两赤蛇，名曰弇兹。

大荒之中有座龙山，是太阳和月亮降落的地方。附近有三潭湖水，名叫三淖，那是昆吾神的食邑。那里有具尸体，身着青色的衣服，以衣襟掩面，那就是女丑。

有个女子国，国中有桃山、虻山、桂山和土山。

有个丈夫国，国中有座弇州山，那里有一种长着五彩羽毛的鸟仰望天空，这就是鸣鸟。这里有各种流行的歌舞。

有个轩辕国，人们认为居住在江山的南麓最吉利，在这个国家，八百岁的人都算短命。

在西海的岛屿上，有位神人，人面鸟身，耳朵上挂着两条青蛇，脚底下踩着两条红蛇，名叫弇兹。

上面这几段与前文多有类似，我们都分析过，不赘述。

大荒之中，有山名曰月山，天枢也。吴姖（jù）天门，日月所入。有神，人面无臂，两足反属①于头，名曰噎。颛顼生老童，老童生重②及黎③，帝令重献④上天，令黎邛⑤下地。下地是生噎，处于西极，以行日月星辰之行次。

大荒之中，有座山叫日月山，是天的枢纽。这座山的主峰叫吴姖天门山，太阳和月亮就降落到在这里。山中有位神人，长着一张人的面孔，却没有双臂，两只脚反过来长在头上，这位神人叫噎。颛顼生了老童，老童生了重和黎，颛顼命令重托着天用力往上举，命令黎把地往下压，天地分开，噎因此诞生。噎住在大地的最西端，主管太阳、月亮和星辰运行的先后顺序。

日月星辰即人造太阳。重和黎都是人造太阳的高级工程师，两个人分工不同，重负责组装，黎负责发射。"帝令重献上天，令黎邛下地"说的就是这层意思。人造太阳升空了，重和黎的任务完成了，剩下的工作就是由噎负责，

---

① 属：接连。
② 重：神话传说中掌管天上事务的官员南正。
③ 黎：神话传说中管理地面人类的官员火正。
④ 献：用手捧着东西给人。这里是举的意思。
⑤ 邛：通"抑"，抑压，按下之意。

他监测人造太阳和日月星辰的运行,记录其中的数据。

有人反臂,名曰天虞。
有女子方浴月。帝俊妻常羲,生月十有二,此始浴之。

有位神人反长着双臂,叫天虞。
有个女子给月亮洗澡,她就是帝俊的妻子常羲,常羲生了十二个月亮,她就是在这里给月亮洗澡。

这里的"生"不是生殖,而是生产、制造。常羲、羲和同为帝俊的夫人,可能是同人异名。十二个月亮不是准确数,应是九个。人造月亮反射的光不太强,既像月亮,又像太阳,原始的地球人不易不辨。人造太阳的目的是把太阳光反射到地球上,改造原始地球的冰川,提升地球上的温度,以适应地球人生存。外星人发射的卫星多在水中,这是发射前的准备,地球人却以为常羲在给月亮洗澡。

有玄丹之山。有五色之鸟,人面有发。爰有青鸢(wén)、黄鷔(áo),青鸟、黄鸟,其所集者其国亡。

有座玄丹山,玄丹山上有种长着五彩羽毛的鸟,这种鸟人面,还有头发。这里还有青鸢鸟和黄鷔鸟,这种两种鸟聚集在哪个国家,那个国家就要灭亡。

此处写的是外星人之间的战争,青鸢和黄鷔都不是鸟,而是威力强大的导弹,当这两种导弹落到敌方的阵地时,敌人便瞬间化为乌有。"五色之鸟"是战斗机,"人面有发"是说,机上飞行员的脸面和头发都能看见。

有池,名孟翼之攻颛顼之池。

有个水池,名叫孟翼攻颛顼池。

这个池子的名称很特别，各种版本的《山海经》都没有明确的解释。我认为，孟翼是一个人，他和颛顼是敌对的双方，双方在一个池边展开一场大战。颛顼胜了，他的名字流传下来，孟翼却淹没在历史长河之中。

大荒之中，有山名曰鏖鏊钜，日月所入者。有兽，左右有首，名曰屏蓬。

大荒之中，有座山叫鏖鏊钜山，是太阳和月亮降落的地方。山中有一种野兽，左边和右边各长一个脑袋，名叫屏蓬。

相传，屏蓬是个双头猪，两个脑袋的思维不一致，每个脑袋控制猪的两只脚。惊慌时，屏蓬一个头要往左跑，一个头要往右跑，可想而知，除非屏蓬把自己的身体拉成两截，不然只能在原地打转。此处的"日月"仍是人造太阳，屏蓬因反应灵敏，又因其奇特的生理结构，外星人令其看护人造太阳，一有紧急情况，屏逢迅速做出反应。

有巫山者。有壑山者。有金门之山，有人名曰黄姖之尸。有比翼之鸟。有白鸟，青翼，黄尾，玄喙。有赤犬，名曰天犬，其所下者有兵。

大荒之中有巫山、壑山、金门山，金门山有具尸体，那就是黄姖。山中有比翼鸟，还有一种白鸟，青色的翅膀，黄色的尾巴，黑色的嘴。山中还有一条红颜色的狗，名叫天犬，它一旦降临，就有战争发生。

在我们的想象中，"白鸟"应该是白色，可它身上有"青"、"黄"、"玄"三色，偏偏就没有白色。为什么？因为白鸟不是鸟，而是白色信号弹，它在地面是青色，打在天上是白色。"赤犬"是红色信号弹，比翼鸟不是信号弹，而是炮弹。白色信号弹表示平安无事，红色信号弹表示有敌入侵。当红色信号弹升起的时候，比翼鸟牌炮弹便雨点般落到敌阵。金门山发生了一场战争，黄姖就是在这次战争中丧命的。

黄姖是谁呢？文中没有记载，可能是位外星人的女首领。

西海之南，流沙之滨，赤水之后，黑水之前，有大山，名曰昆仑之丘。有神，人面虎身，有文有尾，皆白，处之。其下有弱水①之渊环之，其外有炎火之山，投物辄然②。有人戴胜③，虎齿，有豹尾，穴处，名曰西王母。此山万物尽有。

西海南部，流沙边缘，赤水北部，黑水南部，那里有座大山，名叫昆仑山。有位神人，长着人的面孔，老虎的身子，尾巴有花纹，而且尽是白色斑点，他在昆仑山上生活。昆仑山下有小河环绕，小河之外有座炎火山，无论扔进去什么都会燃烧。山上还有位神人，她头上戴着玉制首饰，长着老虎一般的牙齿，豹子一般的尾巴，在洞穴中居住，她的名字叫西王母。这座山拥有世上的所有东西。

"人面虎身"的"神"不是神，而是由人看守的、神奇的重型武器；"炎火山"不是"山"，而是大熔炉，外星人在炼制核料。我们都知道，王母娘娘神通广大，相貌也很迷人。可是，这里的王母娘娘却是"虎齿，有豹尾，穴处"，这不是怪物吗？不是。"虎齿"是说王母娘娘的工作作风如老虎的牙齿一样令人生畏，"豹尾"是说王母娘娘谋略像豹尾一样运用自如，"穴处"是说王母娘娘在防空洞中办公。这是外星人大战时的情景。由此可以看出，王母娘娘是外星人战争中一方指挥系统的决策人之一。

大荒之中，有山名曰常阳之山，日月所入。
有寒荒之国。有二人女祭、女薎（miè）。
有寿麻之国。南岳娶州山女，名曰女虔。女虔生季格，季格生寿麻。寿麻正立无景④（yǐng），疾呼无响。爰有大暑，不可以注。

大荒之中，有座山叫常阳山，是太阳和月亮降落的地方。
有个寒荒国。这里有两个神人女祭和女薎。
有个国家叫寿麻国。南岳娶了州山的女子为妻，州山的女子叫女虔。女虔生

---

① 弱水：相传这种水连羽毛都浮不起来。
② 然：即"燃"，燃烧。
③ 胜：古时妇女的首饰。
④ 景：即"影"。

了季格，季格生了寿麻。寿麻站在太阳下没有影子，高声疾呼听不到声音。寿麻国异常炎热，人不可以去的。

寿麻不是人，而是真空玻璃实验室，所以，这个实验室"正立无景"，"疾呼无响"，即声音传不出去。这里的"生"是制造的意思——女虔制造了季格牌真空实验室，但还不完善，又在季格牌实验室的基础加以改进，造出了寿麻牌玻璃真空实验室。

有人无首，操戈盾立，名曰夏耕之尸。故成汤①伐夏桀②于章山，克之，斩耕厥前③。耕既立，无首，走厥咎④，乃降于巫山。

有个人的塑像没有脑袋，手拿戈和盾站着，他名叫夏耕。从前，成汤在章山讨伐夏桀取得了胜利。在战争中，夏耕作为夏桀的马前卒冲在最前面，因此被斩。夏耕的尸体虽然失去了头颅，却站了起来，他自觉罪孽沉重，逃到巫山隐藏起来。

夏朝建国于公元前2070年左右，约亡于公元前1600年。《山海经》成书于夏朝之初，而成汤伐夏桀是夏末之事，作者前知五百年可以理解，难道他也后知五百载？显然，这是张冠李戴，是后人整理时出现的错误。

我们把文中的"成汤"称为"成"，把"夏桀"称为"夏"。成和夏分隶属外星人A和外星人B，在外星人A与外星人B的战争中，成、夏战于章山。耕是夏的飞行器，成战胜了夏，把耕拆毁运到巫山，做成了其他部件，就像秦始皇统一六国后，把天下的兵器收缴上来铸成大鼎一样。

有人名曰吴回，奇⑤（jī）左，是无右臂。

---

① 成汤：商朝的开国国王。
② 夏桀：夏朝的最后一位国王。
③ 厥前：最前面。
④ 厥咎：极大的过错。厥：昏迷，接近死亡，引申为接近极点。咎：罪责。
⑤ 奇：单数，与"偶"相对。

有盖山之国。有树,赤皮支①干,青叶,名曰朱木。有一臂民。

大荒之中,有山,名曰大荒之山,日月所入。有人焉三面,是颛顼之子,三面一臂,三面之人不死。是谓大荒之野。

有个人叫吴回,只有左膀,没有右臂。

有个盖山国。那里有一种树,树皮、树枝、树干都是红色的,叶子是青色的,这种树叫朱木。盖山国长一条胳膊的人。

大荒之中有座山,名叫大荒山,那是太阳和月亮降落的地方。那里有一种奇怪的人,头上长着三张脸,他们是颛顼的后代。三面人只有一条胳膊,但长生不死,他们生活在大荒的山野之中。

这几段讲的都是外星人实验出的人类次品,三面人虽然生理上奇特,却很长寿。

西南海之外,赤水之南,流沙之西,有人珥两青蛇,乘两龙,名曰夏后开②。开上三嫔于天,得《九辩》与《九歌》以下。此天穆之野,高二千仞,开焉得始歌《九招》。

在西南海之外,赤水之南,流沙之西,有个人耳朵上挂着两条青色的蛇,乘驾着两条龙,名叫夏后启。夏后启曾把三位美女献给天帝,天帝赐他乐曲《九辩》和《九歌》,夏后启回到人间,住在天穆之野,那里高达二千仞,夏后启就在这里演奏《九招》乐曲。

启的时代外星人造人已经成功,大批外星人已返回"天国",留在地球上外星人的主要工作是教化人类。在教化地球人时,外星人首先教人类唱"儿歌",我们的祖先就是在"儿歌"中学到了自然界的基本常识。《九辩》、《九歌》是启从外星人那领到的教材。教学中,启因地制宜,又编写了另一部教材《九招》。

---

① 支:通"枝"。
② 夏后开:即上文所说的"夏后启"。因为汉朝人避汉景帝刘启的名讳,改"启"为"开"。

有互人之国。炎帝之孙名曰灵恝（jiá），灵恝生互人，是能上下于天。

有鱼偏枯，名曰鱼妇，颛顼死即复苏。风道北来，天乃大水泉，蛇乃化为鱼，是为鱼妇。颛顼死即复苏。

有个互人国。炎帝的孙子名叫灵恝，灵恝生了互人，互人能往来于天地之间。

有一种鱼，半边身子是干枯的，名叫鱼妇，是颛顼死后的化身。当时，风从北方吹来，天上的水如泉喷涌而出，一条蛇随之变化为鱼，这就是鱼妇。鱼妇是颛顼死后的化身。

"天"我们讲过，是从UFO中走出的外星人。外星人互人是分管一个部门的领导，他经常向外星人首领请示报告。

颛顼得了重病，外星人非常着急，派一艘蛇形飞船载着医护人员来看病。这是一艘水上飞行器。飞船降落时，平静的水面产生巨大浪花。蛇形飞船一半在水下，一半在水上。医护人员从飞船中走出，共同为颛顼诊治，颛顼才逃出鬼门关。

有青鸟，身黄，赤足，六首，名曰䴅（zhǔ）鸟。

有大巫山。有金之山。西南，大荒之中隅，有偏句、常羊之山。

有一种青鸟，身子是黄色的，爪子是红色的，长有六个头，名叫䴅鸟。

有座大巫山，又有座金山。在西南方大荒的一个角落里，还有偏句山、常羊山。

䴅鸟是一种飞碟，"六首"不是六个头，而是"六目"，即六个窗口，前后左右上下六面都可以观察到外部情况。外星人经常乘坐这种飞船到大巫山、有金山、偏句、常羊山等地巡视。

第十七卷 大荒北经

外星人之间不但有敌我矛盾，还有人民内部矛盾，绰人就是在人民内部矛盾中丧生的，天帝只能当个和事佬。

东北海之外，大荒之中，河水之间，附禺之山，帝颛顼与九嫔葬焉。爰有鸱久、文贝、离俞、鸾鸟、皇鸟、大物、小物①。有青鸟、琅鸟、玄鸟②、黄鸟、虎、豹、熊、罴、黄蛇、视肉、璿（xuán）瑰、瑶碧，皆出③卫④于山。丘⑤方员三百里，丘南帝俊竹林在焉，大可为舟。竹南有赤泽水，名曰封渊。有三桑无枝。丘西有沈渊，颛顼所浴。

在东北海之外，大荒之中，黄河水流经的地方，有座附禺山，帝颛顼和他的九个妃嫔就下葬在这里。这里有鸱鹰、花斑贝、离朱鸟、鸾鸟、凰鸟以及大大小小的随葬物品。青鸟、琅鸟、燕子、黄鸟、老虎、豹子、熊、罴、黄蛇、视肉怪兽以及璿玉瑰石、瑶玉碧玉，或守护这座山，或出产于这座山。颛顼和他九个妃嫔的坟墓方圆三百里，坟墓的南面有帝俊留下的竹林，竹子非常高大，甚至可以做

① 大物、小物：指殉葬、随葬的物品。
② 玄鸟：燕子的别称。
③ 出：出产。
④ 卫：环绕，守卫。
⑤ 丘：指颛顼和他九位夫人的坟墓。

船。竹林的南面有片红色的水塘,名叫封渊。有三棵不生长枝杈的桑树。坟墓的西面有个沈渊,是颛顼曾经洗澡的地方。

把颛顼墓修得那么大,为了纪念颛顼的功绩;把颛顼葬在附禺山,因为颛顼曾在这里生活战斗。有些国家领导人不愿葬在八宝山,提出要葬在他生前曾战斗的地方,道理是一样的。

有胡不与之国,烈姓,黍食。
大荒之中,有山名曰不咸。有肃慎氏之国。有蜚[1]蛭[2],四翼。有虫,兽首蛇身,名曰琴虫[3]。

有个胡不与国,这里的人姓烈,以黄米为食。
大荒之中,有座山叫不咸山。这里有个肃慎氏国,国中有一种会飞的蚂蟥,长着两对翅膀。有一种蛇,野兽的脑袋,蛇的身子,名叫琴虫。

天下的蛭都没有翅膀,而文中的蛭却有翅膀,显然,这是在说UFO,这种UFO的形状像蚂蟥。琴虫是在UFO中实验出来的一个物种。

有人名曰大人。有大人之国,厘姓,黍食。有大青蛇,黄头,食麈。

有种人被称为大人,他们生活的地方就是大人国,大人国的人姓厘,以黄米为食。大人国有大青蛇,黄色的脑袋,能吞食麈。

大人也是外星人实验出来的人类,因其食量太大等原因,被外星人所淘汰。"食麈"的"蛇"我们讲过,就是大型UFO。

有榆山。有鲧攻程州之山。大荒之中,有山名曰衡天。有先民之山。有

---

[1] 蜚:通"飞"。
[2] 蛭:即"蚂蟥"。长而扁平,略似蚯蚓,缩在一起如屎壳郎大小,将其拉直,有十厘米左右,前后各有一个吸盘,生活在淡水或湿润处,能吸人畜的血。
[3] 虫:这里指蛇。

槃（pán）木千里。

榆山、鲧攻程州山、衡天、先民山都在大荒之中，先民山生长一种槃木，高达千里。

槃木不是木，而是卫星发射架。

有叔歜（chù）国，颛顼之子，黍食，使四鸟：虎、豹、熊、罴。有黑虫如熊状，名曰猎猎。
有北齐之国，姜姓，使虎、豹、熊、罴。

有个叔歜国，这里的人是颛顼的后代，他们以黄米为食，能驱使四种野兽：老虎、豹子、熊和罴。有一种形体与熊相似的黑色动物，名叫猎猎。
有个北齐国，这里的人姓姜，能驯化驱使老虎、豹子、熊和罴。

"使四鸟"是指外星人驱使乘坐四种飞船，猎猎是外星人驯养的动物。

大荒之中，有山名曰先槛大逢之山，河济所入，海北注焉。其西有山，名曰禹所积石。
有阳山者。有顺山者，顺水出焉。有始州之国，有丹山。
有大泽方千里，群鸟所解。

大荒之中，有座山叫先槛大逢山，黄河和济水汇集在这里，海潮经常从北面倒灌进来。西边也有座山，就是禹所积石山。
有座阳山，还有座顺山，顺水发源于顺山，顺山附近有个始州国，国中有座丹山。
有一大泽方圆千里，是各种鸟类脱换羽毛的地方。

这是介绍外星人几个基地。

有毛民之国，依姓，食黍，使四鸟。禹生均国，均国生没采，没采生修鞈（jiá），修鞈杀绰人。帝念之，潜为之国，是此毛民。

有个毛民国，这里的人姓依，以黄米为食，能驱使四种野兽。大禹生了均国，均国生了役采，役采生了修鞈，修鞈杀了绰人。天帝同情绰人被杀，暗中帮绰人的子孙建了一个国家，这就是毛民国。

外星人之间不但有敌我矛盾，还有人民内部矛盾，绰人就是在人民内部矛盾中丧生的，天帝只能当个和事佬，为绰人的死做一些补偿。

有儋（dān）耳之国，任姓，禺号子，食谷。北海之渚中，有神，人面鸟身，珥两青蛇，践两赤蛇，名曰禺疆①。

有个儋耳国，这里的人姓任，是禺号的后代，以谷物为食。在北海的岛屿上，有位神人，人面鸟身，耳朵上挂两条青蛇，脚下踩着两条红蛇，名叫禺强。

本段中的禺疆"人面鸟身，珥两青蛇，践两赤蛇"，《海外北经》中的禺疆"人面鸟身，珥两青蛇，践两青蛇"。两个禺疆本是同一个神，可脚上的"交通工具"却不一样，一个是"赤蛇"，一个是"青蛇"，这是《山海经》作者的误写。青蛇也好，赤蛇也罢，我已经讲过多次了，不再赘述。

大荒之中，有山名曰北极天柜，海水北注焉。有神，九首人面鸟身，名曰九凤。又有神，衔蛇操蛇，其状虎首人身，四蹄长肘，名曰彊良。

大荒之中，有座山名叫北极天柜山，海水从北面倒灌到这里。其间有位神仙，九头、人面、鸟身，名叫九凤。还有位神仙，嘴里衔着蛇，手中握着蛇，身形似人，脑袋像虎，四只蹄子，小臂较长，名叫强良。

九凤就是我们平时所说的九头鸟。有句俗语：天上九头鸟，地下湖北佬。九头鸟非常聪明，湖北人的智商不亚于九头鸟。聪明、狡猾、奸诈是近

---

① 疆：通"强"。禺疆：禺强。

义词，不同的是聪明是褒义，奸诈和狡猾是贬义。所以，这句话可用于骂湖北人，也可用于夸湖北人。其实，九头鸟不是鸟，而是外星人的UFO，这是地球人对外星人的崇拜。

强良是外星人导航员，"衔蛇操蛇"是说他以口中的指令来操控飞船，"虎首"是说地球人不能接触他，"人身"是说他具有人的智慧，"四蹄"是说他腿脚勤快，"长肘"是说他发出的指令像无形的手，能把飞船一个个拉到地面。

大荒之中，有山名曰成都载天。有人珥两黄蛇，把两黄蛇，名曰夸父。后土生信，信生夸父。夸父不量力，欲追日景，逮之于禺谷。将饮河而不足也，将走大泽，未至，死于此。应龙已杀蚩尤，又杀夸父，乃去南方处之，故南方多雨。

大荒之中，有座山叫成都载天山。有个人耳上挂着两条黄蛇，手上握着两条黄蛇，他的名字叫夸父。后土生了信，信生了夸父。夸父没有充分考虑自己的体力，他追赶太阳的影子，在禺谷，夸父终于抓到了太阳。可是，夸父太渴了，他喝干了黄河水还不解渴，他准备到北方喝大泽的水，可还没有就渴死了。那时，应龙已经杀了蚩尤，又杀了夸父，就跑到南方躲避起来，所以南方的雨水很多。

"珥两黄蛇"是耳朵上戴着耳机，"把两黄蛇"中的"把"不是"握着"，而是"操控"。前面的"黄蛇"是耳机上的天线，后面的"黄蛇"是飞船。"两黄蛇"不是两个"黄蛇"，而是两个人乘坐的小"黄蛇"，即小型飞船。

我们再来对比两段文字——

《大荒北经》："夸父不量力，欲追日景，逮之于禺谷。将饮河而不足也，将走大泽，未至，死于此。"

《海外北经》载："夸父与日逐走，入日。渴，欲得饮，饮于河渭，河渭不足，北饮大泽，未至，道渴而死。"

两段说的基本一致，这说明这两个夸父是同一个人。

但是，本段中的两个夸父却不是一个人。夸父"死于此。应龙已杀蚩尤，又杀夸父"。既然夸父已经死了，应龙怎么能"又杀夸父"？显然，这里的夸父是个官职名，后一个夸父是前一个的继任者。《大荒东经》也载："应龙处南极，杀蚩尤与夸父"。由此分析，应龙杀的夸父，不是逐日的夸

父,而是新上任的夸父。

综合起来看,这是外星人发生战争之前的情景,外星人之间的矛盾还在积累,已经到了擦枪走火的程度。

又有无肠之国,是任姓。无继子,食鱼。

又有个无肠国,这里的人姓任,他们没有子孙后代,以鱼类为食。

前面我们说了一个无肠国,这里又有一个。前一个无肠是没有肠子,这个无肠是指没有生殖系统。可以肯定,这是外星人造人运动中产生的次品。

共工之臣名曰相繇①(yáo),九首蛇身,自环,食于九土。其所歍②(wū)所尼③,即为源泽,不辛乃苦,百兽莫能处。禹湮④洪水,杀相繇,其血腥臭,不可生谷,其地多水,不可居也。禹湮之,三⑤仞⑥三沮⑦,乃以为池,群帝因是以为台。在昆仑之北。

共工有位臣子名叫相繇,九个脑袋,蛇的身子,自行盘成一团,他占据大量土地作为自己的食邑。相繇所呕吐过的地方,很快就变成湖泊,而且水的气味不是辣就是苦,各种动物都不能栖息。大禹治理洪水,杀了相繇,相繇的血又腥又臭,以致血流的地方谷物都不能生长,污水遍布,人们无法居住。大禹试图填埋那些污水,屡次填埋都被污水淹没。于是他因地制宜,把这里修成水池,诸帝利用挖出的土筑成高台,其位置在昆仑山北。

这是一场极为惨烈的战争,第八卷《海外北经》中有一段与这里记述的

---

① 相繇:即上文所说的相柳。
② 歍:呕吐。
③ 尼:止。
④ 湮:阻塞。
⑤ 三:表示多数,不是实指。
⑥ 仞:充满。
⑦ 沮:败坏。这里指塌陷、陷落。

基本相同，不赘述。

> 有岳之山，寻竹生焉。
> 大荒之中，有山名不句，海水入焉。

有座岳山，山上长着一种高大的寻竹。
大荒之中，有座山叫不句山，海水从北面倒灌到这里。

关于海水倒灌的记录已经多次了，后面我们会具体分析。

> 有系昆之山者，有共工之台，射者不敢北乡①（xiàng）。有人衣青衣，名曰黄帝女魃②。蚩尤作兵伐黄帝，黄帝乃令应龙攻之冀州之野。应龙畜水，蚩尤请风伯③雨师④，纵大风雨。黄帝乃下天女曰魃，雨止，遂杀蚩尤。魃不得复上，所居不雨。叔均言之帝，后置之赤水之北。叔均乃为田祖⑤。魃时亡之，所欲逐之者，令曰："神北行⑥！"先除水道，决通沟渎⑦。

有座系昆山，那里有个共工台，射箭的人因敬畏共工而不敢朝北方射箭。有个人穿着青色衣服，名叫黄帝女魃。蚩尤起兵进攻黄帝，黄帝派应龙在冀州的原野上还击蚩尤。应龙储存了很多水，蚩尤请来风伯和雨师，刮起狂风，下起暴雨。黄帝命天上的女魃增援，雨停了，于是杀了蚩尤。可女魃却再也回不到天上了，她住的地方从此不下雨。叔均把这件事禀报给黄帝，黄帝把女魃安置在赤水的北岸，叔均因此做了耕种的官。女魃经常逃离她的居住地，可她到哪里，哪里就发生旱灾，人们都想驱逐她，就祷告说："女魃神，请回到赤水北岸的居住地吧！"女魃到来之前，人们往往先清除水道，疏通大小沟渠，以备抗旱之需。

---

① 乡：通"向"。方向。
② 女魃：即"女妭"，旱魃。传说中的旱神。
③ 风伯：神话传说中的风神。
④ 雨师：神话传说中掌管雨水的神。
⑤ 田祖：主管田地的神。
⑥ 北行：指回到赤水之北。
⑦ 渎：小沟渠。

这是留在地球上的外星人之间一场决定性战役，是三支力量角逐，即共工、黄帝、蚩尤。共工是炎帝的属下，实际上是炎帝、黄帝、蚩尤三方的战争。当时，大批外星人返回"天国"，留下的高科技设备还很多，炎帝与黄帝发生矛盾，炎黄大战，共工壮烈牺牲。这场战争我们前面讲过，就不多说了。在炎黄大战之时，蚩尤坐山观虎斗，试图最后收拾残局。黄帝战胜炎帝之后，蚩尤以为可以坐收渔利，他杀向黄帝。黄帝的助手应龙储水准备迅速构筑一条水上机场，以便把各种水上飞机调来，共同抗击蚩尤。水上机场刚刚建好，就被蚩尤占领了。蚩尤的各种飞行器频繁在水上起降，水被飞行器的排气管卷起，犹如狂风暴雨一般。蚩尤凭借强大的空中优势，使应龙陷入绝境。

黄帝见势不妙，他想到了女魃。魃就是鬼，鬼是外星人的战俘，一直从事损毁飞行器的维修工作。黄帝命女魃把所有飞行器中的核燃料统统运到战场。黄帝利用女魃带来的核燃料，向蚩尤发动反击。核武器巨大的威力几乎把"水上机场"蒸干，蚩尤的飞行器全被炸毁，蚩尤也葬身火海。女魃立了大功，黄帝把她安置在赤水一带。可她毕竟是俘虏，黄帝不能完全信任她，就划块地给她。女魃并不甘心，她经常跑来闹事，甚至威胁使用核武器。原始的地球人不知怎么回事，就把女魃当成了旱神，敬而远之。

有人方食鱼，名曰深目民之国，盼姓，食鱼。
有钟山者。有女子衣青衣，名曰赤水女子献。

有人以鱼为食，他们是深目民国，这里的人姓盼，把鱼当作主食。
有座钟山。一个穿青色衣服的女子，她就是赤水岸边的女子魃。

有专家认为，"献"是"魃"的笔误，应为"赤水女子魃"，即上文所说的被黄帝安置在赤水之北的女魃。

大荒之中，有山名曰融父山，顺水入焉。有人名曰犬戎。黄帝生苗龙，苗龙生融吾，融吾生弄明，弄明生白犬，白犬有牝牡，是为犬戎，肉食。有赤兽，马状无首，名曰戎宣王尸[①]。

---

① 戎宣王尸：犬戎族人奉祀的神。

大荒之中，有座山叫融父山，顺水河注入这里。有人名叫犬戎，他是黄帝的后代。黄帝生了苗龙，苗龙生了融吾，融吾生了弄明，弄明生了白犬，白犬有雌雄两套生殖系统，他生下的后代就是犬戎人，犬戎人以肉类为食。有种赤兽，形体像马却没有脑袋，名叫戎宣王尸。

犬戎是中国古代的一个民族，即猃狁，也称西戎，活动于今天的陕、甘一带。我们都知道匈奴，一般认为，犬戎是匈奴的祖先，匈奴崛起，犬戎灭亡，匈奴在北方，犬戎在西方。这里讲的是犬戎的来历。文中应该没有贬义，可后来汉文古籍中就成了贬义。"马状无首"不是说赤兽没有脑袋，而是说赤兽很笨，头脑不灵活。这是外星人实验出的次品。

有山名曰齐州之山、君山、灊（qián）山、鲜野山、鱼山。
有人一目，当面中生。一曰是威姓，少昊之子，食黍。
有继无民任姓，无骨子，食气、鱼。
西北海外，流沙之东，有国曰中��（biǎn），颛顼之子，食黍。
有国名曰赖丘。有犬戎国。有神，人面兽身，名曰犬戎。
西北海外，黑水之北，有人有翼，名曰苗民。颛顼生驩头，驩头生苗民，苗民厘（xī）姓，食肉。有山名曰章山。
大荒之中，有衡石山、九阴山、洞野之山，上有赤树，青叶赤华，名曰若木。
有牛黎之国。有人无骨，儋耳之子。

有几座山分别叫齐州山、君山、灊山、鲜野山、鱼山。
有人长着一只眼睛，这只眼睛长在脸的中间。有人认为他们姓威，是少昊的后代，以黄米为食。
有个国叫继无民国，那里的人姓任，是无骨国的后代，他们以吃空气和鱼为生。
在西北方的海外，流沙的东面，有个国家叫中��国，这里的人是颛顼的后代，他们以黄米为食。
有个国叫赖丘。还有个犬戎国。有位神人，长着人的面孔动物的身子，名叫犬戎。
在西北方的海外，黑水北岸，有种长着翅膀的人，他们叫苗民。颛顼生了驩

头,颧头生了苗民,苗民姓厘,他们以肉类为食。苗民栖息地的附近有一座山,名叫章山。

大荒之中还有衡石山、九阴山、洞野山,洞野山上有一种红色的树,这种树青叶红花,名叫若木。

有个牛黎国。这里的人不长骨头,是儋耳国人的后代。

除了牛黎国之外,一目人、继无民、犬戎、苗民,包括若木,前文都有介绍,这里显然是重复,这是著书者很忌讳的。这些国或人,都是外星人实验出的物种,一目人是次品,继无民和牛黎人无骨,是软体人,尤其是继无民,每天必须吸氧才能维持生命,更是次品中的次品。犬戎人灵性很强,但人面兽身,不过,后来外星人对犬戎人又进行了"深加工",他们的后代终于成了真正的人类。

西北海之外,赤水之北,有章尾山。有神,人面蛇身而赤,直目正乘①,其瞑乃晦,其视乃明,不食不寝不息,风雨是谒②。是烛九阴③,是谓烛龙。

在西北海外,赤水北岸,有座章尾山。山中有位神人,长着人的面孔蛇的身子,全身呈红色。他的眼睛是竖着的,而且总是眯成一条缝,他闭上眼睛就是黑夜,睁开眼睛就是白天,他不吃不睡不呼吸,却能呼风唤雨。他的神力能照亮天下间最黑暗的地方,这就是烛龙。

铁路上有种闷罐车,外形像个大集装箱,其门是推拉式的,一般用来拉货,极少坐人。这种车没有车窗,门上留条缝,供人呼吸。就算是白天,里面也是黑洞洞的。只有把门打开,光线射入,人们才能重见天日。

烛龙就是外星人的闷罐式飞船,这种飞船通常在水中起飞,巨大的尾气喷出,水被卷到空中,这不就是"风雨是谒"吗?外星人把地球人关进了烛龙,以观察地球人的生理特性,地球人口口相传,就有这样的记载了。

---

① 乘:缝隙。
② 谒:拜访,引申为招之即来。
③ 九阴:最暗的地方。

第十八卷 海内经

留在地球上的外星人知道今生再也回不了"天国"了,为了生存,他们与地球人婚配繁衍后代,教地球人防身,教地球人唱歌,教地球人耕种,用木材制造各种工具和车辆。

东海之内，北海之隅，有国名曰朝鲜①。天毒②，其人水居，偎③人爱之。

在东海之内，北海的一个角落，有个国家名叫朝鲜。还有一个国家叫天毒，天毒国的人依水而居，这两个地方的人和善慈爱。

朝鲜和天毒可能是外星人除中国之外的重要基地，外星人也在那里进行了实验活动，所以《山海经》的作者才把这两个地方也记录下来。

西海之内，流沙之中，有国名曰壑市。
西海之内，流沙之西，有国名曰氾叶。

在西海之内，流沙之中，有个国家名叫壑市国。

---

① 朝鲜：就是现在朝鲜半岛。
② 天毒：即天竺国，古印度。
③ 偎：怜悯。

在西海以内,流沙之西,有个国家名叫氾叶国。

记录过于简单,地球人不清楚外星人在这两个地方做了什么。

流沙之西,有鸟山者,三水出焉。爰有黄金、璿瑰、丹货①、银铁,皆流于此中。又有淮山,好水出焉。

在流沙之西,有座鸟山,三条河流发源于此。黄金、璿玉瑰石、丹货、银铁等都运到这里。又有座大山叫淮山,好水发源于此。

黄金、璿玉瑰石、丹货、银铁都是重要的矿藏,把这些矿藏运到这座山要干什么?对了,这座山叫鸟山?什么鸟?银鹰,铁鸟,即UFO。鸟山是外星人的飞船维修中心,修复后的UFO从这里飞往战场。此处记录的是外星人战争期间的事。

流沙之东,黑水之西,有朝(zhāo)云之国、司彘(zhì)之国。黄帝妻雷祖②,生昌意。昌意降处若水,生韩流。韩流擢③(zhuó)首、谨④耳、人面、豕(shǐ)喙、麟身、渠股⑤、豚止,取⑥淖子曰阿女,生帝颛顼。

流沙之东,黑水之西,有朝云、司彘两个国家。黄帝的妻子嫘祖生下昌意。昌意被贬到若水生下韩流。韩流长长的脑袋,小小的耳,脸像人,嘴像猪,身上有麟,罗圈腿,猪蹄一样的脚,他娶了淖子氏的阿女,生下帝颛顼。

按这段文字来看,颛顼是昌意的孙子,黄帝的玄孙。可是司马迁的《史记·五帝本纪》载:"黄帝居轩辕之丘,而娶於西陵之女,是为嫘祖。嫘祖为

---

① 丹货:丹砂之类。
② 雷祖:即"嫘祖",传说是西陵氏之女,黄帝轩辕氏的原配,教人们养蚕织布的始祖。
③ 擢:引拔,耸起。引申为竖长形。
④ 谨:慎重小心,谨慎细心。这里是细小的意思。
⑤ 渠股:跰脚,罗圈腿。
⑥ 取:通"娶"。

黄帝正妃,生二子,其後皆有天下:其一曰玄嚣,是为青阳,青阳降居江水;其二曰昌意,降居若水。昌意娶蜀山氏女,曰昌仆,生高阳,高阳有圣德焉。黄帝崩,葬桥山。其孙昌意之子高阳立,是为帝颛顼也。帝颛顼高阳者,黄帝之孙而昌意之子也。"《史记》中根本没有韩流的名字。到底该信哪段文字,我也糊涂了。韩流长得有点困难,不过,司马迁总不能因为这个原因,就不让他管昌意叫爹吧。

流沙之东,黑水之间,有山名不死之山。
华山青水之东,有山名曰肇山。有人名曰柏高①,柏高上下于此,至于天。

在流沙东与黑水之间的地方,有座山叫不死山。
在华山青水河东,有座山叫肇山。有个仙人名叫柏子高,柏子高在这里往返天上人间。

"柏高"即"柏树一样高",不是人名,而是卫星发射架。"天"也不是天空,而是飞船。外星人战争之后,他们不想在地球上干了,外星人修理飞船,试图卷铺盖走人。

西南黑水之间,有都广之野,后稷葬焉。爰有膏②菽③、膏稻、膏黍、膏稷④,百谷自生,冬夏播琴⑤。鸾鸟自歌,凤鸟自儛,灵寿⑥实华,草木所聚。爰有百兽,相群爰处。此草也,冬夏不死。

海内西南的黑水流域,有个地方叫都广之野,后稷就葬在那里。那里有膏菽、膏稻、膏黍、膏稷,各种谷物自然生长,无论是冬天还是夏天,都可以播种。鸾鸟自由歌唱,凤鸟自由跳舞,灵寿树花果飘香,草木繁茂。各种动物栖息在一

---

① 柏高:即后文的柏子高。
② 膏:味道好,光滑如膏。
③ 菽:豆类植物的总称。
④ 稷:谷子。
⑤ 播琴:播种,系古代楚地人的方言。
⑥ 灵寿:上文所说的椐树。

起,相互间和谐共处。那里的草类冬夏常青。

大批外星人返回"天国",地球上留下了为数不多的外星人,他们带领地球人日出而作,日落而息,凿井而饮,耕田而食,虽然有些辛苦,但安乐祥和。后稷就是教地球耕种的外星人,为了纪念他,人们在他坟前撒下了各种谷物的种子。"冬夏不死"的草在中原一带有很多。

南海之内,黑水青水之间,有木名曰若木,若水出焉。
有禺中之国。有列襄之国。有灵山,有赤蛇在木上,名曰蝡(rú)蛇,木食。
有盐长之国。有人焉鸟首,名曰鸟氏。

在南海之内,黑水、青水流域之间,有一种树叫若木,若水就发源于此。
有个禺中国。有个列襄国。有座灵山,山中的树上有一种红颜色的蛇,名叫蝡蛇,以树木为食物。
有个盐长国。那里的人长着鸟一样的脑袋,人称鸟氏。

因为是"海内经",所以"南海之外"应是"南海之内"的笔误。蝡,同"蠕"。

外星人战争之后,外星人内部开展了"大生产运动"试图自救,以返回"天国"。他们准备发射载人航天器,航天器安在发射架上,地球人远远地看着,却不知如何描述,于是把航天器和下面的火箭说成了蛇,把发射架说成了树。"木食"不是以"木"为"食",而是"木上食",是说航天员加班加点,以致忙得在航天器上吃饭。

有九丘,以水络之,名曰陶唐之丘、有叔得之丘、孟盈之丘、昆吾之丘、黑白之丘、赤望之丘、参卫之丘、武夫之丘、神民之丘。有木,青叶紫茎,玄华黄实,名曰建木,百仞无枝,有九欘[1](zhǔ),下有九枸[2](jǔ),其实如麻,其叶

---

[1] 欘:树枝弯曲。
[2] 枸:树根盘错。

如芒。大皞①（hào）爰过，黄帝所为。

有九座山，都被水环绕着，分别是陶唐丘、叔得丘、孟盈丘、昆吾丘、黑白丘、赤望丘、参卫丘、武夫丘、神民丘。有一种树，青色的叶子，紫色的枝干，开黑花，结黄果，名叫建木。此树百仞之下没有枝杈，树顶有九根弯曲的桠枝，树下有九条盘旋交错的根，这种树的果子像麻籽，叶子形状像芒树叶。大皞爬过此树，这种树是黄帝种植的。

《海内南经》载："有木，其状如牛，引之有皮，若缨、黄蛇。其叶如罗，其实如栾，其木若苦，其名曰建木。在窫窳西弱水上。"同样是建木，两处描写却没有一点相似之处。《海内南经》中的建木解决的是外星人和地球人穿衣问题，本段中的建木是制造车辆的材料，解决的出行问题。

有窫窳，龙首，是食人。有青兽，人面，名曰猩猩。
西南有巴国。皞生咸鸟，咸鸟生乘厘，乘厘生后照，后照是始为巴人。
有国名曰流黄辛氏，其域中方三百里，其出是尘土。有巴遂山，渑（shéng）水出焉。
又有朱卷之国。有黑蛇，青首，食象。

窫窳兽长着龙一样的脑袋，吃人。还有一种青色的动物，长着人一样的面孔，名叫猩猩。

西南方有个巴国。大皞生了咸鸟，咸鸟生了乘厘，乘厘生了后照，后照就是巴国人的始祖。

有个国家叫流黄辛氏国，疆域方圆三百里，出门时常常尘土飞扬。国中有座巴遂山，渑水发源于此。

还有个朱卷国。这里有种黑蛇，长着青色脑袋，能吞食大象。

这几段我们都解释过，不赘述。

---

① 大皞：又叫太昊、太皓、伏羲氏，神话传说中的人类始祖，上古帝王，姓风。他做八卦，推演易经，教人们捕鱼放牧。

南方有赣巨人，人面长臂，黑身有毛，反踵，见人笑亦笑，唇蔽其面，因即逃也。

又有黑人，虎首鸟足，两手持蛇，方啖（dàn）之。

有嬴民，鸟足。有封豕。

南方的赣巨人，长相和我们差不多，只是双臂较长，肤色较黑，长满了毛，脚尖朝后，脚跟朝前，看见别人笑他就笑。赣巨人的嘴唇非常大，他笑时能遮住脸，人们看到他的样子都很畏惧，往往趁他发笑时逃走。

有种黑人，长着虎一样的脑袋，鸟一样的爪子，两手握着蛇，囫囵往下吞。

有个嬴民国，那里的人长着鸟一样的爪子。嬴民国有大野猪。

这也外星人造人的情景，赣巨人、黑人、嬴民都是不成功的人种，上文中我们都讲过。

有人曰苗民。有神焉，人首蛇身，长如辕，左右有首，衣紫衣，冠旃①（zhān）冠，名曰延维②，人主得而飨食之，伯③（bà）天下。

有一群人叫苗民。苗民的栖息地有位神仙，长着人的脑袋，蛇的身子，身体长长的，如同车辕子一般。他左右各长一个脑袋，穿着紫色衣服，戴着红色帽子，名叫延维。如果哪个国君得到他并加以供奉祭祀，就可以称霸天下。

"人首"不是长着人一样的脑袋，而是"以人为首"，即人可以指挥它；"蛇身"即形体如蛇。这么解释你就清楚了，延维是一种导弹发射装置，由外星人操纵，导弹升空如蛇一般。在外星人战争中，谁得到了这种装置，就可安枕无忧，主宰地球。

有鸾鸟自歌，凤鸟自舞。凤鸟首文曰"德"，翼文曰"顺"，膺文曰"仁"，背

---

① 旃：古代一种赤色曲柄的旗。
② 延维：即上文所说的委蛇，就是双头蛇。
③ 伯：通"霸"。

文曰"義",见则天下和。

鸾鸟自由地歌唱,凤鸟自由地跳舞。凤鸟头上的花纹是"德"字,翅膀上的花纹是"順"字,胸脯上的花纹是"仁"字,脊背上的花纹是"義"字。它一出现天下就太平没有战争。

《南次三经》载:"凤皇,首文曰德,翼文曰义,背文曰礼,膺文曰仁,腹文曰信。是鸟也,饮食自然,自歌自舞,见则天下安宁。"文中的凤凰与本段中的鸾鸟十分接近。"德"、"順"、"仁"、"義"四个字除了"仁"之外,笔画都比较多,这么多笔画在一只鸟身上,不可能辨认出来。所以说,这是地球人对明君的期盼、对战争的恐惧、对和平的向往。

又有青兽如菟,名曰崮(jùn)狗。有翠鸟。有孔鸟。
南海之内,有衡山,有菌山,有桂山。有山名三天子之都。
南方苍梧之丘,苍梧之渊,其中有九嶷(yí)山,舜之所葬。在长沙零陵界中。
北海之内,有蛇山者,蛇水出焉,东入于海。有五采之鸟,飞蔽一乡,名曰翳鸟①。又有不距之山,巧倕②(chuí)葬其西。

又有一种青色动物,形体像兔子,名叫崮狗。又有翡翠鸟。还有孔雀鸟。
在南海之内,有衡山、菌山、桂山。还有座三天子都山。
南方有个苍梧丘和苍梧渊,在苍梧丘和苍梧渊之间有座九嶷山,舜就埋葬在那里。九嶷山位于长沙零陵境内。
在北海之内,有座蛇山,蛇水发源于此,向东流入大海。有种长着五彩羽毛的鸟,鸟群升空甚至能遮蔽一个村庄,这种鸟名叫翳鸟。还有座不距山,巧倕葬在不距山的西面。

鸟与人类和平共处,人鸟互不干涉,其乐融融,在外星人的教化下,地球人安居乐业。外星人不但教地球人耕种渔猎,还教人制造各种工具,教地

---

① 翳鸟:传说是凤凰之类的鸟。
② 巧倕:尧时一位心灵手巧的工匠。

第十八卷　海内经

球人制造各种工具的人就是外星裔的巧倕,因此,人们一直怀念巧倕。

> 北海之内,有反缚盗械①、带戈常倍②之佐,名曰相顾之尸。
> 伯夷父③生西岳,西岳生先龙,先龙是始生氐羌,氐羌乞姓。

在北海之内,有个被反绑着、戴刑具的人,他经常身带兵戈企图谋反,这个人就是相顾。

伯夷父生了西岳,西岳生了先龙,先龙的子孙便是氐羌,氐羌人姓乞。

这里的"尸"不是尸体。"相顾之尸"即为相顾的塑像。相顾反复无常,多次叛乱,于是,外星人立起相顾的塑像,以其为戒,警示他人。这与杭州西湖边上的秦桧塑像如出一辙。

> 北海之内,有山,名曰幽都之山,黑水出焉。其上有玄鸟、玄蛇、玄豹、玄虎、玄狐蓬尾。
> 有大玄之山。有玄丘之民。有大幽之国。有赤胫之民。
> 有钉灵之国,其民从膝以下有毛,马蹄善走。

北海之内有座山,名叫幽都山,黑水发源于此。山上有黑色鸟、黑色蛇、黑色豹子、黑色老虎,有大尾巴的黑色狐狸。

有座大玄山,山中生活着一群玄丘民。有个大幽国,大幽国里的人小腿都是红色的。

有个钉灵国,那里的人膝盖以下长着毛,脚像马的蹄子,善于奔跑。

这里又回到外星人造人之初的情景。

> 炎帝之孙伯陵,伯陵同吴权之妻阿女缘妇,缘妇孕三年,是生鼓、延、

---

① 盗械:古时刑具称盗械。
② 倍:通"备"。
③ 伯夷父:相传是帝颛顼的师傅。

殳(shū)。始为侯①，鼓、延是始为钟，为乐风。

黄帝生骆明，骆明生白马，白马是为鲧。

帝俊生禺号，禺号生淫梁②，淫梁生番禺，是始为舟。番禺生奚仲，奚仲生吉光，吉光是始以木为车。

少皞③生般，般是始为弓矢。

帝俊赐羿彤弓素矰④(zēng)，以扶下国，羿是始去恤下地之百艰。

帝俊生晏龙，晏龙是为琴瑟。

帝俊有子八人，是始为歌舞。

帝俊生三身，三身生义均，义均是始为巧倕，是始作下民百巧。后稷是播百谷。稷之孙曰叔均，始作牛耕。大比赤阴⑤，是始为国。

炎帝的孙子叫伯陵，伯陵与吴权的妻子阿女缘妇私通，阿女缘妇怀孕三年，生下了鼓、延、殳三个儿子。殳最初发明了箭靶，鼓、延二人发明了钟，从此有了乐曲和音律。

黄帝生了骆明，骆明生了白马，白马就是鲧。

帝俊生了禺号，禺号生了淫梁，淫梁生了番禺，番禺发明了船。番禺生了奚仲，奚仲生了吉光，吉光用木头造车。

少皞生了般，般发明了弓和箭。

帝俊赏赐给后羿红色弓和白色矰箭，他凭借高超的箭法到下界扶正除恶，体悟世间的艰辛。

帝俊生了晏龙，晏龙发明了琴和瑟两种乐器。

帝俊有八个儿子，他们创作出了歌曲和舞蹈。

帝俊生了三身，三身生了义均，义均就是人间的第一个能工巧匠，人们都叫他巧倕，巧倕发明了大量工具。后稷播种各种农作物，后稷的孙子叫叔均，叔均驯化牛代替人耕田。大比赤阴是最早建立国家的人。

---

① 侯：箭靶。

② 淫梁：上文所说的禺京。

③ 少皞：上文所说的少昊，即"金天氏"，传说中的上古帝王。

④ 矰：一种用白色羽毛装饰并系着丝绳的箭。

⑤ 大比赤阴：有学者认为可能是后稷的生母姜嫄。

上文中的"生"不是"生育",而是"学生、弟子"的意思。伯陵和阿女缘妇用三年时间教会了鼓、延、殳三个学生。黄帝的学生是骆明,骆明的学生是鲧。帝俊的学生是禺号,禺号的学生是淫梁,淫梁的学生是番禺,番禺学生是奚仲,奚仲的学生是吉光。少皞的学生是般。帝俊的学生除了禺号,还有晏龙等八人。帝俊的八大弟子中有一位叫三身,三身的学生是义均,义均就是巧倕……

留在地球上的外星人知道今生再也回不了"天国"了,为了生存,他们与地球人婚配繁衍后代,教地球人防身,教地球人唱歌,教地球人耕种,用木材制造各种工具和车辆,以及划区而治等等。

禹、鲧是始布土①,均②定九州③。

大禹和鲧是最先动土治理洪水的人,他们测量土地,划定了九州。

都是九颗人造太阳留下的后患。最初,外星人为了改造地球的生存环境,发射了九颗人造太阳,加上天空中的太阳共十日,一同照耀大地。地球上冰川大量溶化,以致洪水泛滥。然而,祸不单行,恰在此时,外星人之间又发生了一场残酷的战争,外星人带来的各种高科技设备损失殆尽,他们无力回收九颗人造太阳了,夸父也因此殉职。没办法,后羿只能用山寨版的导弹将九颗人造太阳摧毁。天上的问题解决了,外星人又转向地面上的洪水。鲧幻想建一个"水上机场",以期返回"天国",于是他用埋堵法把洪水围起来。可是大坝屡屡决堤,结果鲧被处死。禹放弃的返回"天国"的希望,把洪水疏通到大海。然而,水患过后,地球人为食物你争我夺,相互残杀。禹又测量大地,把中原划为九个州,命我们的祖先在各自的范围内狩猎耕种,不得到别的地方抢夺滋事。

炎帝之妻,赤水之子听訞(yāo)生炎居,炎居生节并,节并生戏器,戏器

---

① 布土:动土,修筑水利工程。传说鲧与大禹父子二人相继治理洪水,鲧使用堵塞的方法失败了,大禹使用疏通的方法成功了。
② 均:平均,均匀。引申为度量、衡量。
③ 九州:大禹治理洪水后,把中原划分为九个行政区域,即九州。

生祝融。祝融降处于江水，生共工。共工生术器，术器首方颠，是复土穰，以处江水。共工生后土，后土生噎鸣，噎鸣生岁十有二。

炎帝的妻子是赤水氏的女儿听訞，他们生下炎居，炎居生了节并，节并生了戏器，戏器生了祝融。祝融被贬到江水一带居住，他生了共工。共工生了术器。术器的头是平顶方形，他继承了祖父祝融的封地，也住在江水边。共工生了后土，后土生了噎鸣，噎鸣确定了一年的十二个月份。

留在地球上的外星人举步维艰，既要教化地球人，又防止地球人相互厮杀，还要观量四季变化，确定春种秋收的时令，以及教地球人制造各种工具……怎一个难字了得。

洪水滔天。鲧窃帝之息壤①以堙（yīn）洪水，不待帝命。帝令祝融杀鲧于羽郊。鲧复生②禹。帝乃命禹卒布土，以定九州。

为治理大洪水，鲧擅自从帝的良田中取土筑坝，不征得帝的同意。帝派祝融把鲧处死在羽山的郊野。禹从鲧的遗体腹中生出。帝命令禹治理洪水，禹挖土疏通，洪水得以治理，禹从而划定九州。

鲧也是外星人，帝是没有返回"天国"的外星人首领。本来外星人在战争中已经是一穷二白，他们再也伤不起了，可是禹无组织，无纪律；不请示，不汇报，不听指挥，在治洪中又给外星人带来一场重大劫难。鲧的本意是大鱼，其实就是一条大船，地球人把大船和在船上指挥治水的外星人合称"鲧"。鲧死后，大船里的禹擦干眼泪，埋葬了父亲的遗体，继承了父亲的治水大业，他成功了，并为万世传颂。

至此，《山海经》全部破译完毕，你可能要问——既然地球人是外星人造出来的，为什么UFO光顾地球几十万次，外星人却不露面？

---

① 息壤：神话中的一种能够自生自长、永不耗损的土壤。
② 复生：相传鲧死了三年而尸体不腐烂，用刀剖开他的肚子，禹因此诞生。"复"即"腹"。

那好,我就把这个问题解释一下。

我们都知道,地球绕太阳一圈是365天,这一圈下来,我们就过了一年。水星绕太阳一圈88天,也就是说,在水星上,88个地球日是一年;金星绕太阳一圈225天,即225个地球日一年;火星687个地球日一年;木星4333个地球日(约12个地球年)才是一个木星年;土星一年约是29.5个地球年;天王星一年是84个地球年;海王星一年是165个地球年;被科学界开除太阳系行星队伍的冥王星一年是284个地球年。

以天王星为例,假如天王星上有人类,地球和天王星上两个人同时出生,天王星人1周岁时,地球人就已经84岁了。再假如,天王星人就是在地球上造人的外星人。他们在地球生活84年,天王星上与其同年同月同日出生的人才长1岁。如果从今天往过去推算,现在10岁的天王星人出生时,84×10=840年,那时的中国是南宋时期;20岁的天王星人出生时,84×20=1680年,那时的中国是晋朝;30岁的天王星人出生时,84×30=2520年,那时的中国是春秋时期;40岁的天王星人出生时,84×40=3360年,中国是商朝中期;50岁的天王星人出生时,840×50=4200年,大禹还在治水呢!换句话说,一个50岁的天王星人,就经历了地球4200年的历史!

假设王母娘娘就是天王星人,如果大禹治水时她30岁,王母娘娘乘坐UFO以光速(根据爱因斯坦广义相对论,运动速度等于光速时,时间停止)来地球转一圈就回天王星,今天的她才仅仅80岁!如果王母娘娘到地球就没回去,今天的她已经30+4200岁了。按地球人的寿命计算,她至少已经死了4150年!

有句古语:天上一日,地上十年。就是这个道理。

所以,天王星人到地球上来是个大大"损寿"的差事。

外星人来地球无异于自杀。能来地球的外星人必定是宇宙之内的顶级科学家和顶级人才,让这些顶级科学家和顶级人才到地球上找死,损失实在是太巨大、太巨大、太太巨大了!早在4000多年前,外星人在地球上已经损失了那么多科学家,他们已经了解了地球,了解了生命的进化过程,偶尔到地球上视察一下就行了,而且通过影像设备完全能够掌握地球的一举一动,没有必要再亲力亲为。这就是我们只见UFO,不见外星人的真正原因。

以前,我也认为,有朝一日,外星人可能会入侵我们的地球。现在看来,那是杞人忧天,绝不可能。亲爱的,好好过日子吧。

（京）新登字083号

图书在版编目（CIP）数据

外星人的惊天秘密：打开《山海经》说外星人 / 胡刃著. — 北京：中国青年出版社，2014.11

ISBN 978-7-5153-3012-9

Ⅰ.①外… Ⅱ.①胡… Ⅲ.①历史地理—中国—古代—通俗读物②地外生命—普及读物 Ⅳ.①K928.631-49②Q693-49

中国版本图书馆CIP数据核字（2014）第290596号

选题策划：彭　岩
责任编辑：彭　岩　苏小珺

＊

中国青年出版社出版 发行

社址：北京东四12条21号　邮政编码：100708
网址：www.cyp.com.cn
编辑部电话：（010）57350407　门市部电话：（010）57350370
三河市君旺印务有限公司印刷　新华书店经销

＊

710×1000　1/16　34.5印张　1插页　480千字
2015年1月北京第1版　2016年4月河北第2次印刷
定价：60.00元
本书如有印装质量问题，请凭购书发票与质检部联系调换
联系电话：（010）57350337